柏俊杰　李作进　黄靖　罗堪　许弟建　邝巨旺　杜俊龙◎著

STM32单片机开发与智能系统应用案例：

基于C语言、Arduino与HTML5技术

重庆大学出版社

内容提要

本书主要涉及基于C语言、Arduino和HTML5技术的STM32单片机开发与应用,包括基础篇、实训篇和应用篇3部分,以综合案例实战为特色。基础篇主要介绍了STM32单片机和HTML5的相关知识,以及开发环境的搭建,包括STM32单片机实验开发板、基于HTML5的STM32单片机开发技术等内容,重点讲解了HTML5 Web与单片机之间如何建立通信。实训篇共包括4个开发案例,基于案例详细地讲解HTML5和STM32的联合开发技术,包括硬件设计、软件设计和工程项目开发。应用篇包括5个工程应用实例,涉及农业、安防、环保和医疗等多个领域,注重系统整体的设计思想与设计方法和具体的系统硬件与软件设计。

本书可作为高等学校人工智能电子信息、计算机和电气等专业的案例式教材,也可用于毕业设计和电子设计竞赛等实践环节教学用书,还可作为从事电子设计类工程技术人员的参考用书。

图书在版编目(CIP)数据

STM32单片机开发与智能系统应用案例 : 基于C语言、Arduino与HTML5技术 / 柏俊杰等著. -- 重庆 : 重庆大学出版社, 2020.9(2023.1重印)

(人工智能丛书)

ISBN 978-7-5689-2100-8

Ⅰ. ①S… Ⅱ. ①柏… Ⅲ. ①单片微型计算机—系统开发 Ⅳ. ①TP368.1

中国版本图书馆CIP数据核字(2020)第169234号

STM32单片机开发与智能系统应用案例
——基于C语言、Arduino与HTML5技术
STM32 DANPIANJI KAIFA YU ZHINENG XITONG YINGYONG ANLI
——JIYU C YUYAN、Arduino YU HTML5 JISHU

柏俊杰 李作进 黄 靖 罗 堪
许弟建 邝巨旺 杜俊龙 著

责任编辑:杨粮菊　　版式设计:杨粮菊
责任校对:邹 忌　　责任印制:张 策

*

重庆大学出版社出版发行
出版人:饶帮华
社址:重庆市沙坪坝区大学城西路21号
邮编:401331
电话:(023) 88617190　88617185(中小学)
传真:(023) 88617186　88617166
网址:http://www.cqup.com.cn
邮箱:fxk@cqup.com.cn (营销中心)
全国新华书店经销
POD:重庆俊蒲印务有限公司

*

开本:787mm×1092mm 1/16 印张:17.25 字数:433千
2020年9月第1版　2023年1月第2次印刷
ISBN 978-7-5689-2100-8 定价:59.00元

前言

近十年来，STM32 系列的单片机由于具有高性能、低成本和低功耗等性能特点，发展非常迅猛，已经成为 32 位单片机市场的主流，在智能仪表、机电一体化、汽车电子、智能家居、医疗设备和消费多媒体等领域有着广泛的应用，在以物联网、大数据、云计算、移动互联和人工智能等新兴技术为引领的智能产业中起到举足轻重的作用。当前，以 STM32 为代表的嵌入式技术开发人员的缺口很大，各大跨国公司及国家家电等产业巨头都面临着嵌入式人才严重短缺的挑战。

本书以物联网产业的技术需求为牵引，综合了基于 C 语言、Arduino 和 HTML5 等的 STM32 单片机开发技术，以综合案例实战为特色，编写了基础篇、实训篇和应用篇 3 部分内容，涉及农业、安防、环保和医疗等多个领域的单片机开发技术的应用。

基础篇主要介绍了 Arduino IDE 和 Keil MDK5 开发环境的搭建；介绍本书涉及的 STM32 单片机实验开发板，基于 HTML5 的 STM32 单片机开发的基本技术，重点讲解了 HTML5 Web 与单片机之间如何建立通信。实训篇包括酒店霓虹灯控制系统、智能门禁系统、智能农场温室大棚系统和 Wi-Fi 远程控制系统 4 个开发案例，基于案例详细地讲解了 Arduino、HTML5 和 STM32 的联合开发技术，包括硬件设计、软件设计和工程项目开发。应用篇包括户外 PM2.5 监测系统、智能火灾预警与防盗监控系统、温室远程测控系统、心率与血氧检测系统和水质在线监测系统 5 个工程应用实例，详细地讲解了 C 语言、HTML5 和 STM32 的联合开发技术，注重系统整体的设计思想与设计方法和具体的系统硬件与软件设计。

作者在编写的过程中力求做到通俗易懂、图文并茂，电路完整和程序易读实用。全书精选 9 个工程案例，由浅入深地介绍 STM32 的开发技术，每个案例均有完整的开发过程，尽可能展现生动的开发场景、明确的开发目标、详细的系统软/硬件设计和功能实现过程。每个案例均附有完整的 Arduino、HTML5 和 C 语言开发代码，读者可在源代码的基础上快速地进行二次开发，能方便地将其转化为各种比赛和创新创业的案例，不仅为高等院校相关专业师生提供教学案例，也可以为工程技术人员和科研人员提供较好的参考资料。与本书配套的基于 STM32F103 系列的单片机开发板“HTML5 for ARM”，读者若有学习或应用需求，可以和作者联系（Email：baijj@cqust.edu.cn）。

本书各章编写情况如下：重庆科技学院柏俊杰负责全书的修改和统稿工作，并编写了第 1、13 和 14 章，重庆科技学院李作进编写了第 9 和 10 章，福建工程学院黄靖编写了第 4 和 11 章，福建工程学院罗堪、重庆科技学院许弟建、海口丰润动漫单片机微控科技开发有限公司邝巨旺和重庆科技学院杜俊龙共同完成了本书其他章节的内容。另外，杜俊龙、刘晓智、王明、熊冬林和王凯对本书案例的软硬件系统的设计和调试做了大量的工作，其中杜俊龙的工作尤为突出，协助笔者完成本书部分资料的整理工作，在此向他们表示感谢。最后，感谢海口丰润动漫单片机微控科技开发有限公司的 Frun 实验室为本书提供了“HTML5 for ARM”单片机开发板，该公司的技术总监孙雄对本书的编写提供了大量技术支持，在此向他表示衷心的感谢。本书得到了工业自动化福建省高校工程研究中心开放基金（KF-X18020）和重庆科技学院研究生教改项目（YJG2019y006）的资助。

本书由于涉及的知识面广，笔者的水平和经验有限，疏漏之处在所难免，恳请专家和读者批评指正。

柏俊杰
2019 年 10 月于重庆科技学院

目录

基础篇 …… 1

第1章 STM32单片机开发环境 …… 2

1.1 Arduino IDE开发环境 …… 2

1.2 Keil MDK5开发环境 …… 7

1.3 HTML5 for ARM实验开发平台 …… 18

1.4 HTML5 for ARM开发板电路简介 …… 20

第2章 HTML5-NET Web参数设置 …… 26

2.1 网络连接配网 …… 26

2.2 参数设置页面 …… 26

第3章 HTML5 Web网页开发设计 …… 32

3.1 HTML5简介与开发环境介绍 …… 32

3.2 编写第一个HTML5网页 …… 34

3.3 网页上传到HTML5-NET模块中 …… 36

3.4 HTML5-NET模块中网页根目录使用规则 …… 39

第4章 基于Arduino IDE的STM32单片机开发设计 …… 43

4.1 "Hello World!"程序 …… 43

4.2 LED闪烁实验 …… 46

4.3 STM32单片机串口实验 …… 47

4.4 STM32单片机模拟量采集实验 …… 50

第5章 HTML5 Web与STM32单片机通信 …… 52

5.1 网络连接测试 …… 52

5.2 HTML5 WebSocket通信实验 …… 54

实训篇 …… 59

第6章 酒店霓虹灯控制系统设计 …… 60

6.1 STM32单片机IO简介 …… 60

6.2 硬件设计 …… 63

6.3 STM32 单片机软件设计 …… 64
6.4 HTML5 人机界面设计 …… 68
6.5 程序下载与运行结果 …… 73

第 7 章 智能门禁系统设计 …… 74
7.1 智能门禁简介 …… 74
7.2 硬件设计 …… 75
7.3 STM32 单片机软件设计 …… 76
7.4 HTML5 人机界面设计 …… 81
7.5 程序下载与运行结果 …… 89

第 8 章 智能农场温室大棚系统设计 …… 90
8.1 DS18B20 温度传感器简介 …… 90
8.2 硬件设计 …… 91
8.3 STM32 单片机软件设计 …… 93
8.4 HTML5 人机界面设计 …… 98
8.5 程序下载与运行结果 …… 105

第 9 章 Wi-Fi 远程控制系统设计 …… 106
9.1 ESP8266 简介 …… 106
9.2 硬件设计 …… 107
9.3 嵌入式软件设计 …… 108
9.4 HTML5 人机界面设计 …… 108
9.5 程序下载与运行结果 …… 115

应用篇 …… 116
第 10 章 户外 PM2.5 监测系统设计 …… 117
10.1 系统总体方案设计 …… 117
10.2 传感器简介 …… 118
10.3 电路设计 …… 119
10.4 下位机程序设计 …… 120
10.5 上位机后端程序设计 …… 123
10.6 上位机前端 HTML5 界面设计 …… 125
10.7 系统调试 …… 126
10.8 项目成果展示 …… 128

第 11 章 智能火灾预警与防盗监控系统设计 …… 130
11.1 系统总体方案设计 …… 130

11.2 传感器简介 …… 131
11.3 硬件设计 …… 133
11.4 STM32 单片机程序设计 …… 134
11.5 HTML5 通信程序及界面设计 …… 135
11.6 系统调试 …… 138

第 12 章 温室远程测控系统设计 …… 139
12.1 系统总体方案设计 …… 139
12.2 传感器简介 …… 140
12.3 外围设备 …… 141
12.4 系统电路设计 …… 141
12.5 下位机程序设计 …… 143
12.6 上位机程序设计 …… 146
12.7 多数据融合决策 …… 148
12.8 系统调试 …… 149
第 13 章 心率与血氧检测系统设计 …… 150
13.1 系统总体方案设计 …… 150
13.2 硬件设计 …… 152
13.3 下位机程序设计 …… 155
13.4 上位机程序设计 …… 161

第 14 章 水质在线监测系统设计 …… 163
14.1 系统总体方案设计 …… 163
14.2 传感器介绍 …… 165
14.3 下位机程序设计 …… 167
14.4 上位机程序设计 …… 169
14.5 信息融合程序设计 …… 170
14.6 系统测试 …… 171

附录 …… 175
附录 1 HTML5 for ARM 开发板电路图 …… 175
附录 2 户外 PM2.5 监测系统设计参考程序 …… 180
附录 3 智能火灾预警与防盗监控系统设计参考程序 …… 199
附录 4 温室远程测控系统设计参考程序 …… 212
附录 5 心率与血氧检测系统设计参考程序 …… 228
附录 6 水质在线监测系统设计参考程序 …… 245

基础篇

首先介绍STM32单片机和HTML5的相关知识和开发环境的搭建，然后对使用的HTML5 for ARM实验开发板做详细介绍，以便于在后期学习过程中运用，包括硬件资源和使用方法，其次对HTML5和STM32单片机的开发分别进行详细介绍，最后联合HTML5 Web和STM32单片机开发，介绍两者之间如何建立通信。

第 1 章 STM32 单片机开发环境

1.1 Arduino IDE 开发环境

1.1.1 Arduino 简介

Arduino 是一款便捷灵活、方便上手的开源的软硬件平台，包含硬件（各种型号的 Arduino 板）和软件（Arduino IDE）。该软件由一个欧洲开发团队于 2005 年冬季开发。团队成员包括 Massimo Banzi、David Cuartielles、Tom Igoe、Gianluca Martino、David Mellis 和 Nicholas Zambetti 等。它构建于开放原始码 simple I/O 界面版，并且具有使用类似 Java、C 语言的 Processing/Wiring 开发环境，主要包含两个部分：硬件部分是可以用来作电路连接的 Arduino 电路板；软件部分则是 Arduino IDE，是计算机中的程序开发环境。只要在 IDE 中编写程序代码，将程序下载到 Arduino 电路板后，程序便会告诉 Arduino 电路板要做些什么。

平台特点：

①跨平台

Arduino IDE 可以在 Windows、Macintosh OS X、Linux 三大主流操作系统上运行，而其他的大多数控制器只能在 Windows 上开发。

②简单清晰

Arduino IDE 基于 Processing IDE 开发。对于初学者来说，极易掌握，同时又有灵活性。Arduino 语言基于 Wiring 语言开发，是对 avr-gcc 库的二次封装，不需要太多的单片机基础、编程基础，只需简单学习后，就可以快速地进行开发。

③开放性

Arduino 的硬件原理图、电路图、IDE 软件及核心库文件都是开源的，在开源协议范围内可以任意修改原始设计及相应代码。

④发展迅速

Arduino不仅是全球最流行的开源硬件,也是一个优秀的硬件开发平台,更是硬件开发的趋势。Arduino简单的开发方式使得开发者更关注创意与实现,更快地完成自己的项目开发,大大节约了学习成本,缩短了开发周期。

因为Arduino的种种优势,越来越多的专业硬件开发者开始或已经使用Arduino来开发他们的项目、产品;越来越多的软件开发者使用Arduino进入硬件、物联网等领域;大学里的自动化专业、软件专业,甚至艺术专业也纷纷开设了Arduino相关课程。

1.1.2 Arduino IDE开发STM32软件环境配置

要使用Arduino IDE编辑软件,首先要下载官方软件。Arduino IDE完全免费并开源,可以随时在网上下载。

浏览器输入"https://www.arduino.cc/en/Main/Software"网址,即可进入IDE软件下载界面,如图1.1所示。

图1.1 IDE软件下载界面

图1.1所示为Arduino IDE的软件下载界面,依据自己的操作系统,在右边方框内选择对应的版本(Arduino IDE是一款平台软件,针对不同的操作系统,有对应的IDE工具),笔者的电脑是Win7 64位操作系统,所以选择第一项"Windows Installer,for Windows XP and up",单击进去,出现如图1.2所示界面。

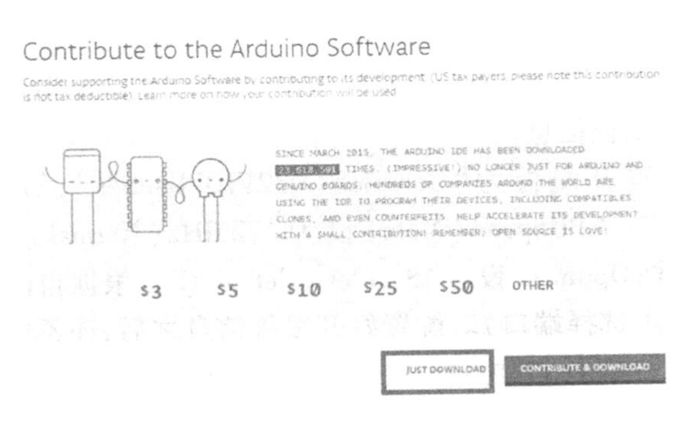

图1.2 IDE下载向导界面

由图 1.2 可以看到，该软件完全免费，单击“Just Download”按钮可直接下载 Arduino IDE 软件。

软件下载完成之后，可以双击“. exe”后缀文件进行安装。安装过程非常简单，这里不再赘述，需要提醒的是，选择的安装路径最好不要包含空格和中文字符。

安装完成之后，就可以直接使用 Arduino IDE 软件工具了。同时，软件一旦安装成功后，以后无须再安装了，当你的其他电脑或者别人需要该软件时，你只需要将整个软件的安装文件夹复制过去，即可立马使用。这样的好处是，软件内部的环境并不需要反复进行配置。

软件安装完毕之后，需要下载并配置 Arduino IDE 开发 STM32 的相关库文件。做该步骤是因为 Arduino IDE 原生态的编译环境不支持 STM32 的库文件，需要自行配置，配置过程是相当简单的。下载“Arduino_STM32-master”文件，该文件内部就包含有目前支持的 STM32 库文件(会不断持续更新)，该文件内部目录结构如图 1.3 所示。

名称	修改日期	类型	大小
drivers	2018/4/27 8:15	文件夹	
STM32F1	2018/4/27 8:15	文件夹	
STM32F3	2018/4/27 8:15	文件夹	
STM32F4	2018/4/27 8:15	文件夹	
tools	2018/4/27 8:15	文件夹	
.gitignore	2017/12/11 6:05	GITIGNORE 文件	1 KB
.gitmodules	2017/12/11 6:05	GITMODULES 文...	1 KB
LICENSE	2017/12/11 6:05	文件	1 KB
README.md	2017/12/11 6:05	MD 文件	4 KB

图 1.3　Arduino_STM32 – master 文件目录

由图 1.3 可以看到，里面包含了“STM32F1”“STM32F3”“STM32F4”文件夹，也就是说，对于这 3 类 STM32 器件，Arduino IDE 都做了支持，但是根据笔者亲测，在使用上，库文件最全的是 STM32F1 系列，当然其他也可以用，实际上使用的方法和原理是完全一致的，由于 HTML5 for ARM 开发板的主控是 STM32F103RCT6，因此这里需主要关注“STM32F1”文件夹内容即可。关于“Arduino_STM32-master”文件的下载，可以在网上搜索。下载完成之后，将“Arduino_STM32-master”压缩包解压，把整个解压文件夹复制到 Arduino IDE 安装路径下的“hardware”文件夹下，以笔者的电脑为例，软件安装在“E:\arduino-1. 8. 5”，因此复制“Arduino_STM32-master”文件夹后，文件目录是这样的：“E:\arduino-1. 8. 5\hardware\Arduino_STM32-master”，如图 1.4 所示。

当文件一切就绪，就可以尝试打开 Arduino IDE 软件，软件打开之后，保存工程文件，单击“文件”→“保存”，这时候需要将工程安放在一个任意路径下，这里不做详述。保存工程之后，单击“工具”，配置开发板信息。

如图 1.5 所示，配置开发板为“GenericSTM32F103Rseries”；Variant 为“STM32F103RC(48KRAM，256KFlash)”；CPUSpeed(MHz)设为“72MHz(Normal)”；Uploadmethod 设置为“STLink”或“Serial”方式；Optimize 设为“Smallest(default)”。根据自己电脑串口设置端口(没插开发板的用户可以先不选择端口)。配置好开发板信息之后，还不能马上进行编译，还需要做一些软件安装和更新。单击“工具→开发板→开发板管理器”，弹出如图 1.6 所示界面。

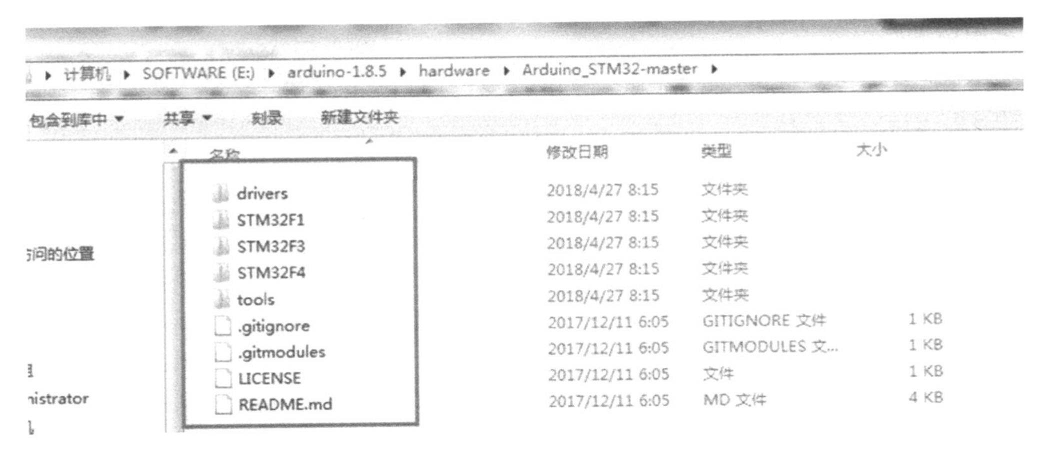

图 1.4　文件目录

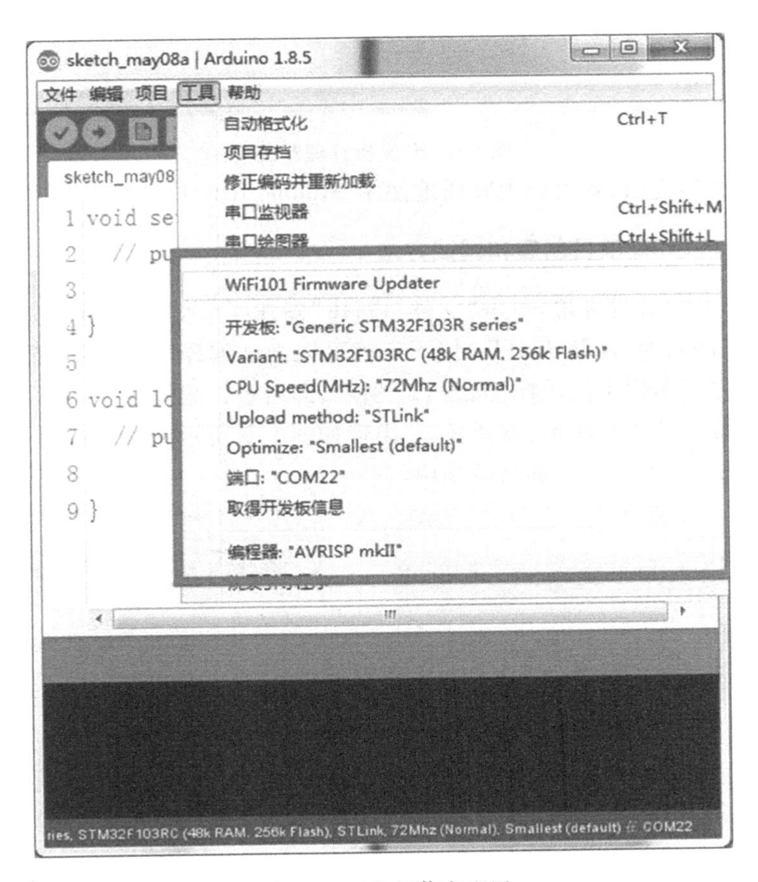

图 1.5　开发板信息配置

如图 1.6 所示(注意,在此过程中,电脑必须处于可上网状态,不然无法更新),我们只需要选中框 1 内的两项进行更新即可。"Arduino AVR Boards by Arduino 版本 1.6.21"项目,只需要更新至官方推送的软件最新版本即可,当前最新的版本是 1.6.21。同理,"Arduino SAM Boards(32-bit ARM Cortex-M3)"项目,只要安装或更新至推送的最新版本即可,当前最新的版本是 1.6.11。这两个项目更新过程可能需要一定的时间(与电脑网速和配置相关),因此更新过程中请耐心等待。

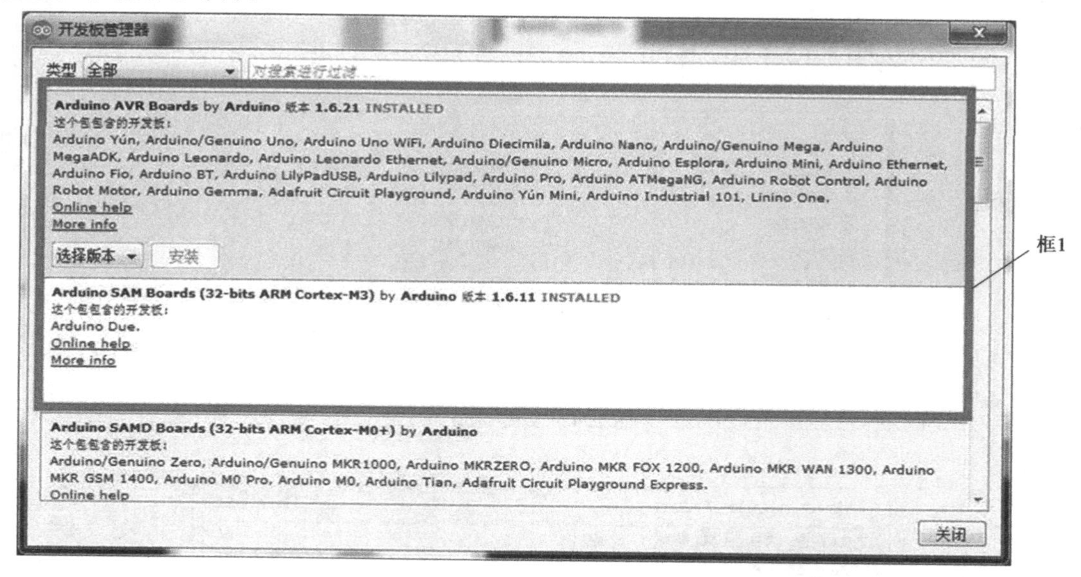

图 1.6　开发板管理器窗口

当两者更新完毕之后,就可以无障碍地使用 Arduino IDE 开发 STM32 程序了。

1.1.3　Arduino IDE 项目创建和调试方法

打开 Arduino IDE 开发环境,单击"文件→新建"新建一个文件,输入程序并保存在自己定义的文件夹中,文件名为"HelloWorld",接下来就可以尝试编译工程文件,看看是否存在错误信息。单击软件左上角框 1 的图标,如图 1.7 所示,即可进行编译。

软件编译过程如图 1.8 所示,编译完,若出现如图 1.9 所示的框 1 内信息,证明编译完成且没有错误,也就验证了软件配置已经成功。

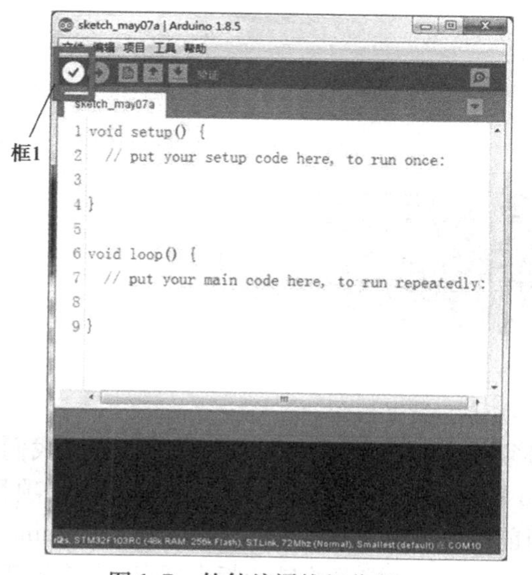

图 1.7　软件编译按钮位置

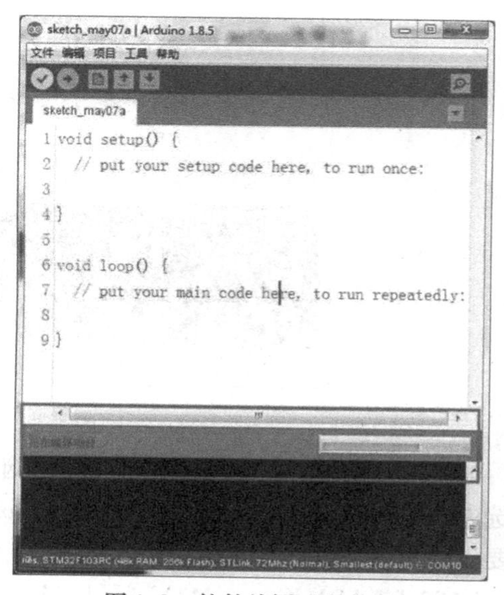

图 1.8　软件编译过程截图

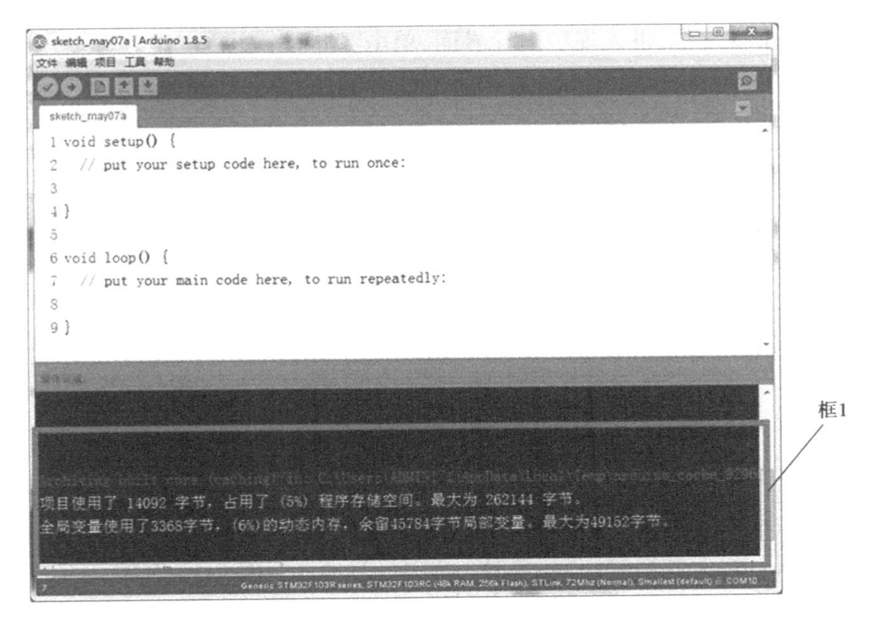

图1.9　软件编译完成截图

至此，Arduino IDE开发环境已经全部搭建完毕，以后就可以无障碍使用Arduino IDE开发STM32程序了。这里需要注意的是，如果配置软件代码上传方式为“ST Link”，则需要在上传代码之前，必须保证ST Link的驱动在电脑中安装成功；如果选择“Serial”方式，则需要保证串口驱动安装成功。驱动的安装方法非常简单，这里不做赘述，完好的驱动文件请自行网上下载或者在笔者提供的资料文件夹：“配套资料→4_软件资料→软件→ST-LINK_V2”和“配套资料→4_软件资料→软件→CH340驱动(USB串口驱动)_XP_WIN7共用。”

1.2　Keil MDK5开发环境

1.2.1　Keil MDK5软件简介

Keil公司于2005年被ARM公司收购。而后ARM Keil推出基于μVision界面，用于调试ARM7、ARM9、Cortex-M内核的MDK-ARM开发工具，用于控制领域的开发。

Keil MDK作为STM32常用的IDE，在学习STM32F103的过程中，选择Keil MDK是因为Keil 5可以完美兼容Keil 4，与之前的版本相比，Keil MDK最大的区别在于器件(Software Packs)与编译器(MDK core)的分离，也就是说，安装好编译器(mdk_5xx.exe)以后，编译器里面没有任何器件。如果对STM32进行开发，只需要下载STM32的器件安装包(pack)即可。

1.2.2　Keil MDK5的安装

下载mdk514.exe软件双击“安装”，确认安装路径，确保磁盘空间足够，并且必须确保安装路径不能包含中文。Keil MDK-ARM官方最新版本是V5.28，请在官方网址下载。

下载软件,双击安装包,进入安装向导界面,单击“Next”,如图 1.10 所示。

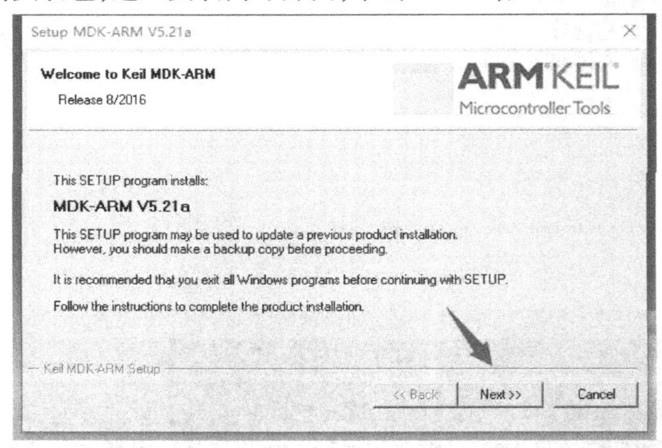

图 1.10　Keil 安装导航界面

选择软件和支持包安装路径(可以默认),单击“Next”,如图 1.11 所示。

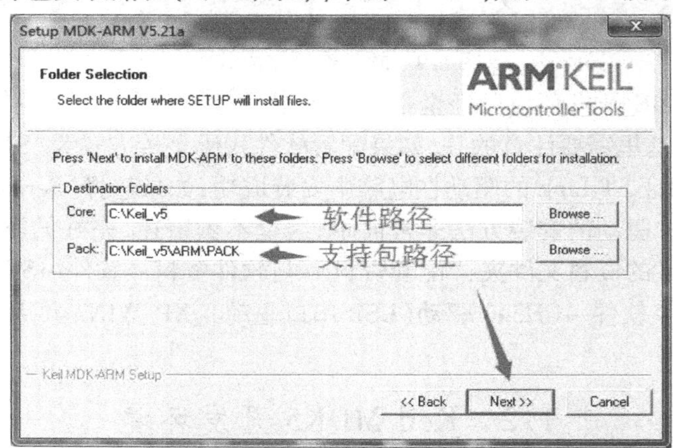

图 1.11　路径选择

安装过程需要等待几分钟,安装完成,单击“Finish”,如图 1.12 所示。

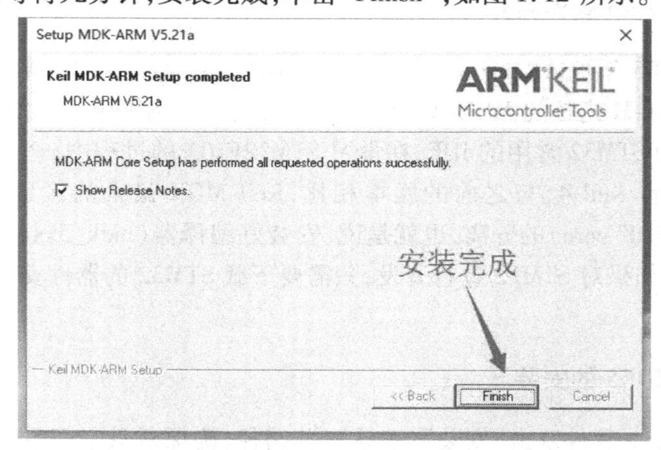

图 1.12　安装完成

MDK 可能会自动弹出 Pack Installer 的界面，这是更新芯片支持包的界面，可能会出现 File download failed 的错误，关闭即可，如图 1.13 所示。

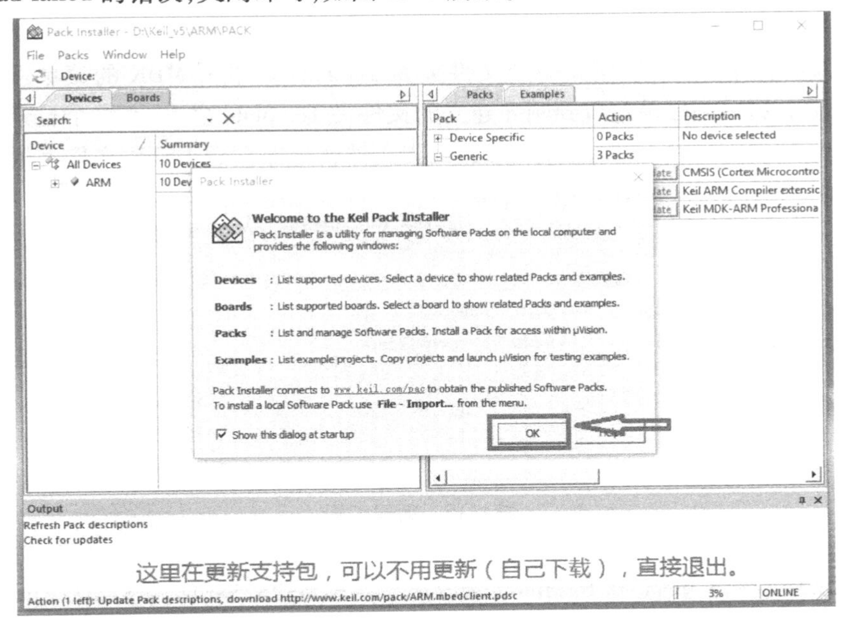

图 1.13　软件更新

安装完成后，进行软件注册激活，桌面会出现 keil5 的图标，右键选择以管理员身份运行，选择左上角的 File→License Management，如图 1.14 所示。

License Management
Single-User License | Floating License | Floating License Administrator | FlexLM License
Customer Information
Name: strongerHuang 微软用户
Company: 微软中国
Email: ybhuangfugui@163.com
Computer ID
CID: CQT3I
Get LIC via Internet...

Product	License ID Code (LIC)/Product variant	Support Period
MDK-ARM Standard	X962Z-JZPNP-M9MGC	Expires: Nov 2020

3
1
2
New License ID Code (LIC): X962Z-JZPNP-M9MGG
Add LIC
Uninstall...
*** LIC Added Sucessfully ***
Close
Help

图 1.14　软件注册

如图 1.14 所示，首先在 New License ID Code 输入激活码，然后单击 Add Lic，看见 Expires 就完成了软件注册激活。至此 Keil MDK 安装完成。

1.2.3 Keil MDK5 开发环境配置与新项目创建

在建立工程之前,建议在电脑的某个目录下面建立一个文件夹,后面所建立的工程都可以放在这个文件夹下面,这里建立一个文件夹为 Template。单击 MDK 的菜单:Project→New μVision Project,然后将目录定位到刚才建立的文件夹 Template 之下,在这个目录下面建立子文件夹 USER,然后定位到 USER 目录下面,工程文件就都保存到 USER 文件夹下面。工程命名为 Template,单击保存,如图 1.15 所示。

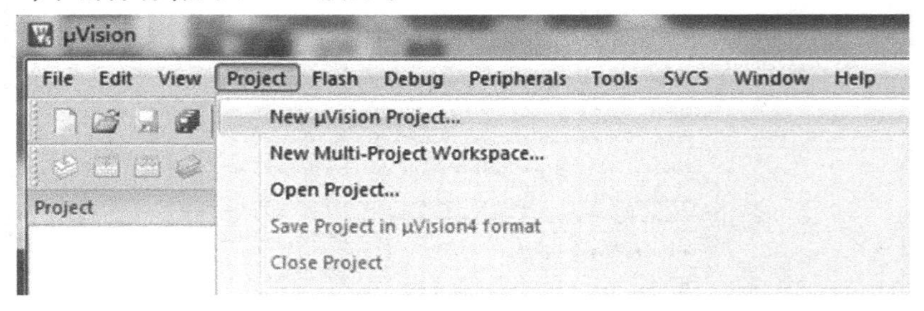

图 1.15 新建工程

接下来会出现一个选择 CPU 的界面,就是选择芯片型号。如图 1.16 所示,STM32 型号为 STM32F103ZET6,在这里选择 STMicroelectronics→STM32F1Series→STM32F103→STM32F103RCT6(如果使用的是其他系列的芯片,选择相应的型号就可以了)。

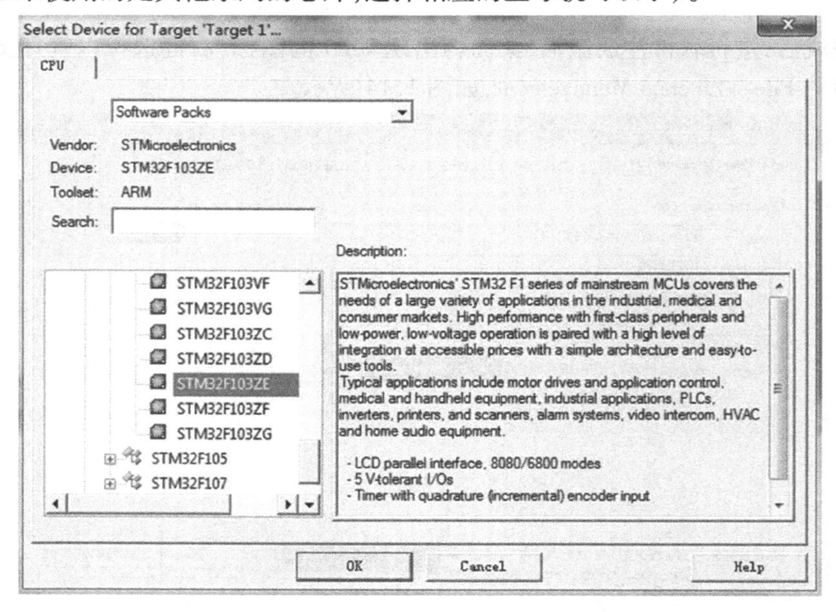

图 1.16 选择芯片型号

单击"OK",MDK 会弹出 ManageRun-TimeEnvironment 对话框,这是 MDK5 新增的一个功能,在这个界面,可以添加自己需要的控件,从而方便构建开发环境,不过这里不做介绍,直接单击"Cancel",即可进入如图 1.17 所示界面。

Template. uvprojx 是工程文件,它非常关键,不能轻易删除。Listings 和 Objects 文件夹是 MDK 自动生成的文件夹,用于存放编译过程产生的中间文件。接下来,在 Template 工程目录

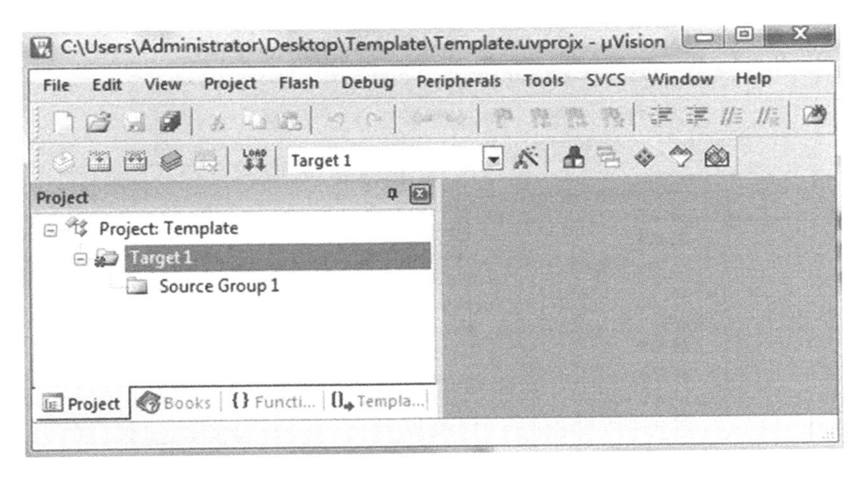

图1.17　工程初步建立

下面,新建3个文件夹CORE、OBJ以及STM32F10x_FWLib。CORE用来存放核心文件和启动文件,OBJ是用来存放编译过程文件以及hex文件,STM32F10x_FWLib文件夹顾名思义用来存放ST官方提供的库函数源码文件。已有的USER目录除了用来存放工程文件外,还用来存放主函数文件main.c,以及其他包括system_stm32f10x.c等,如图1.18所示。

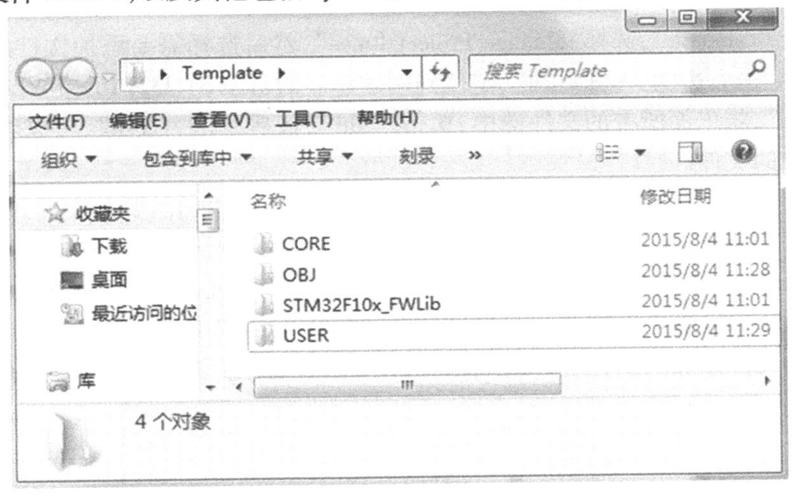

图1.18　工程目录

下面将固件库包里面相关的启动文件复制到工程目录CORE之下。打开官方固件库包,定位到目录STM32F10x_StdPeriph_Lib_V3.5.0\Libraries\CMSIS\CM3\Core Support下面,将文件core_cm3.c和文件core_cm3.h复制到CORE下面。然后定位到目录STM32F10x_StdPeriph_Lib_V3.5.0\Libraries\CMSIS\CM3\DeviceSupport\ST\STM32F10x\startup\arm下面,将startup_stm32f10x_hd.s文件复制到CORE下面。定位到目录STM32F10x_StdPeriph_Lib_V3.5.0\Libraries\CMSIS\CM3\DeviceSupport\ST\STM32F10x的3个文件stm32f10x.h、system_stm32f10x.c、system_stm32f10x.h复制到USER目录之下。然后将STM32F10x_StdPeriph_Lib_V3.5.0\Project\STM32F10x_StdPeriph_Template下面的4个文件main.c,stm32f10x_conf.h、stm32f10x_it.c、stm32f10x_it.h复制到USER目录下面。USER目录文件如图1.19所示。

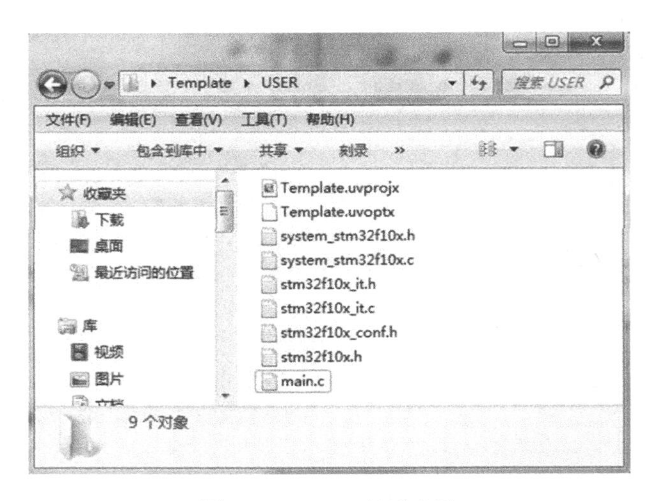

图 1.19　USER 目录文件

前面的步骤将需要的固件库相关文件复制到了工程目录下面，再将这些文件加入工程中去。右键单击 Target1，选择 Manage Project Items、Project Targets 一栏，将 Target 名字修改为 Template；然后在 Groups 一栏删掉一个 SourceGroup1，建立 3 个 Groups：USER、CORE、FWLIB；最后单击"OK"。

右键单击"Tempate"，选择"Manage Project Itmes"，然后选择需要添加文件的 Group，这里选择 FWLIB，单击右边的"Add Files"，定位到刚才建立的目录 STM32F10x_FWLib/src 下面，按键"Ctrl" + "A"，将里面所有的文件选中，单击"Add"，最后单击"Close"，可以看到 Files 列表下面包含添加的文件。

用同样的方法，将 Groups 定位到 CORE 和 USER 下面，添加需要的文件。CORE 下面需要添加的文件为 core_cm3. c、startup_stm32f10x_hd. s（注意：默认添加的时候文件类型为. c，也就是添加 startup_stm32f10x_hd. s 启动文件的时候，需要选择文件类型为 All files 才能看得到这个文件），USER 目录下面需要添加的文件为 main. c、stm32f10x_it. c、system_stm32f10x. c。把需要添加的文件添加到工程中，最后单击"OK"，回到工程主界面，如图 1.20 所示。

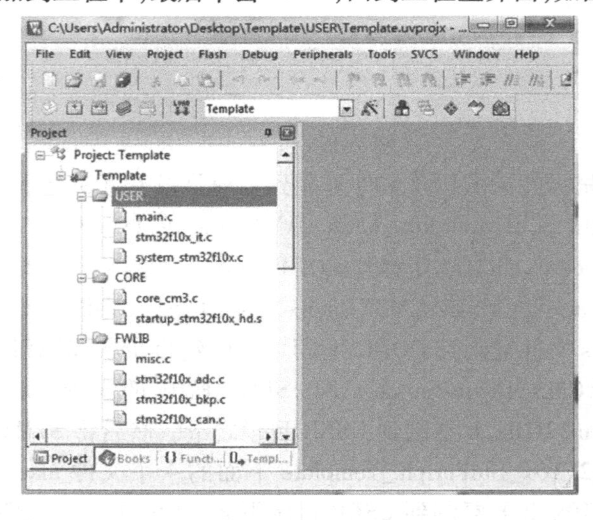

图 1.20　工程目录文件

编译工程。方法是单击魔术棒，选择“Output”选项下面的“Select folder for objects…”，然后选择目录为上面新建的 OBJ 目录。如果不设置 Output 路径，则默认的编译中间文件存放目录就是 MDK 自动生成的 Objects 目录和 Listings 目录，如图 1.21 所示。

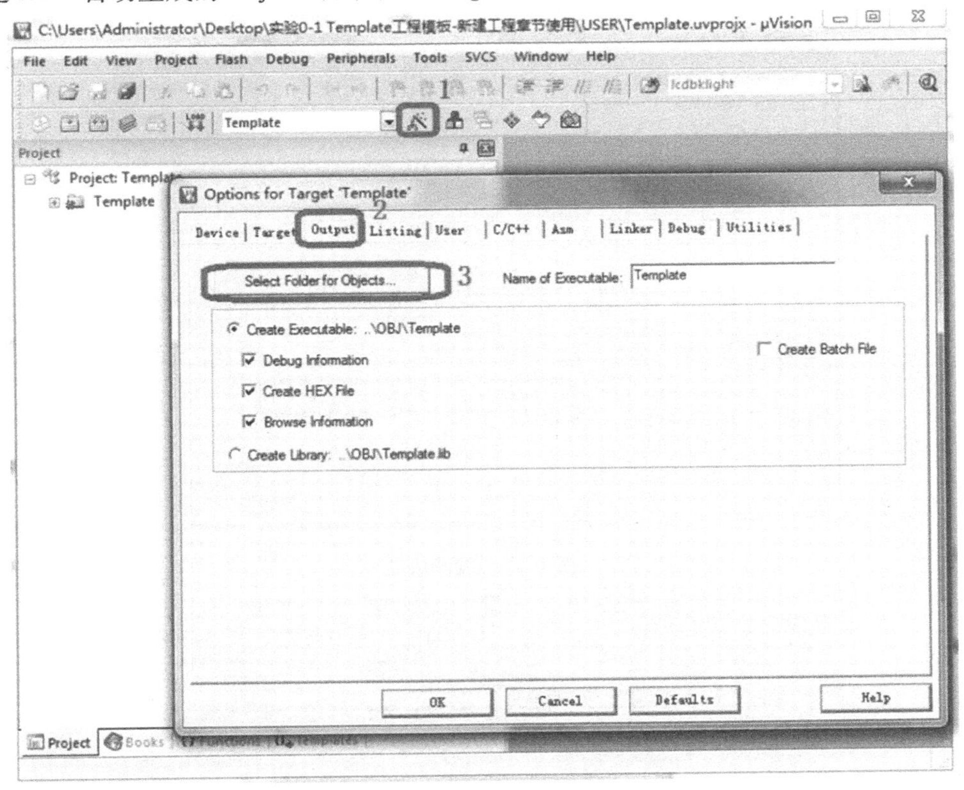

图 1.21　选择编译后的文件存放目录

回到工程主菜单，单击魔术棒，出来一个菜单，单击 C/C + + 选项，再单击 Include Paths 右边的按钮；弹出一个添加 path 的对话框，可将图上面的 3 个目录添加进去。Keil 只会在一级目录查找，所以如果目录下面还有子目录，记得 path 一定要定位到最后一级子目录，然后单击“OK”。

定位到 C/C + + 界面，填写“STM32F10X_HD，USE_STDPERIPH_DRIVER”到 Define 输入框，如果单片机型号是中容量，STM32F10X_HD 修改为 STM32F10X_MD，型号是小容量，STM32F10X_HD 修改为 STM32F10X_LD，然后单击“OK”。

打开工程 USER 下面的 main. c 文件，复制下面代码到 main. c，覆盖已有代码，然后进行编译，如果可以看到如图 1.22 所示界面，编译已经成功。

工程模版建立完毕后，还需要配置，让其编译之后能够生成 hex 文件。同样单击魔术棒，进入配置菜单，选择“Output”，然后勾上下面 3 个选项。其中 Create HEX file 是编译生成 hex 文件，Browser Information 可以查看变量和函数定义，如图 1.23 所示。

重新编译代码，可以看到生成了 hex 文件在 OBJ 目录下面，这个文件用 FlyMcu 下载到 mcu 即可，一个基于 Keil MDK5 的新工程就建立了。

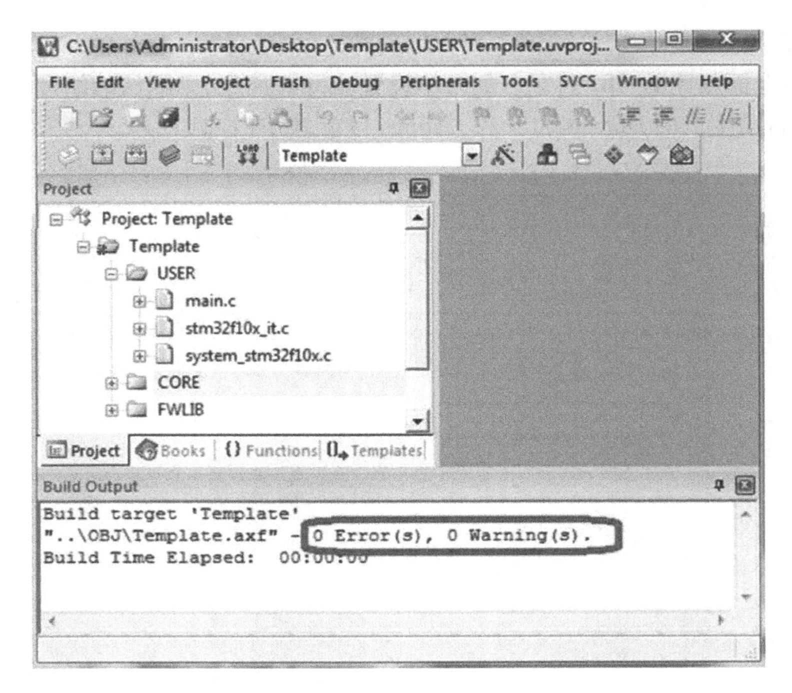

图 1.22　编译成功

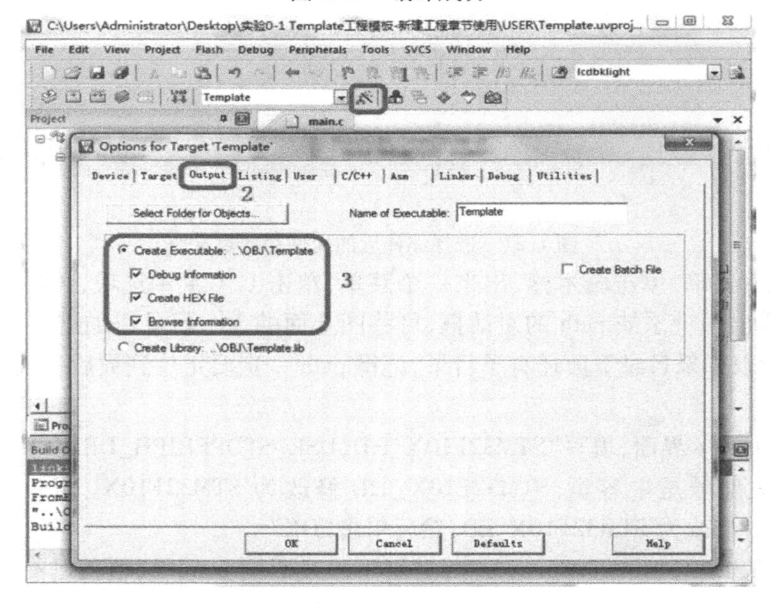

图 1.23　Output 选项卡设置

1.2.4　Keil MDK5 程序下载与调试

用 USB 线连接 STM32 单片机和电脑，如果之前没有安装 CH340G 的驱动，则电脑会提示找到新硬件，如果已经安装了驱动，则应该在设备管理器里面看到 USB 串口，若是不能则先卸载之前的驱动，卸载完成后重启电脑，再重新安装驱动。

在安装了 USB 串口驱动之后，可以开始串口下载代码，串口下载软件选择的是 FlyMcu，该软件可以在 www. mcuisp. com 免费下载，其启动界面如图 1.24 所示。

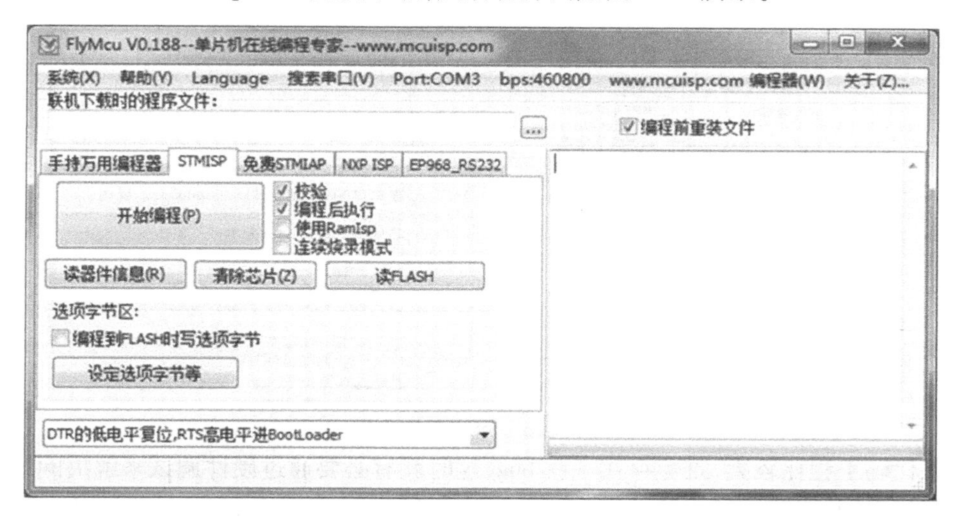

图 1.24　FlyMcu 启动界面

然后选择要下载的 hex 文件，以前面新建的工程为例，用 FlyMcu 软件打开 OBJ 文件夹，找到 Template. hex，打开并进行相应设置后，如图 1.25 所示。

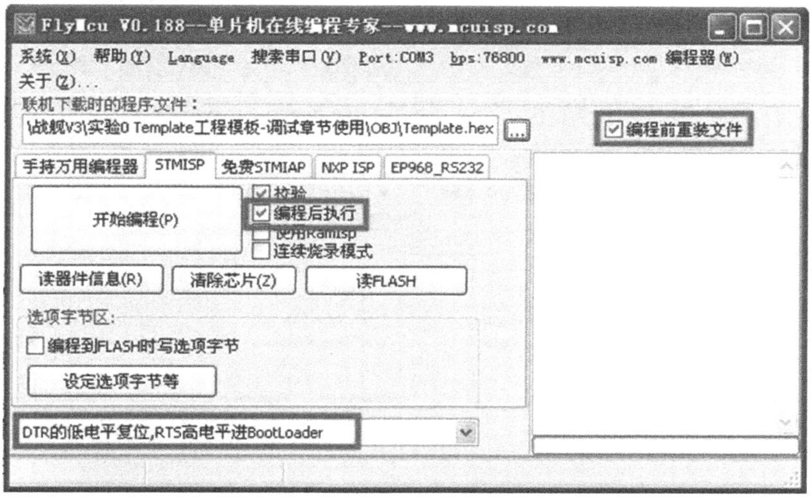

图 1.25　FlyMcu 设置

图 1.26 中圈中的设置——编程后执行，这个选项在无一键下载功能的条件下是很有用的，当选中该选项之后，可以在下载完程序之后自动运行代码。否则，还需要按复位键，才能开始运行刚刚下载的代码。“编程前重装文件”选项也比较有用，当选中该选项之后，FlyMcu 会在每次编程之前，将 hex 文件重新装载一遍，最后选择的 DTR 的低电平复位，RTS 高电平进 Boot Loader。串口波特率则可以通过 bps 设置，对于 STM32，该波特率最大为 460 800 bps。然后找到 CH340 虚拟的串口，选择相应串口之后，可以通过按开始编程(P)按钮，一键下载代码到 STM32 上，下载成功后如图 1.27 所示。

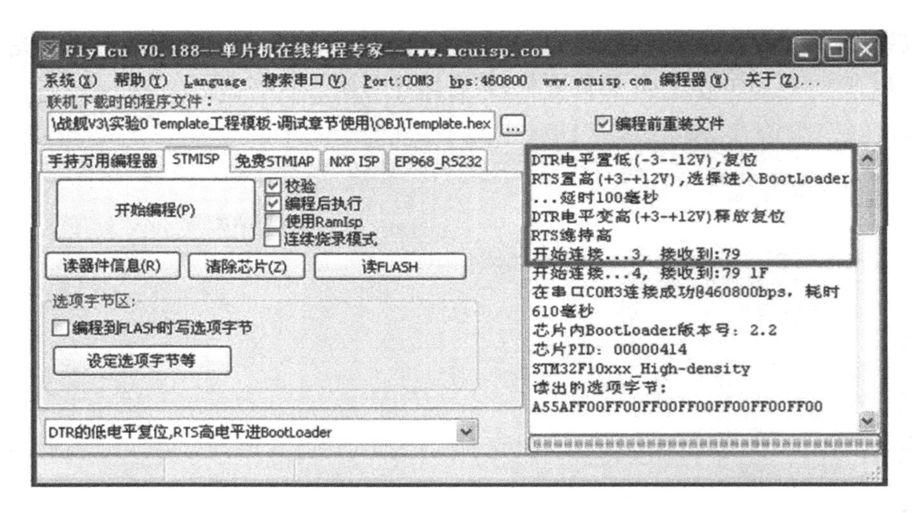

图 1.26　程序下载成功

如果代码工程比较大,难免存在一些 bug,这时就有必要通过硬件调试来解决问题。串口只能下载代码,并不能实时跟踪调试,而利用调试工具(如 JLINK、ULINK、STLINK 等)就可以实时跟踪程序,从而找到程序中的 bug。

在安装了 JLINK 的驱动之后,接上 JLINK,并把 JTAG 口插到 STM32 开发板上,打开之前新建的工程,单击打开 Options for Target 选项卡,在 Debug 栏选择仿真工具为 J-LINK/J-TRACE Cortex,如图 1.27 所示。

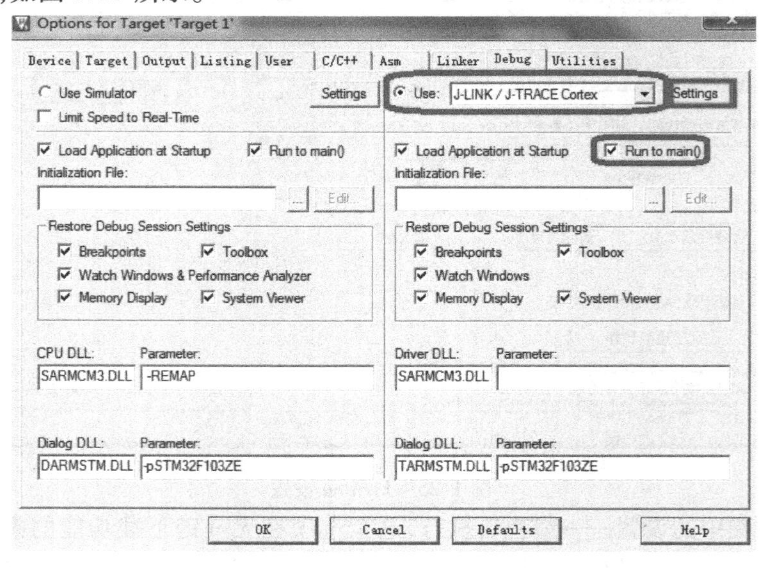

图 1.27　Debug 选项卡设置

图 1.28 中还勾选了"Run to main",当该选项选中后,只需单击仿真就会直接运行到 main 函数,如果没选择该选项,则会先执行 startup_stm32f10x_hd.s 文件的 Reset_Handler,再跳到 main 函数。然后单击"Settings"按钮,设置 J-LINK 的一些参数,在设置完之后,单击"OK",回到 IDE 界面,编译一下工程。最后单击图标即可下载程序到 STM32,非常方便实用,如图 1.28 所示。

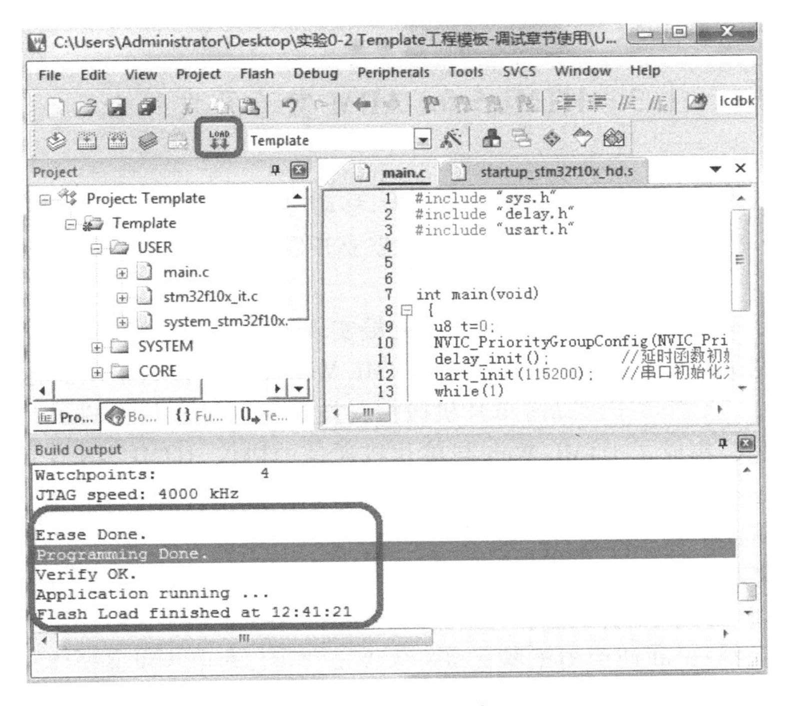

图 1.28　下载程序

通过 JTAG/SWD 实现程序在线调试，只需要单击图标就可以开始对 STM32 进行仿真 JTAG/SWD 硬件调试，因为之前勾选了“Run to main”选项，所以程序直接运行到了 main 函数的入口处，单击运行按钮，程序会快速执行到该处，如图 1.29 所示。

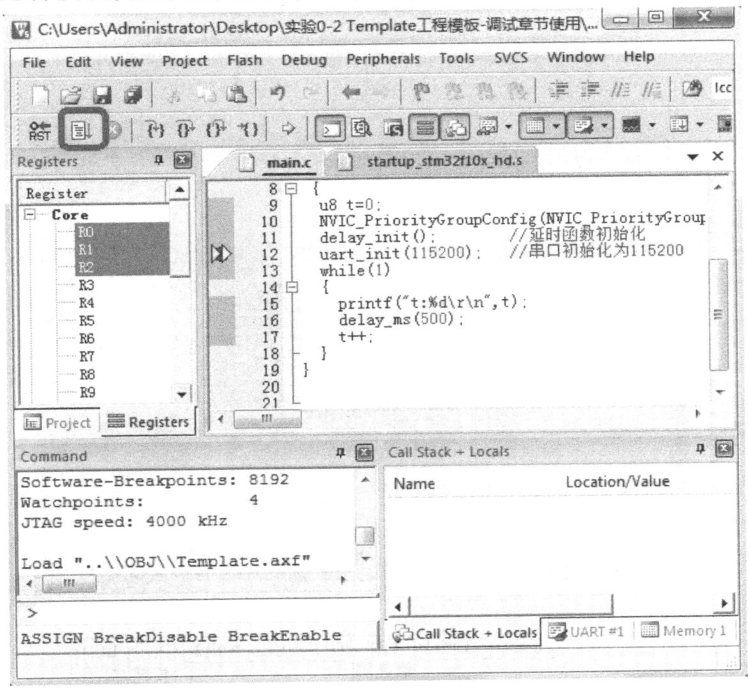

图 1.29　程序调试

1.3 HTML5 for ARM 实验开发平台

在物联网和人工智能发展如火如荼的今天，移动应用需要网络和上位机软件的支撑，但是 Windows、iOS 和 Android 等不同的操作系统需要开发各自对应的 App，这给开发者增加了很大的工作量。

能否一次开发就可以在不同操作系统的终端实现人机交互的上位机界面呢？HTML5 技术的出现为实现这个想法奠定了基础，但是 HTML Web 不能直接与单片机通信，需要设计复杂的通信协议接口。海口丰润动漫单片机微控科技开发有限公司的 Frun 研发团队设计了 HTML5-NET 模块，集成了 HTML Web 与单片机通信的协议，HTML5-NET 模块作为 HTML Web 与单片机通信的软硬件接口，能很快地通过 HTML5 技术开发单片机的上位机界面或应用程序。Frun 研发团队开发了 HTML5 for ARM 开发板，通过这款开发板，基于 C 和 Arduino 编程语言可以快速实现单片机系统的设计，开发基于 HTML5 Web 的跨操作系统平台的上位机软件。HTML5 Web 人机界面能够直接嵌入 HTML5-NET 模块中，PC 计算机、Android 平板/手机、iOS 苹果手机/iPad 使用浏览器直接进入 Web 界面，与单片机通信实现采集数据或控制，同时在 Web 界面上实现人机交互、数据存储与分析。

1.3.1 HTML5 for ARM 开发板硬件资源

HTML5 for ARM 开发板硬件资源如图 1.30 所示。

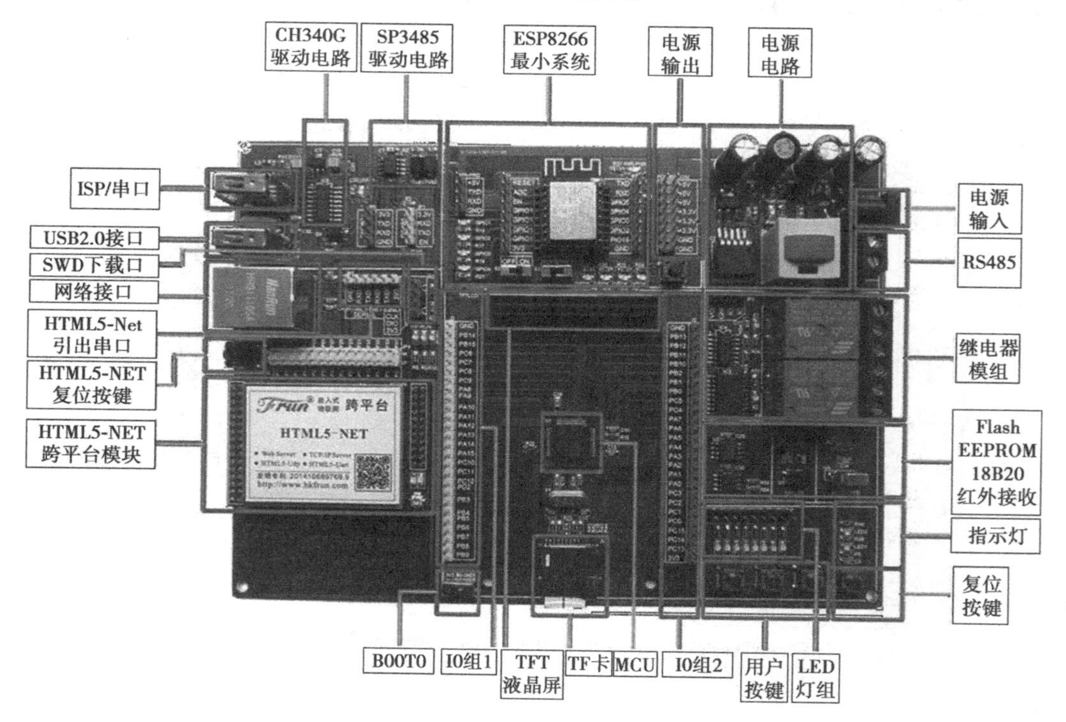

图 1.30　实验板资源图

◆ 1块HTML5-NET模块，以联发科生产的MT7688AN为核心，在Linux Open Wrt系统上开发，提供基于HTML5 Web跨平台软件开发，引出Uart接口、USB2.0接口和网络接口；
◆ 集成1片STM32F103RCT632位嵌入式处理器；
◆ 引出主控制器的所有IO口；
◆ 1个直流电源输入接口，适应电压范围宽(DC9 V ~ 12 V/2 000 mA)；
◆ 1路RS485接口；
◆ 2路继电器输出模组；
◆ 1片Flash存储器件；
◆ 1片EEPROM存储器件；
◆ 1片温度采集芯片；
◆ 1路红外接收通道；
◆ 1个TF卡座；
◆ 8路用户LED灯组；
◆ 3个用户按键；
◆ 1路CH340G驱动电路；
◆ 1个ESP8266最小系统模组；
◆ 1个TFT触摸液晶屏接口电路；
◆ 1个电源输出模组(支持3.3 V、5 V输出)；
◆ 1路SWDDebug接口。

1.3.2　HTML5 for ARM开发板主要功能说明

①可开发HTML5 Web跨平台人机界面，与STM32主控制器串口通信，实现STM32 Web控制。

②USB接口：主要实现U盘扩展、摄像头。

③RJ45网口：接TCP/IP(10 M/100 M自适应)有线网络，内部连接HTML5-NET网络模块。

④HTML5-NET模块。

a. 内置Web Server服务器，HTML5 Web网页在线设计，网页文件直接存储在模块内部的Flash中或者U盘中，通过浏览器(支持HTML5)直接调用网页，利用WebSocket协议与Arduino单片机透明通信，开发简单，通信速度快，实现跨平台应用，兼容Windows、Android、iOS、Linux操作系统。

b. 支持FTP协议文件传输，HTML5Web网页在线设计同步更新，远程升级，设计工具可选择Dreamweaver、Fireworks、H5Builder、WebStorm等所有的网页开发软件，支持JavaScript + CSS3开发。

c. 模块开放UART串口，用于TCP/IP转串口数据透传，可实现HTML5 Web与串口透明通信。

d. 模块内置UDP现场网络服务器，可接入256个(超过256个可定制)现场UDP客户端网络节点(有线、无线均可)，实现HTML5Web转UDP透明通信(点对点、一对多、多对多)。

e. 支持USB摄像机视频输入，HTML5 Web视频实时显示，仅一条指令即可将视频嵌入HTML5 Web人机界面，视频数据与控制指令数据互不影响，实现可视化现场控制。

f. 内置专门硬件看门狗，死机自动重启。

g. 固化全球唯一的身份识别 ID。

h. 自带 Wi-Fi 无线接口、10 M/100 M 有线网络接口。

i. 同时支持 Wi-Fi AP(服务器热点模式)、STA(客户端主动接入模式)无线网络模式。

j. 支持 U 盘,大型 HTML5 Web 网页文件扩展存储和访问。

k. 支持 HTML5 Web 多目录管理,以适应 PC、平板、手机及智能手环穿戴设备等不同分辨率显示 Web 页面要求。

l. Web 网络参数设置界面,完全开放的网络参数设置接口协议,可 DIY 开发自己个性化的参数设置界面。

⑤主控 MCU。主控 MCU 为 STM32F103RCT6。其拥有资源包括:48KBSRAM、256KBFLASH、2 个基本定时器、4 个通用定时器、2 个高级定时器、2 个 DMA 控制器(共 12 个通道)、3 个 SPI、2 个 IIC、5 个串口、1 个 USB、1 个 CAN、3 个 12 位 ADC、1 个 12 位 DAC、1 个 SDIO 接口及 51 个通用 IO 口。开发板引出芯片所有可用 IO 口,方便用户使用。

⑥ESP8266 最小系统。内置自主研发的 Web 固件,支持 WebSocket 通信。

1.4 HTML5 for ARM 开发板电路简介

为了方便读者学习,这一节笔者对 HTML5 for ARM 实验开发板的资源分别进行介绍,完整的开发板电路图可以在最后的附录章节中查看。

1.4.1 电源电路

如图 1.31 所示,稳压电源电路由 5 V 开关电源稳压电路和 3.3 V LDO 线性稳压电路构成。外部输入 DC9 ~ 12 V 直流电源,经开关电源电路稳压为 5 V,5 V 电压经过 LDO 线性稳压电路稳压为 3.3 V。5 V 电压主要供扩展接口外围扩展模块使用,3.3 V 电压专门供给 STM32 处理器及外部器件(HTML5-NET 模块的供电单独提供)。

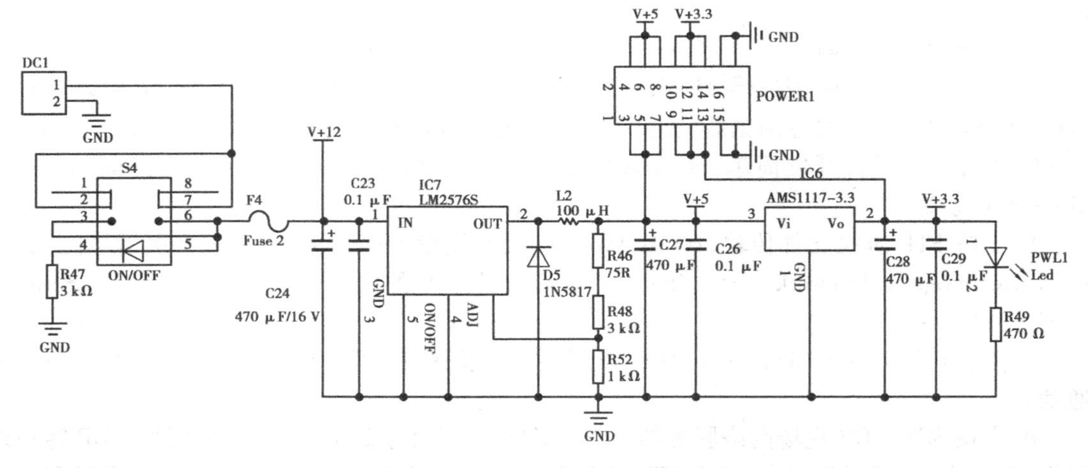

图 1.31 稳压电源电路原理图

1.4.2 HTML5-NET 模块外围电路

如图 1.32 所示,整个电路包括 HTML5-NET 模块、RJ45 网络接口、USB 接口、3.3 V 稳压电路组成、IO 扩展电路和指示灯电路。HTML5-NET 模块内置 Linux 操作系统，启动的时候，需要的电流较大，因此专门配备一路稳压电路为该模块供电（在实际应用中，设计该模块的供电，也需要特别注意，电流不足容易导致模块运行不正常）；RJ45 接口即模块的有线联网接口，使用的时候，需要接上网线，另外，HTML5-NET 模块自身配备 Wi-Fi 功能，使用笔记本作为开发工具的用户，也可连接该模块发出的 Wi-Fi 信号联网使用；USB 接口是国际标准的 USB2.0 接口，可接普通 U 盘或 USB 摄像头设备，实现外部存储和外部摄像头功能；IO 扩展电路和指示灯电路则是将模块内部的可用 IO 口引出，方便使用者二次开发学习，另外，模块设置一个 SET 按键，作为模块恢复出厂默认参数功能。

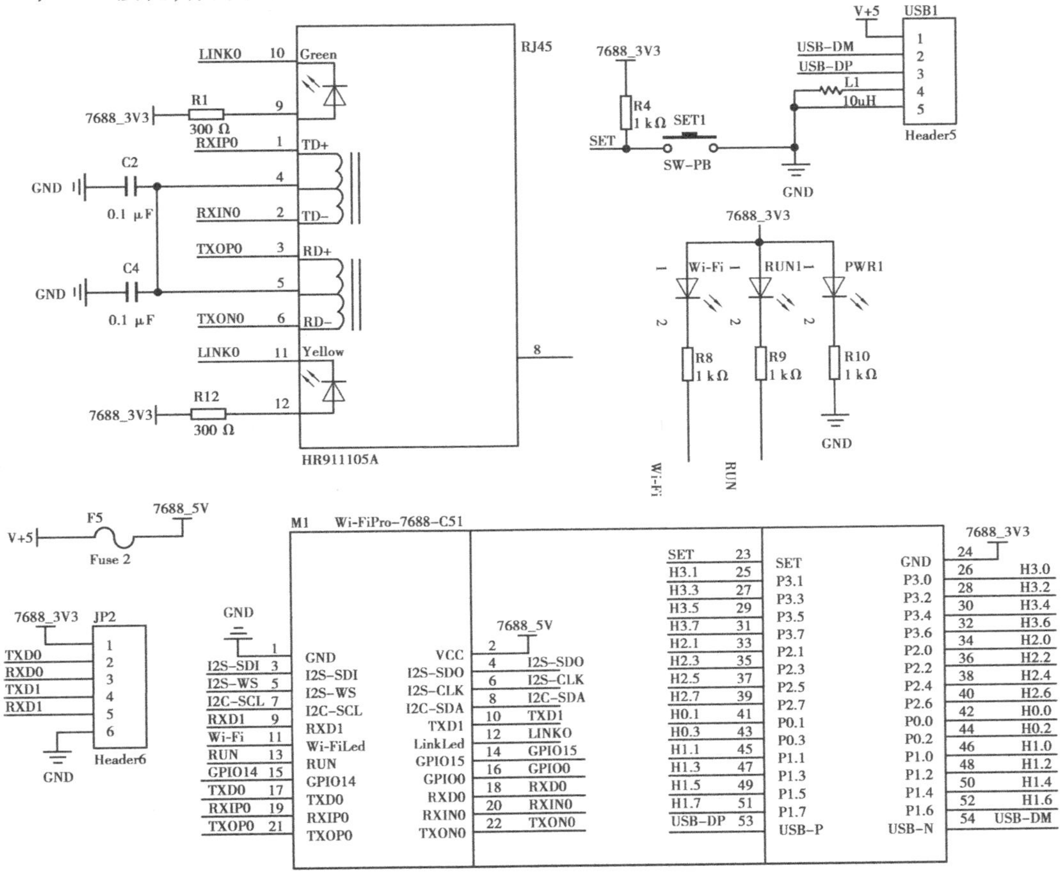

图 1.32　HTML5-NET 模块及其外围电路原理图

1.4.3　单片机 STM32 最小系统电路

STM32 最小系统电路原理图如图 1.33 所示，主控芯片是 STM32F103RCT6。该原理图是 ST 官方推荐的最小系统原理图，可根据实际功能需求，将芯片引脚映射至外部器件使用。

1.4.4　ESP8266 最小系统原理图

ESP8266 最小系统电路原理图如图 1.34 所示，是 ESP 官方推荐的原理图连接方式之一。ESP8266 芯片预先烧录了 Frun 公司自主开发的固件，支持 WebSocket 通信、UDP 数据传输等。用户也可以根据需求，烧录属于自己的固件。

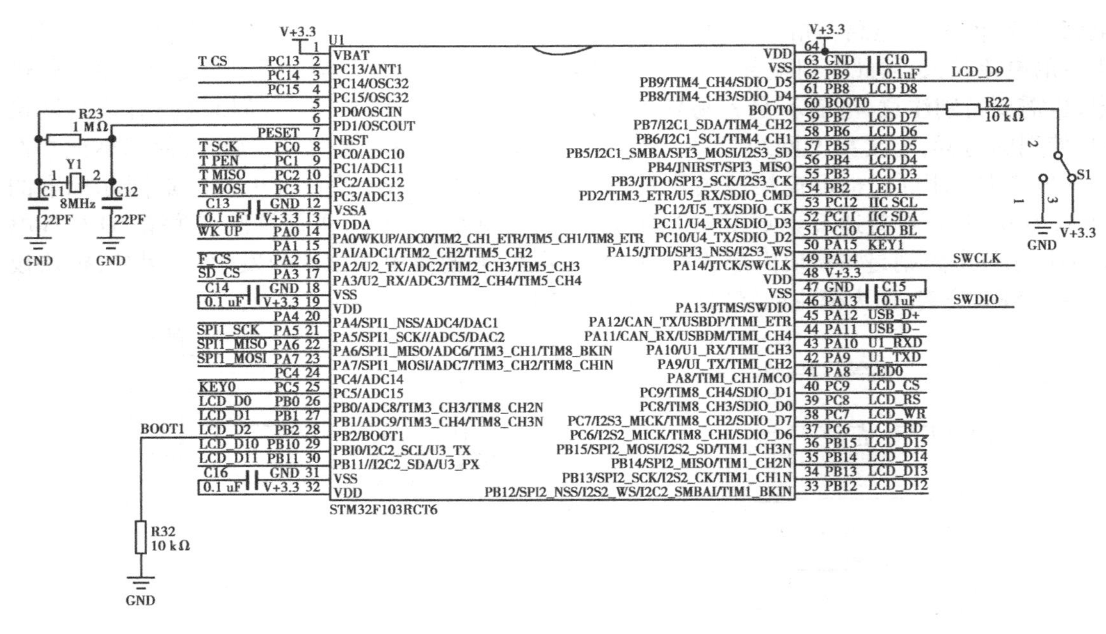

图 1.33　STM32 单片机最小系统电路原理图

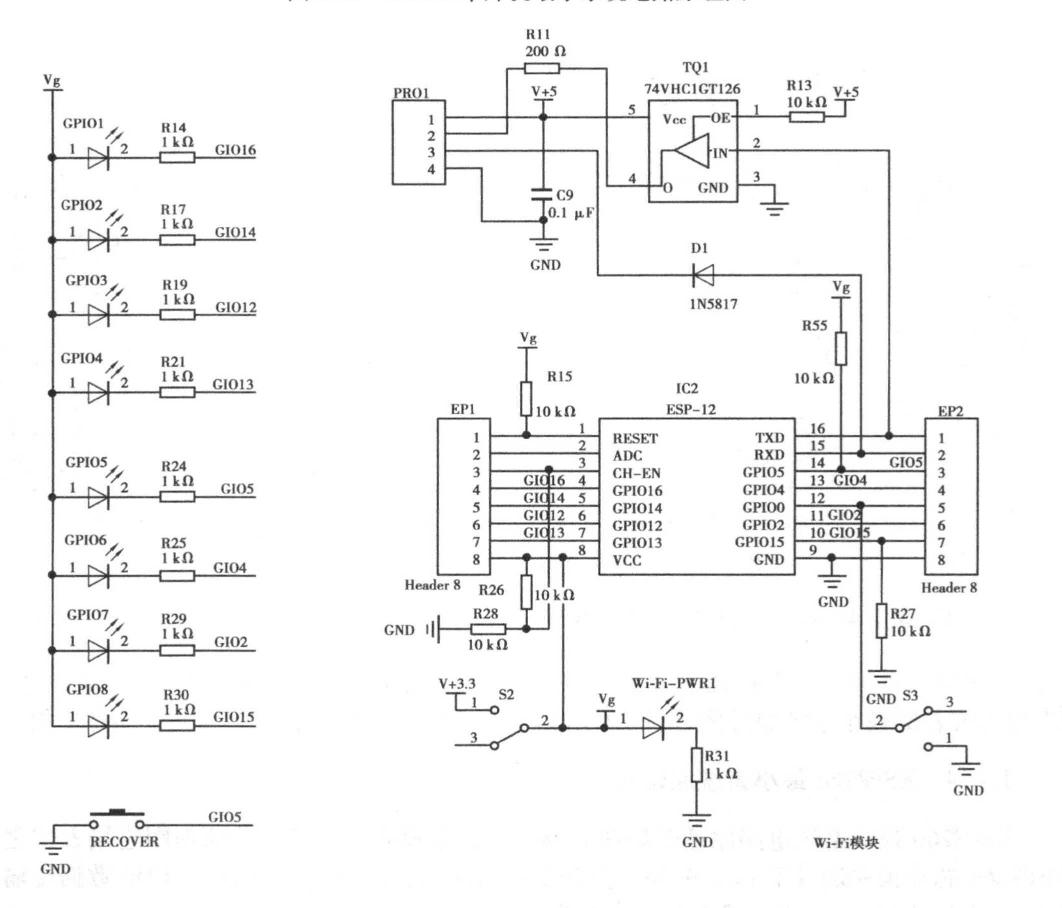

图 1.34　ESP8266 最小系统电路原理图

1.4.5 RS485电路

如图1.35所示为RS485硬件原理图，为了确保学习过程中不烧坏485芯片，在设计硬件的时候，需在A+、B-两端加上保险丝和TVS管作为保护电路，该电路不影响485通信的正常进行。

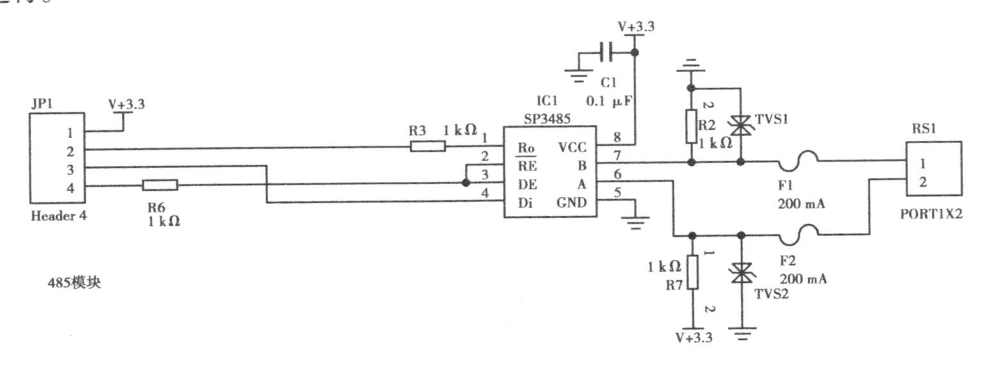

图1.35 RS485硬件电路原理图

1.4.6 CH340G电路

如图1.36所示为CH340G应用电路原理图，用于嵌入式程序代码下载和调试使用。

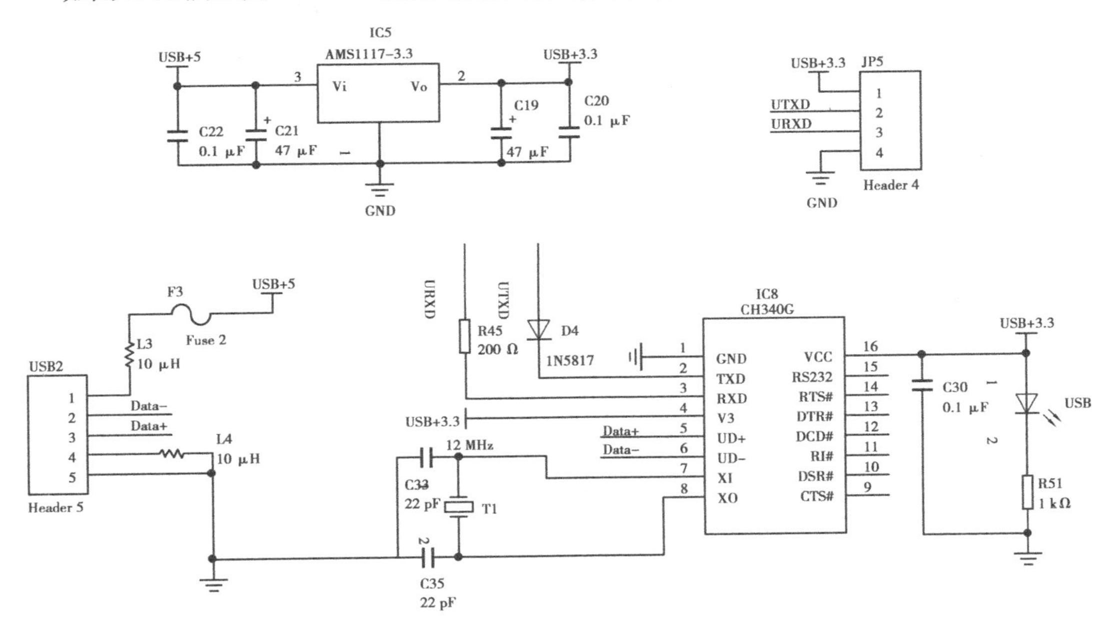

图1.36 CH340G电路原理图

1.4.7 继电器驱动电路

如图1.37所示为继电器驱动电路原理图，集成ULN2803达林顿管、CD4096反向电路、LED指示灯模块和继电器接口模块，将控制IO接口单独引出，方便控制器条线控制输出。

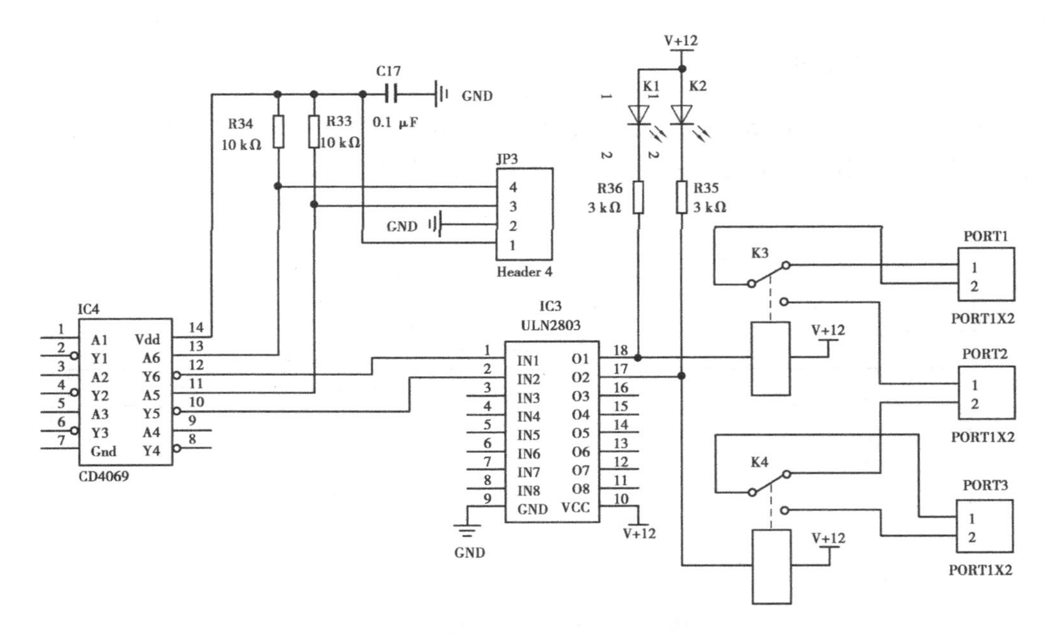

图 1.37　继电器驱动电路原理图

1.4.8　TF 卡电路

如图 1.38 所示为 TF 卡驱动电路原理图,TF 卡用于存储文件系统信息、图片、汉字字库等,可应用在多种场合。

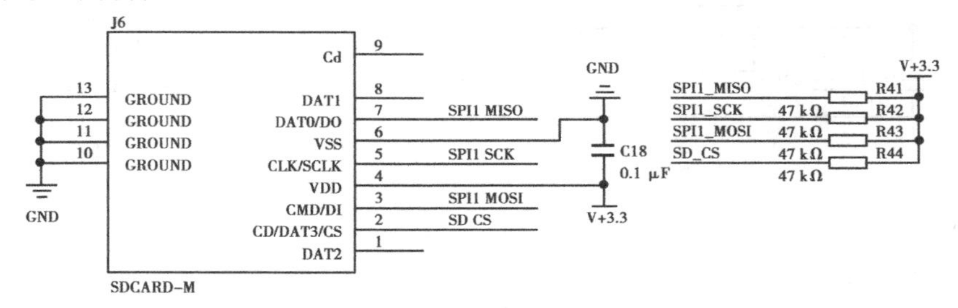

图 1.38　TF 卡驱动电路原理图

1.4.9　红外接收电路

如图 1.39 所示为红外接收驱动电路原理图,可接收外部红外遥控设备发出的红外信号,控制器与其单总线通信。

1.4.10　FLASH 存储电路

如图 1.40 所示为 FLASH 存储器驱动电路原理图,选用的芯片是 W25Q64,可用于存储汉字字库、图片等。

1.4.11　EEPROM 存储电路

如图 1.41 所示为 EEPROM 存储器驱动电路原理图,选用的芯片是 AT24C02,可用于存储触摸屏的触摸校准信息和实验中的关键数据。

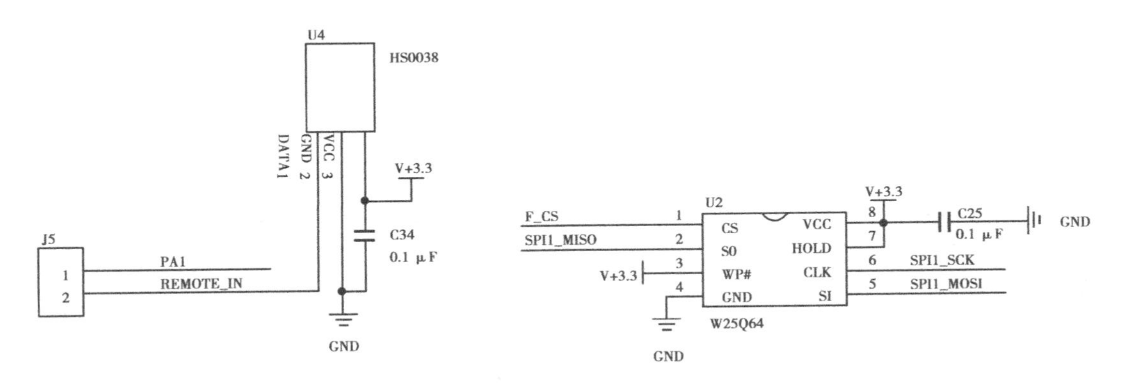

图 1.39　红外接收驱动电路原理图

图 1.40　FLASH 存储驱动电路原理图

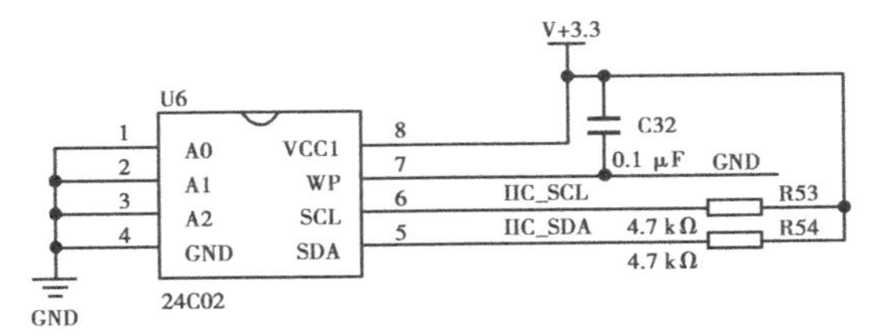

图 1.41　EEPROM 存储器驱动电路原理图

1.4.12　IO 扩展口电路

如图 1.42 所示为处理器的 IO 扩展口电路原理图，将处理器的所有可用 IO 口引出，方便用户做扩展实验使用。注意：这里的 IO 口是直接从 ARM 处理器引出的，因此驱动电压是 3.3 V，驱动电流小于 20 mA。

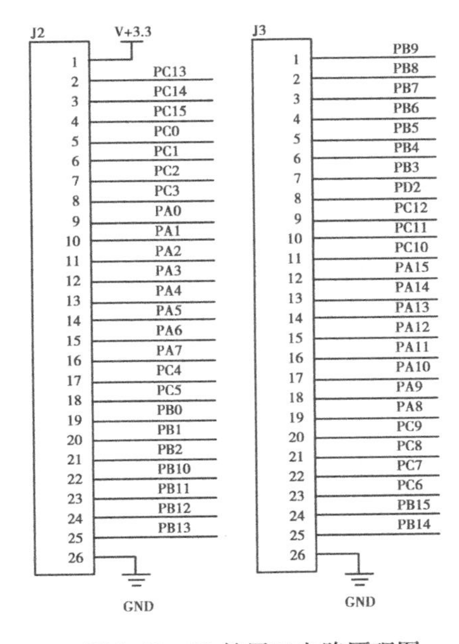

图 1.42　IO 扩展口电路原理图

第 2 章 HTML5-NET Web 参数设置

2.1 网络连接配网

HTML5-NET 出厂默认 IP 地址:192.168.1.254,端口:5000,网关:192.168.1.1(如果无法确定 IP 地址和端口,可以将 SET 短接大约 10 s,模块自动恢复出厂参数)。

①HTML5-NET 模块连接网络可以选择网线有线连接或者 Wi-Fi 无线连接。工作方式还可选择独立工作方式或路由器组网方式。

②独立工作方式。PC 端或手机端用网线或者 Wi-Fi 直接连接 HTML5-NET。用网线直接连接 PC 和 HTML5-NET,然后设置 PC 端网络连接参数,直接与 HTML5-NET 通信,试试可否 ping 通 192.168.1.254,如果 ping 通,说明连接成功。

③组网工作方式。HTML5-NET 通过网线或者 Wi-Fi 连接 Wi-Fi 路由器,PC 端或手机端同样用网线或者 Wi-Fi 连接 Wi-Fi 路由器。先将 Wi-Fi 路由器的网关设置为:192.168.1.1,然后与独立工作方式一样设置 PC 端网络连接参数,PC 就可以直接与 HTML5-NET 通信了。

注意:网络组网时确保联网设备处于同一网段。

2.2 参数设置页面

2.2.1 登录 HTML5-NET

登录参数设置页面有两种方法:在地址栏输入 IP 地址、端口登录;手机扫描二维码登录。HTML5-NET 网络硬件连接完成后,可以打开浏览器(支持 HTML5,如 Google, Fire Fox 浏览器)，在浏览器地址栏输入:http://192.168.1.254:5000/setup，回车即出现如图 2.1 所示登录界面，输入账户:admin，密码:12345678，单击“登录”按键即可进入设置主页面。

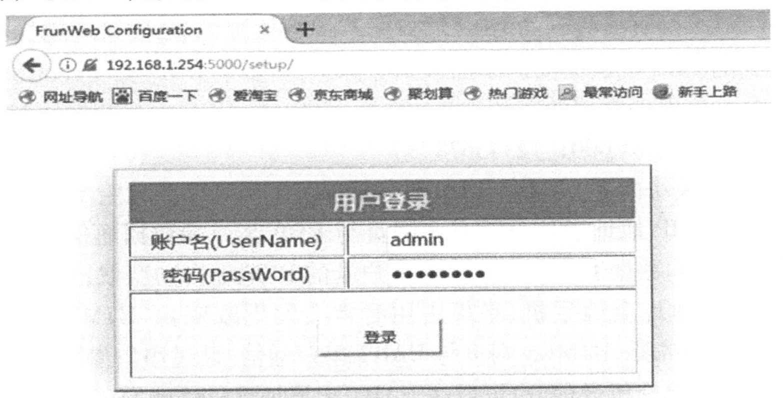

图 2.1　HTML5-NET 登录界面

2.2.2　设置主页面参数

HTML5-NET 主页面如图 2.2 所示。主页面包括两大部分:功能菜单栏和基本参数栏。基本参数包括基本网络参数和串口参数。这些参数比较简单，需要说明的有 3 点:

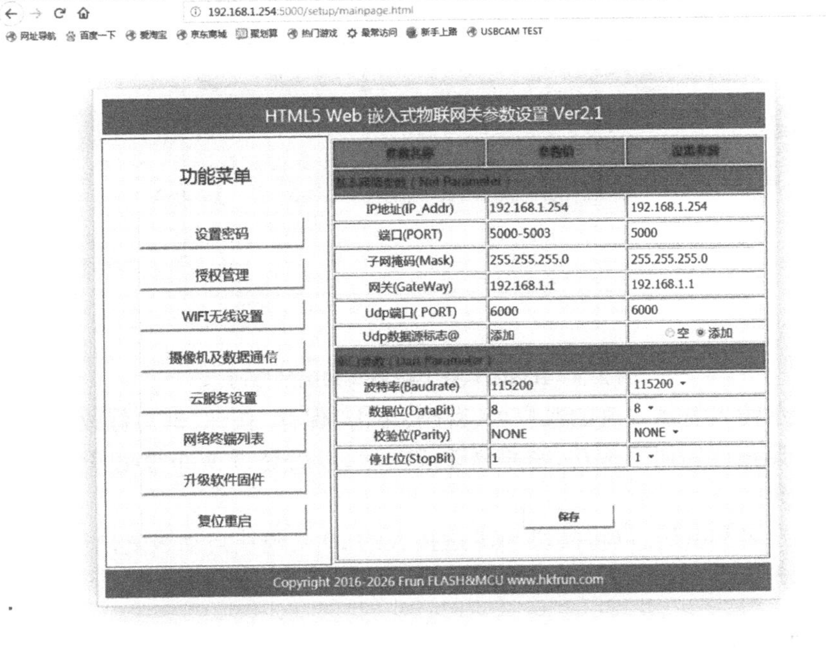

图 2.2　HTML5-NET 主页面

①端口(PORT):这个参数包含顺序递增的 4 个端口:5000,5001,5002,5003，只设置第一个参数，后面自动递增。端口 5000:参数设置页面 Web 服务器端口。端口 5001:HTML5-UDP 服务器端口。端口 5002:HTML5-Uart 服务器端口。端口 5003:摄像机服务器端口。

②UDP 端口：UDP 服务器端口，外部 UDP 网络客户端可通过这个端口接入 HTML5-NET，获得 HTML5-UDP 服务，默认支持 256 个外部 UDP 客户端接入。UDP 数据源标志@：如果勾选“空”选项，HTML5 网页接收到的 UDP 端数据不带数据源标志，如果勾选“添加”选项，HTML5 网页接收到的 UDP 端数据前面添加数据源标志，当多个 UDP 接入 HTML5-NET 模块时，添加数据源标志可是识别数据的来源地址，如 No：0001 号 UDP 客户端发送“12345678”，HTML5 网页接收的数据为“@0001：12345678”。

③HTML5-NET 模块内置 HTML5-UDP 服务器，采用 Frun Web 自主产权的独特框架，重新封装 UDP 通信，屏蔽 IP 地址通信，HTML5 网页与 UDP 客户端数据通信使用自定义编号地址，实现 IP 地址无关的数据通信（通常 UDP 客户端的 IP 地址自动获取，特别是基于 Wi-Fi 无线通信的客户端，IP 地址会因手机、平板占用时常会发生改变）。HTML5-NET 模块还内置 HTML5-UART 串口服务器，HTML5 网页与 UART 串口通信，通过串口参数设置，实现 HTML5 网页与具备 UART 的单片机通信，也可以在 UART 上增加 RS485 电路，实现 HTML5 网页与具备 RS485 的标准工业设备通信。

2.2.3 密码设置

单击主页面功能菜单下的“设置密码”按键，即可进入密码设置页面，如图 2.3 所示。

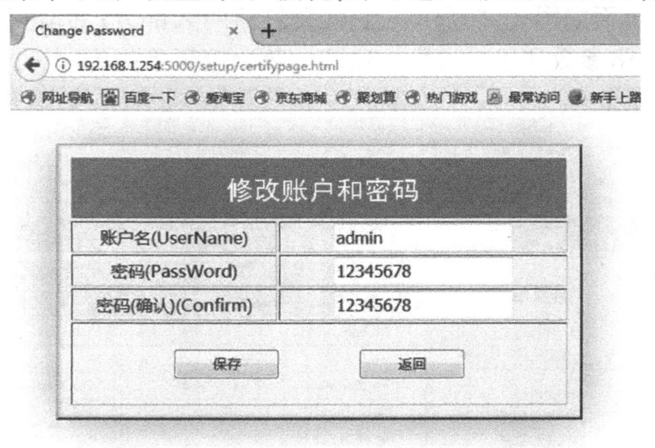

图 2.3　HTML5-NET 账户与密码的修改

如图 2.3 所示输入需要修改的账户名、密码，单击“保存”按钮，即可修改，密码和密码（确认）必须相同，否则修改密码不成功，密码修改成功后，以后登录 Web 参数设置页面和摄像机登录都需要新密码。

如果忘记账户名和密码，可将模块 SET 短接大约 10 s，模块自动恢复出厂参数，出厂账户名和密码如图 2.3 所示。

2.2.4 授权管理

每个模块具备唯一的产品系列号（Product ID），厂商根据系列号提供对应授权激活码（License ID）。模块只需激活一次就可以永久使用。丰润微控科技出厂的模块都已经激活，不需要再次激活。用户只需记录产品系列号和激活码，如果模块升级仍然可使用，无须厂家再次授权。

2.2.5　无线 Wi-Fi 设置

单击主页面功能菜单下的“设置密码”按键，即可进入 Wi-Fi 无线网络参数设置页面，如图 2.4 所示。

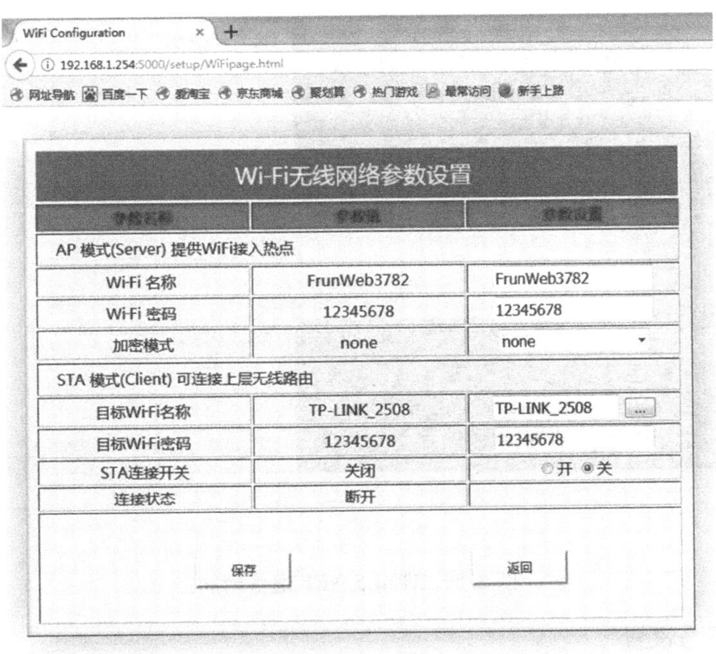

图 2.4　HTML5-NET 无线网络设置

HTML5-NET 既可以使用网线连接组网，也可以通过 Wi-Fi 无线组网，具有强大的 Wi-Fi 网络功能，可工作于 AP 模式和 AP + STA 模式。

AP 模式提供 Wi-Fi 接入热点，可以设置 AP 的 Wi-Fi 名称和密码，加密模式设置为 none 时，不需要密码可连接。

STA 模式用于接入前端 Wi-Fi 路由器，不需要接网线，只需要设置前端 Wi-Fi 名称、密码，然后勾选 STA 连接开关为“开”，保存设置，重启即可接入前端 Wi-Fi 路由器。

注意：如果前端 Wi-Fi 名称和密码不正确，导致 STA 模式无法起作用，这时即使用网线也无法成功连接前端路由器，所以使用网线连接时必须将 STA 连接开关设置为“关”。

2.2.6　摄像机和数据通信

单击主页面功能菜单下的“摄像机和数据通信”按键，即可进入摄像机和数据通信测试页面，如图 2.5 所示。输入用户名和密码，用户名和密码与设置页面登录的用户账号和密码相同。按“确定”按钮，在图像显示区域就会显示摄像机现场实时图像，说明摄像机连接正常。

“摄像机和数据通信”功能主要用于测试模块连接摄像机和 HTML5-UDP 通信及 HTML5-UART 通信功能。在摄像机实时显示图像的同时，HTML5 与 UDP 和 UART 通信也可以正常通信，不受任何影响。这个功能非常适合于视频现场网络控制应用，如机器人、无人机，还有化工、核电等无人值守的高危场合。

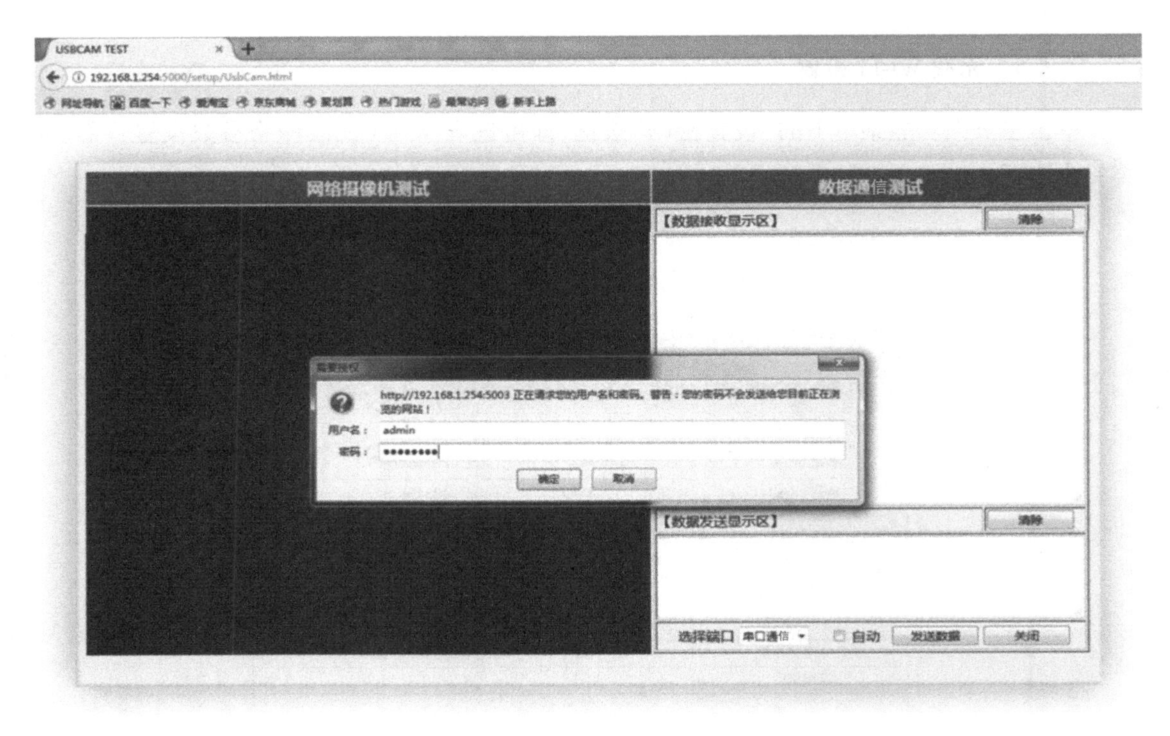

图 2.5　HTML5-NET 通信测试

2.2.7　云服务设置

单击主页面功能菜单下的“云服务设置”按键，即可进入云服务参数设置页面，如图 2.6 所示，输入服务器的 IP 地址、端口和心跳包间隔，保存后重启，模块自动连接服务器，并按时间间隔发送心跳包。用户可根据自己的云平台服务与 Frun 定制握手规则。

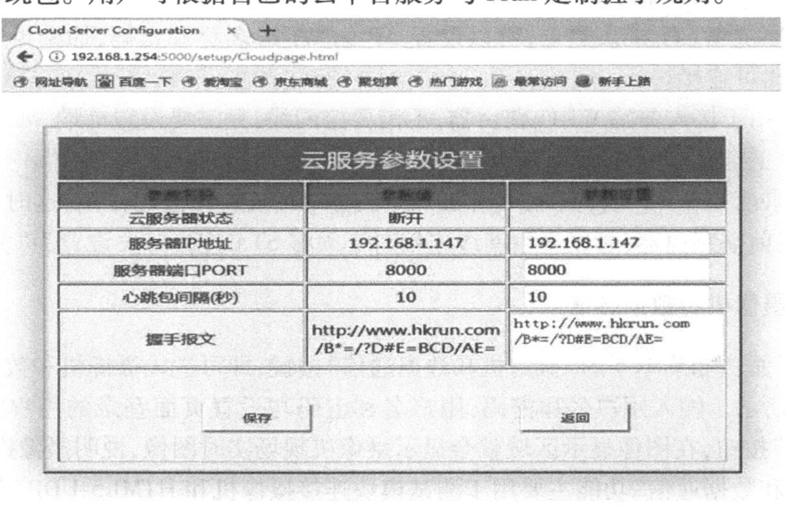

图 2.6　HTML5-NET 云服务

2.2.8　网络终端列表

单击主页面功能菜单下的“网络终端列表”按键，即可进入网络终端列表页面，如图2.7所示，网络终端列表可以显示所有与模块连接的网络终端的信息，连接数量、IP 地址、端口，UDP 终端连接还显示终端 ID 号和映射地址编号。

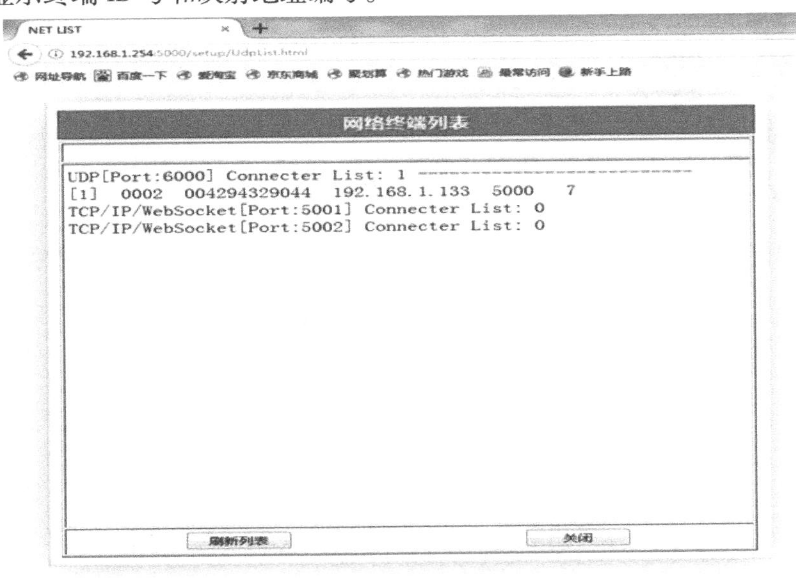

图 2.7　HTML5-NET 网络终端列表设置

2.2.9　HTML5-NET 升级软件固件与复位重启

单击主页面功能菜单下的“升级软件固件”按键，系统提示请插入升级固件的 U 盘，单击“确定”，模块自动升级，如图 2.8 所示，升级完成后模块自动重启。

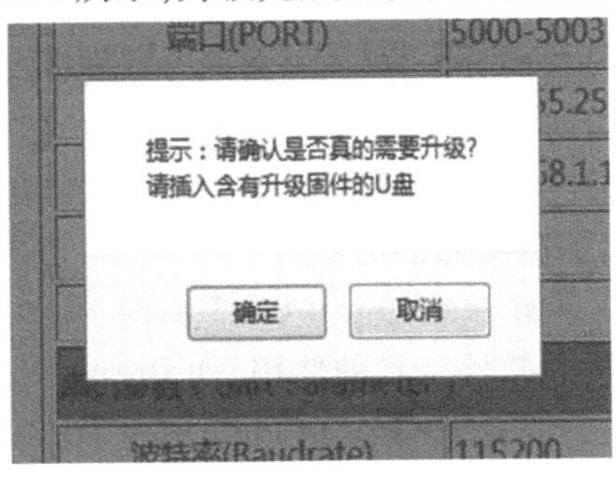

图 2.8　软件固件升级

说明：升级固件主要用于定制功能，升级的固件可从 Frun 官网或技术服务部门获取。

所有参数设置完成，单击“复位重启”后，等待 HTML5-NET 模块重启，所有设置参数生效，HTML5-NET 进入正常工作状态。

第3章 HTML5 Web网页开发设计

3.1 HTML5简介与开发环境介绍

HTML5是万维网的核心语言、标准通用标记语言下的一个应用超文本标记语言（HTML）的第五次重大修改（这是一项推荐标准，英语原文：W3C Recommendation）。从广义上来讲，HTML5实际指的是包括HTML、CSS和JavaScript在内的一套技术组合。

HTML5是目前实现跨平台软件设计的最佳选择，已广泛应用于互联网信息管理系统、网站建设和网络游戏开发。HTML5简单易用，得到越来越多的开发人员青睐。HTML5-NET Web编程完全遵循HTML5的开发步骤，所有HTML5开发的教程都可以参考。从以上各章节的介绍，可以看到HTML5-NET主要用于物联网，更侧重于与硬件设备通信、各类传感器数据采集和开关控制，有自己的特性，因此我们的编程侧重于HTML5与硬件通信控制及数据采集。HTML5-NET Web编程之前需做如下准备：

①HTML5网页编程入门，了解JavaScript + CSS3编程，快速入门可参考相关网站。

②熟悉常用网页可视化设计软件工具的使用，如Dream Ware、H5Builder等（网络免费下载），对于刚学习HTML5开发的读者，推荐Edit Plus，Edit Plus是一款小巧但是功能强大的可处理文本、HTML和程序语言的Windows编辑器，甚至可以通过设置用户工具将其作为C、Java、Php等语言的一个简单的IDE。

③了解TCP/IP网络基本常识，掌握网络部署，熟悉网络配置。

④了解HTML5-NET开发测试板的接口，并正确连接运行。

⑤熟悉一些常用通信调试辅助工具软件，如串口调试工具、网络调试工具（模块内置的Web参数设置页面自带）。

Adobe Dreamweaver 简称“DW”，中文名称“梦想编织者”，最初为美国 MACROMEDIA 公司开发，于2005年被 Adobe 公司收购。DW 是集网页制作和管理网站于一身的所见即所得网页代码编辑器，利用对 HTML、CSS、JavaScript 等内容的支持，设计师和程序员可以在任何地方快速制作和进行网站建设。

网络搜索 Dreamweaver 选择安装包下载，完成后双击进入安装界面，如图3.1所示，选择语言和要安装的路径，单击继续进行安装。Dreamweaver 安装过程如图3.2所示，注意上面的进度条，正在安装，耐心等待就好了。

图3.1　Dreamweaver 安装参数选择

图3.2　Dreamweaver 安装过程

安装成功后，单击“关闭”，不要单击“启动”，单击电脑“开始”菜单，找到 Dreamweaver 右击“发送到桌面快捷方式”。单击运行软件即可打开 Dreamweaver，如图3.3所示。

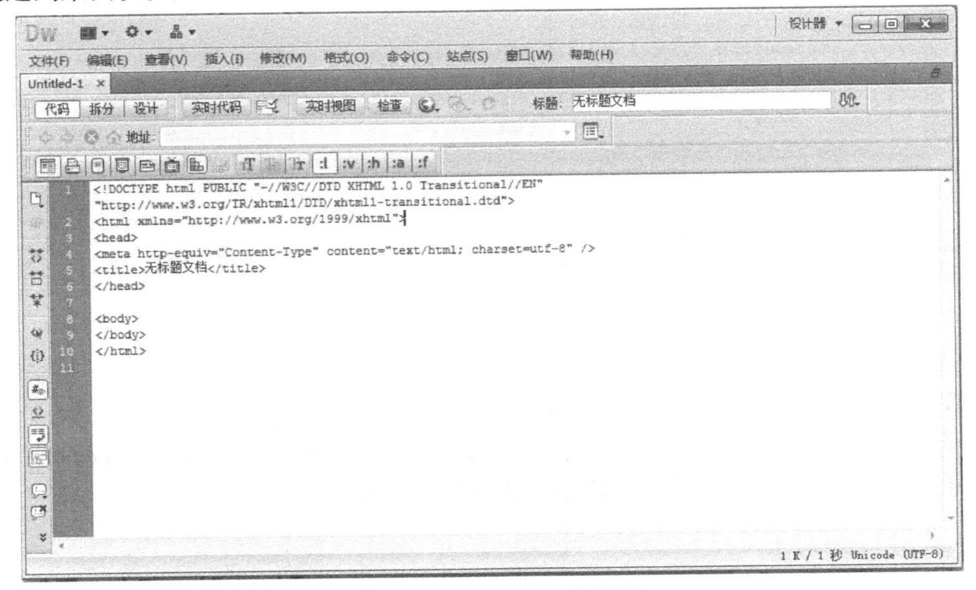

图3.3　Dreamweaver 主界面

Adobe Dreamweaver 使用所见即所得的接口，HTML 编辑的功能借助经过简化的智能编码引擎，轻松地创建、编码和管理动态网站。Dreamweaver 具有访问代码提示，可快速了解 HTML、CSS 和其他 Web 标准。Dreamweaver 还使用视觉辅助功能以减少错误并提高网站开发速度。

3.2　编写第一个 HTML5 网页

打开网页设计软件 Adobe Dreamweaver，单击“新建(N)”出现新建文档界面，如图 3.4 所示。

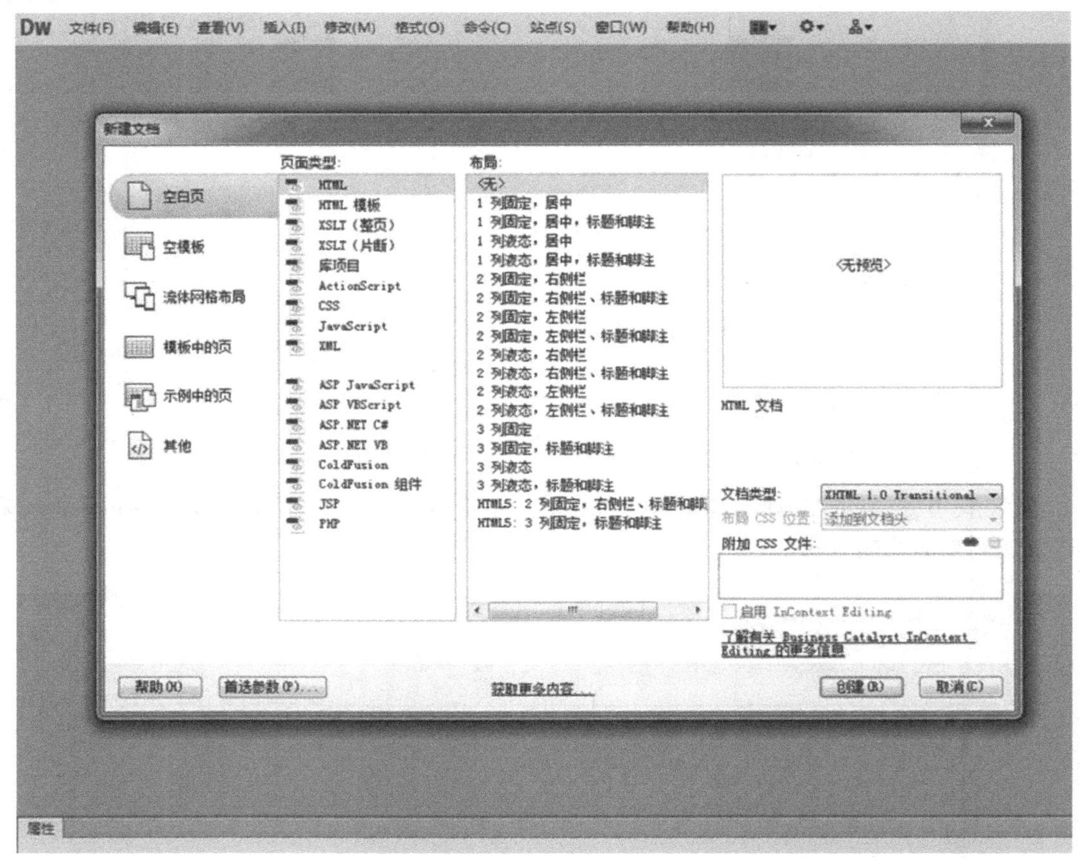

图 3.4　新建 HTML 项目

如图 3.4 所示，选项选择“空白页”→“页面类型：HTML”→“布局：< 无 >”，单击“创建”按钮，即可自动生成一个空白网页框架，如图 3.5 所示。

保存网页文件，在 PC 计算机上新建一个文件夹“first demo”(如 D:/first demo)；单击图 3.5 菜单栏中“文件”→“另存为”，弹出如图 3.6 所示页面。

图3.5　新建 HTML5 模板

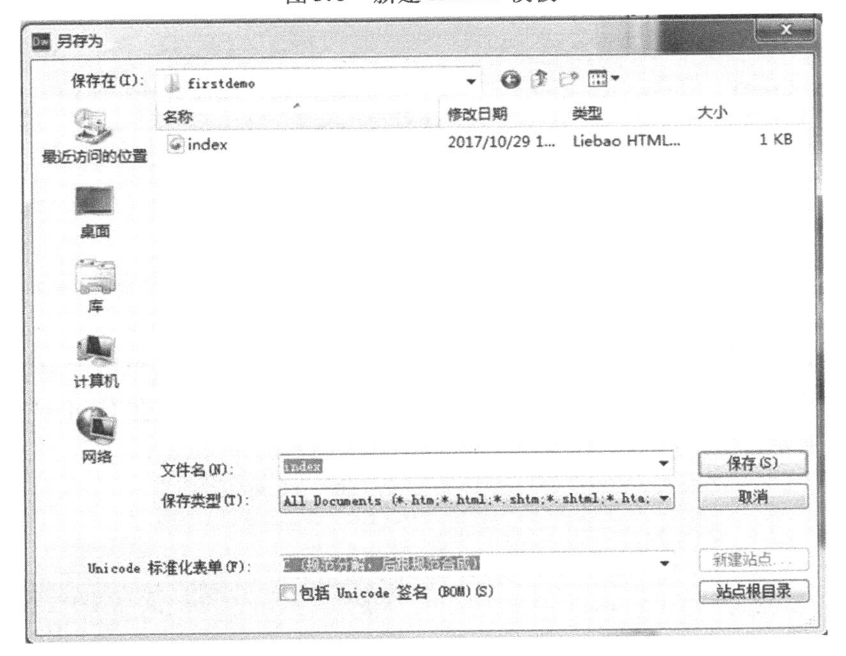

图3.6　保存 HTML5 文件

将文件名改为“index”，单击“保存”按钮，在 D 盘下就生成了具有 HTML5 基本框架的“index. html”文件。将需要显示的图片文件 welcome. jpg 复制到 D:/firstdemo 下，与刚才建立的 index. html 文件放在同一个文件夹，如图3.7所示。

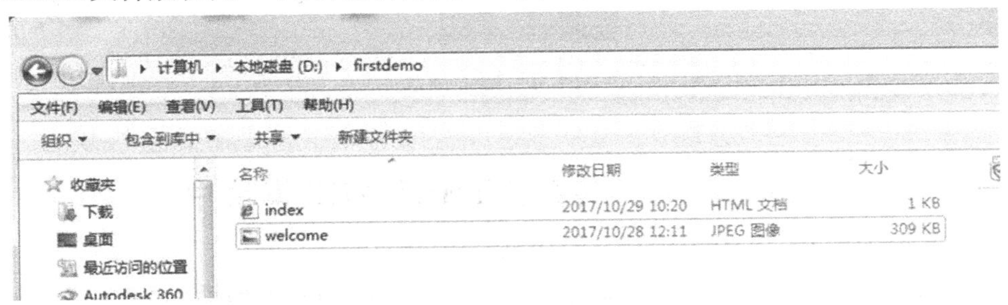

图3.7　HTML5 文件目录

将光标移到 index. html 代码段的 < body > < body > 之间，单击主菜单栏“插入”→“图像”，跳出“选择图像源文件”页面，如图 3.8 所示。

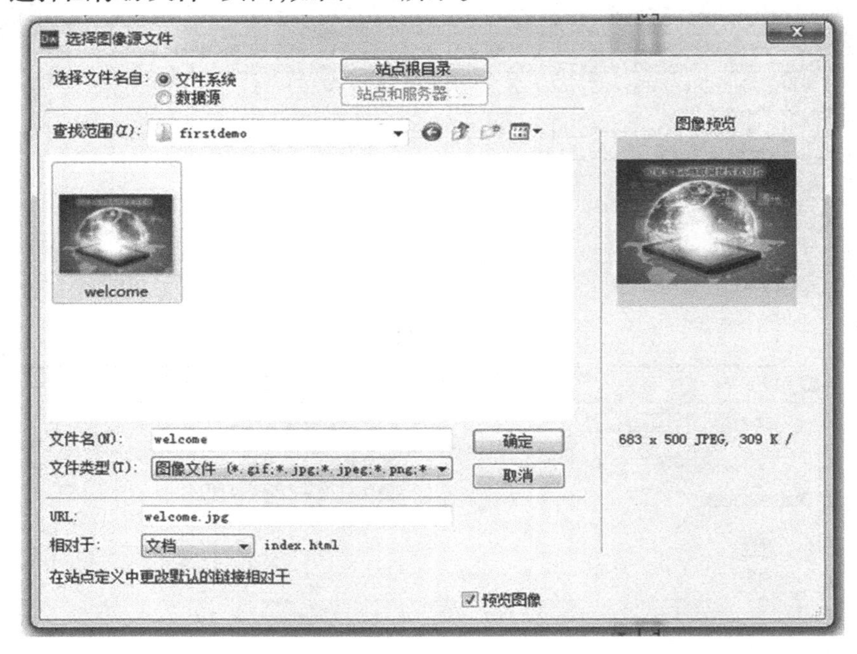

图 3.8　插入图片文件

选择文件夹“first demo”下“welcome. jpg”文件，单击“确定”，然后单击主菜单栏“文件”→“保存”，第一个网页文件设计完成了。单击“预览”图标，选择“预览在 Firefox”，即可显示网页，如图 3.9 所示。

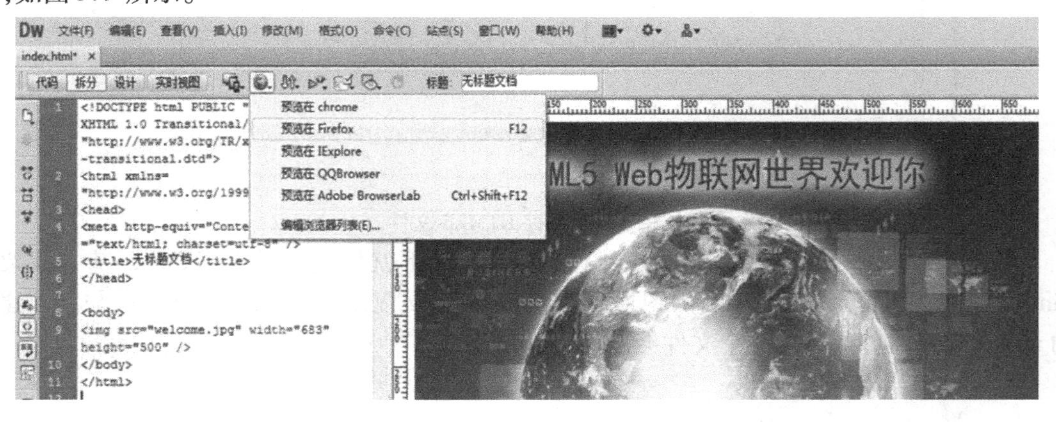

图 3.9　网页预览

3.3　网页上传到 HTML5-NET 模块中

设计完成的网页保存在“D:/firstdemo/”目录中，只有本机浏览器可以访问，其他设备无法访问，为了能够让其他联网设备(如 PC、平板、手机)可以访问，必须将网页上传到 HTML5-

NET 内部的网页存储区。

3.3.1　新建站点并设置 FTP 服务器网络参数

单击主菜单栏“站点(S)”→“新建站点”，站点名称设置为：demo，并选择网页本地站点文件夹：D:\firstdemo\；接着单击“服务器”设置选项，显示如图 3.10 所示画面。

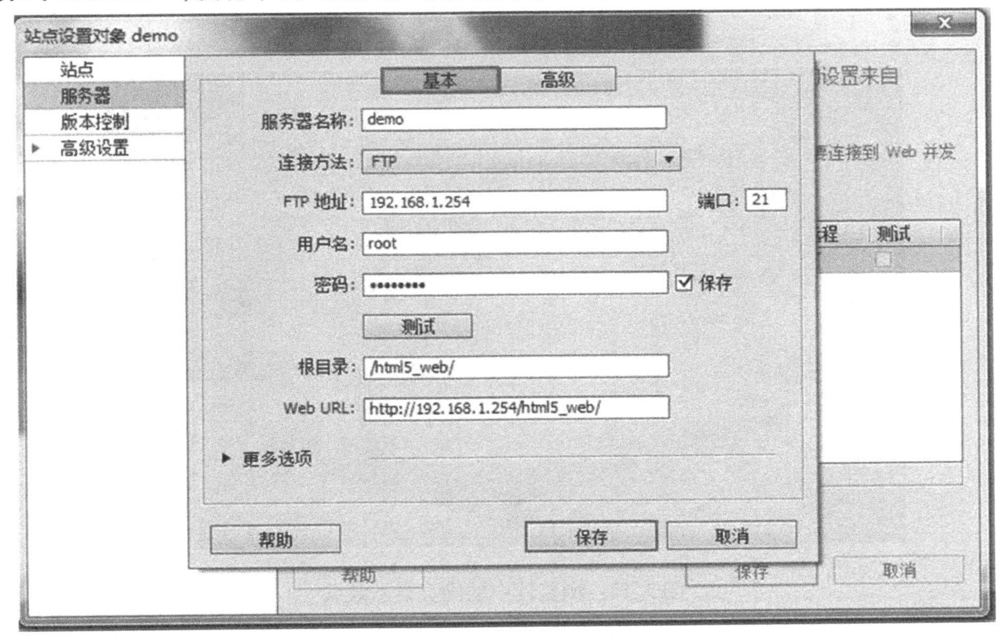

图 3.10　新建站点

如图 3.10 所示设置各项参数，单击“保存”按钮，就完成了 FTP 服务器设置，为网页上传做好了准备。

3.3.2　网页上传

如图 3.11 所示，在 Dreamweaver 界面右侧文件视图窗口中，单击向上箭头的按钮。

图 3.11　网页上传

单击“确定”，所有网页相关文件将下载并保存到 HTML5-NET 中。当网页下载完成后，用“浏览器”即可访问网页了。

3.3.3 网页浏览测试

打开浏览器(Fire Fox、Google),在地址栏中输入 HTML5-NET 的 IP 地址和端口,回车即可显示网页,如图 3.12 所示。

图 3.12 浏览器中的网页显示效果

如果手机支持"二维码扫一扫"功能,用手机扫一下图中的二维码,手机立刻显示图 3.12 的页面。只要是支持 HTML5 的浏览器,都可以显示 HTML5-NET 中的网页了,实现 Windows、Linux、Android、iOS 真正跨平台应用。上述例程只是一个简单的显示界面,主要让大家熟悉 HTML5 Web 页面设计的基本步骤,网页下载的方法,与普通的网页设计和网页上传完全一样。以后所有的设计都会用到上述步骤。

3.3.4 WinSCP 工具复制网页到 HTML5-NET 模块中

使用 Dreamweaver 自带的 FTP 工具将 Web 网页下载到 HTML5-NET 模块中,需要设置服务器一系列的网络参数。但 WinSCP 可以直接将 Web 网页文件复制到 HTML5-NET 中。WinSCP 是一个 Windows 环境下使用 SSH 的开源图形化 SFTP 客户端,同时支持 SCP、FTP 协议。它的主要功能就是在本地与远程计算机间安全地复制文件。HTML5-NET 可以看作一台远程 Linux 计算机。

下载安装 WinSCP 软件,运行 WinSCP 软件,如图 3.13 所示,选择"文件协议:SCP",输入"主机名:192.168.1.254""端口号:22""用户名:root""密码:12345678",然后单击"登录"按钮,进入操作界面,界面左边是本地文件,右边是 HTML5-NET 文件。

如图 3.14 所示,先在右边单击进入 html5_web 文件夹,然后在左边选择"D:本地磁盘",将 first demo 文件夹拖到右边,这样本地"D:/firstdemo"就完整地复制到 HTML5-NET 的 html5_web 网页存放目录中。

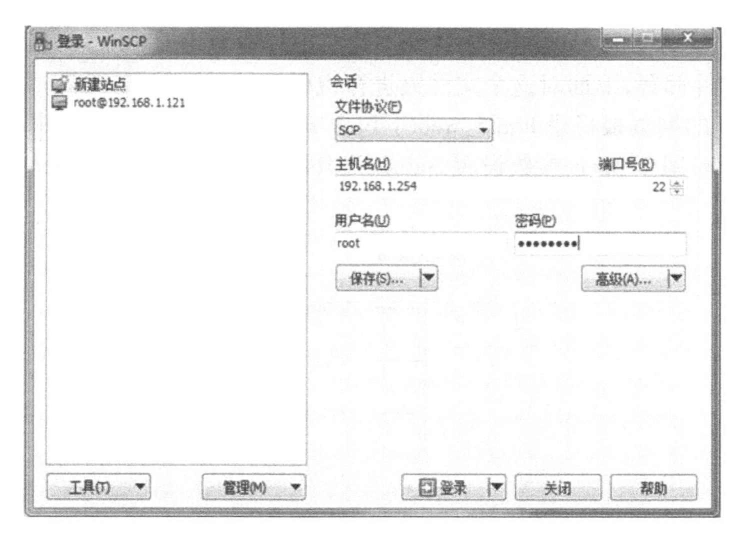

图 3.13　WinSCP 软件参数设置

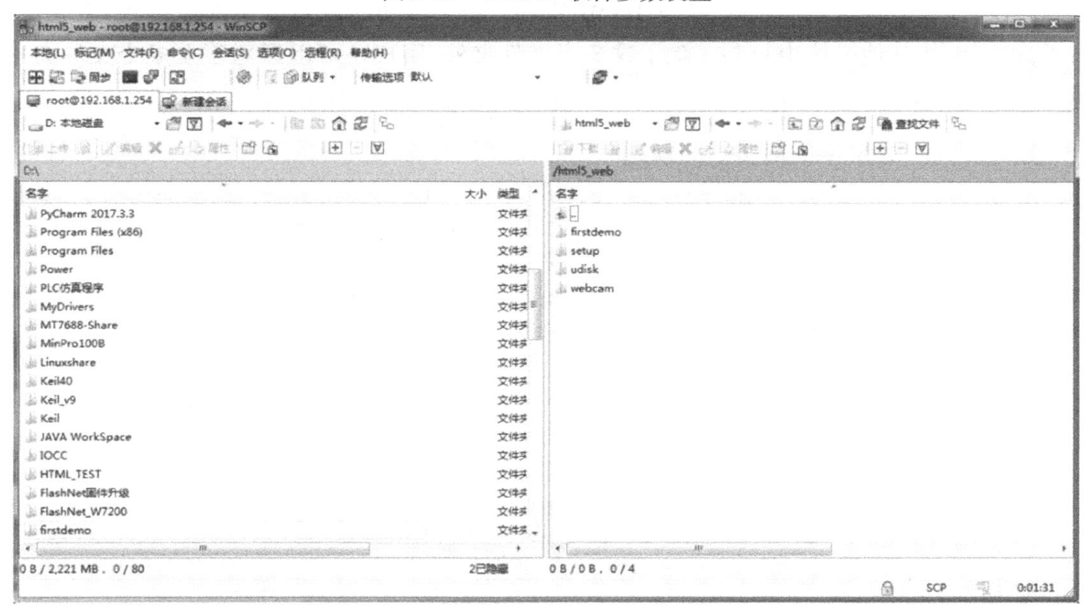

图 3.14　HTML5 网页上传

3.4　HTML5-NET 模块中网页根目录使用规则

3.4.1　HTML5 Web 网页部署

HTML5-NET 中专门设置了一个文件夹来保存 HTML5 Web 文件，这个文件夹就是 html5_web，html5_web 也是 HTML5 Web 的根目录，如果用户想通过浏览器访问 HTML5 Web 页面，则 HTML5 的网页文件必须存放在这个目录。为了更好地使用 HTML5Web 开发嵌入式系统，灵活掌握 Web 文件部署，下面对这个文件夹进行说明。

HTML5-NET 的网页根目录 html5_web 下包含 setup、udisk、webcam 3 个固定的文件夹，如图 3.15 所示，setup 用于 Web 参数设置，udisk 是外挂 U 盘映射目录，webcam 是摄像机链接页面。

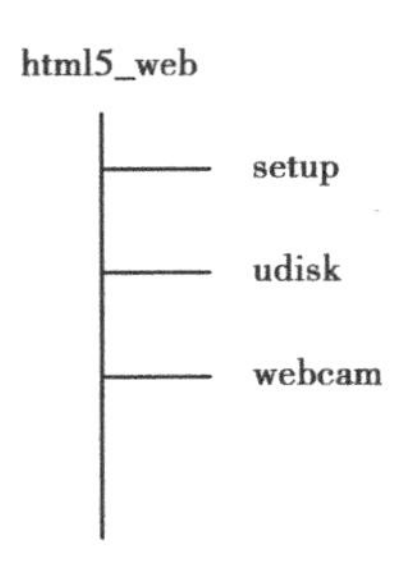

图 3.15　HTML5-NET 网页根目录

注意：这 3 个目录不能删除，否则 HTML5-NET 的一些功能就不能正常使用，如果无意删除了，也可以从其他模块中复制。除了这 3 个文件夹外，用户还可以任意建立多个文件夹，存储自己设计的不同功能的网页。

3.4.2　HTML5 Web 网页访问规则

在支持 HTML5 的浏览器中输入 http://IP 地址、PORT 端口/文件夹名，就可以直接显示保存在该文件夹中的 Web 网页。假设 HTML5-NET 的 IP：192.168.1.254，PORT：5000，就在浏览器中输入 http://192.168.1.254：5000/setup 可直接进入 Web 设置页面，如图 3.16 所示。

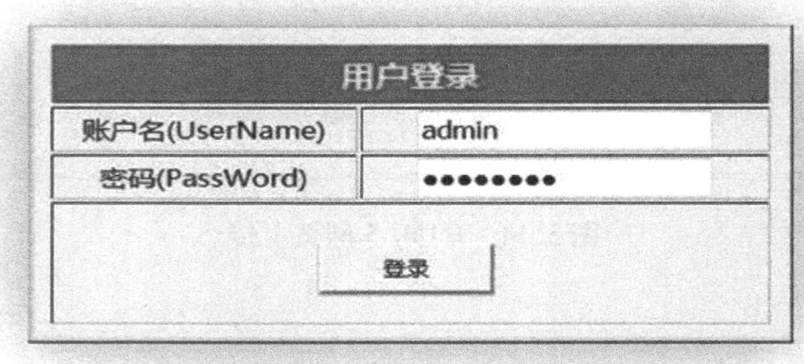

图 3.16　HTML5-NET Web 设置页面

如果在浏览器中输入 http://192.168.1.254：5000，不带文件夹名，则显示如图 3.17 所示界面。浏览器将列出 HTML5-NET 中保存的所有文件夹，必须再次单击文件夹名，才能显示对应的网页。

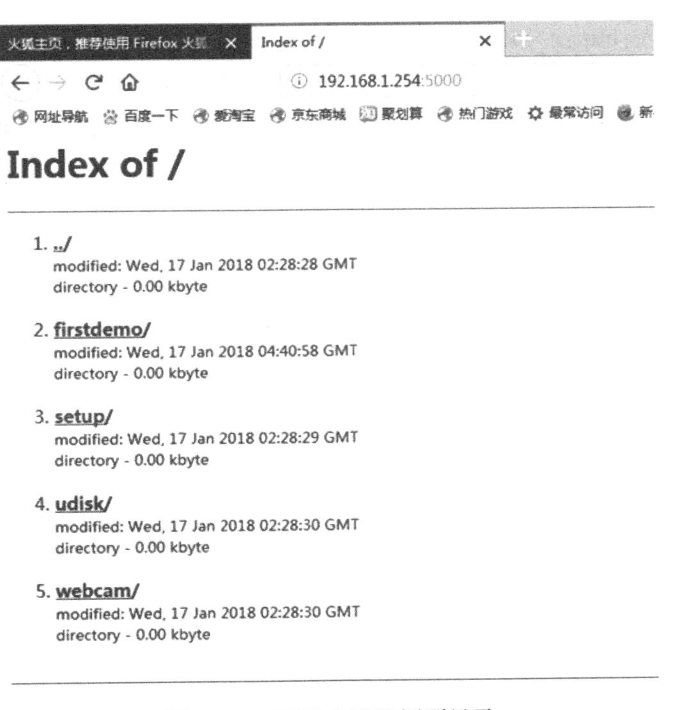

图 3.17　HTML5-NET 网页目录

3.4.3　二维码访问网页的实现

在浏览器中，输入 URL 直接进入 Web 页面，手机也可以通过扫描二维码的方式访问网页，将 http://192.168.1.254:5000/setup 生成二维码（图 3.18），二维码生成方法读者可自行在网络搜索，手机使用带二维码扫描功能的浏览器（如 UC 浏览器），扫一扫二维码，Web 页面就立刻显示在手机上，手机就可以操作页面了，非常方便。

图 3.18　网页地址二维码

3.4.4　U 盘存储 HTML5 Web 网页

HTML5-NET 内部 Flash 存储的空间有限，可以存储 10 MB 的 Web 网页，如果想要大的存储空间，比如有大量图片和视频，可以外挂 U 盘。udisk 文件夹就是 U 盘的映射目录，没有插入 U 盘，udisk 是个空文件夹，插入 U 盘后，udisk 的内容就是 U 盘的内容。访问 U 盘的 Web 页面规则与上述一致，例如：复制设计的第一个例程 d:\first demo 到 U 盘，将 U 盘插入扩展模块，在浏览器中输入：http://192.168.1.254:5000/udisk/firstdemo，即可显示设计的页面。如果将 first demo 文件夹中的文件复制到 U 盘根目录，在浏览器中输入：http://192.168.1.254:5000/udisk，也可显示设计的页面。总之，浏览器中输入的 URL 必须指引到 index.html 这个文件所放置的目录。

第4章 基于 Arduino IDE 的 STM32 单片机开发设计

4.1 "Hello World!"程序

笔者使用的开发板的主控制为 STM32F103RCT6，传统开发是采用标准 C 语言作为开发语言，Keil 或者 IAR 作为开发软件。笔者拥有多年 ARM 开发经验，使用 STM32 控制器作为实际工程项目的经验十分丰富，在这里向广大电子爱好者和初学者提供一种新型的 ARM 处理器程序开发方式，即采用 Arduino IDE 开发环境。

目前，使用 Arduino 的开发者群体日益增多，Arduino 本身支持的器件也由原来的 Atmel 公司芯片，增加了不少，包括非常热门的 ESP 系列芯片器件、STM32 位 ARM 处理器等。本书基础篇和实训篇章节全部使用 Arduino IDE 开发嵌入式 STM32 处理器的逻辑代码，摒弃传统 C 语言开发，从上至下采用 Arduino 生态中的"高级语言"进行 STM32 嵌入式开发，避开复杂的寄存器，使用 Arduino 已经经过高度封装的库函数，极大地提高了开发效率，也降低了开发难度，使初学者更容易接受。等入门之后，对于感兴趣的学习者来说，可以从头回来深入学习底层 C 语言驱动原理，深入了解寄存器的工作原理，因为 Arduino 的库函数是开源的，可以随时查看 Arduino 的底层驱动，甚至可以编写属于自己的底层驱动，供全球开发者使用。[①]

4.1.1 功能要求

通过 Arduino 的串口输出"Hello World!"。

---

① 注意：这里笔者并没有传达传统 C 语言开发不好，只是笔者想通过 Arduino 生态开发，寻找一条 ARM 处理器快速开发的创新实践道路。

4.1.2 程序编辑

打开 Arduino IDE 开发环境，单击“文件→新建”新建一个文件，输入程序并保存在自己定义的文件夹中，文件名为“Hello World!”，如图 4.1 所示。

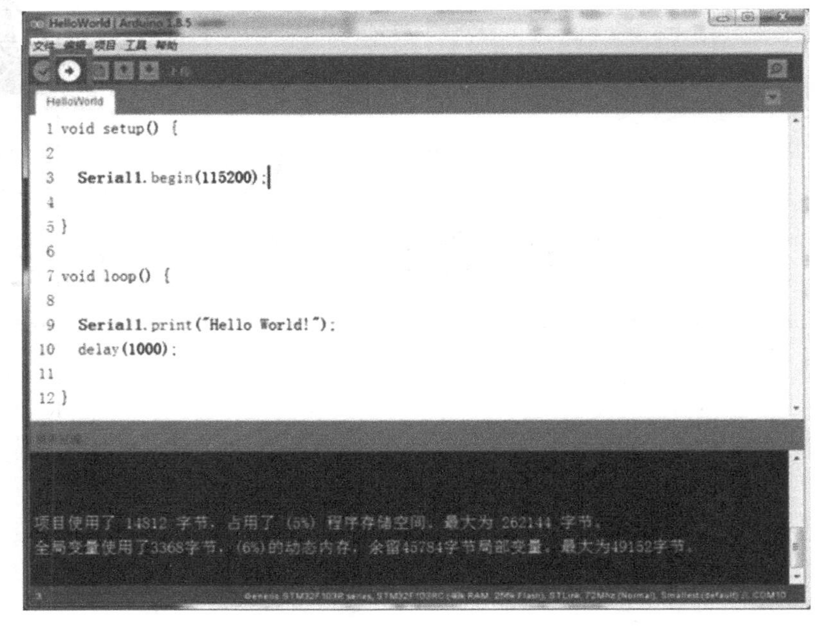

图 4.1　软件编译

如图 4.1 所示的黑色框内的上传按钮，之后软件会进行一次编译，然后进行上传操作，如图 4.2 所示。在单击上传之前，需要提前接好 ST Link 仿真器的接线，如图 4.3 所示。

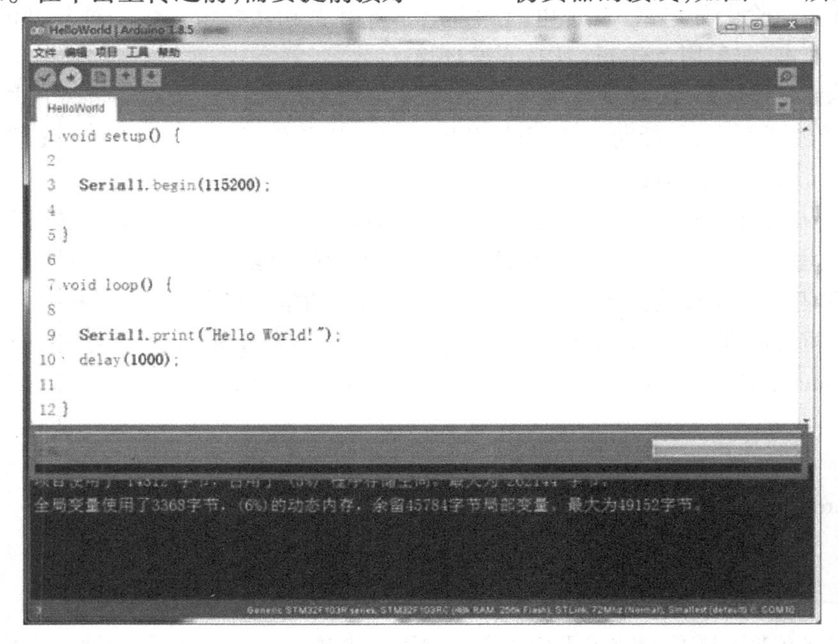

图 4.2　软件上传过程界面

如图 4.3 所示，将 ST Link 的“SWCLK”接到板子上的“CLK”，“SWDIO”接到板子上的“DIO”，“GND”接到板子上的“GND”。

图 4.3　ST Link 硬件接线

当程序上传成功后，会出现如图 4.4 所示界面，说明代码正常运行，这时可以打开串口调试助手，波特率设置为 115 200 bps，8 位数据位，无检验位，1 位停止位，串口硬件接线如图 4.5 所示，同时将 PCB 板卡带有“SERIAL”字样丝印的 USB 口接到电脑 USB 口，“U5”指示灯常亮，代表 CH340 驱动正常，此时即可看到如图 4.6 所示的目标数据“Hello World!”。到此，基于 Arduino IDE 的 STM32 开发基本流程全部结束，软件配置也全部成功，以后就可以在该 IDE 上直接开发 STM32 ARM 程序了。

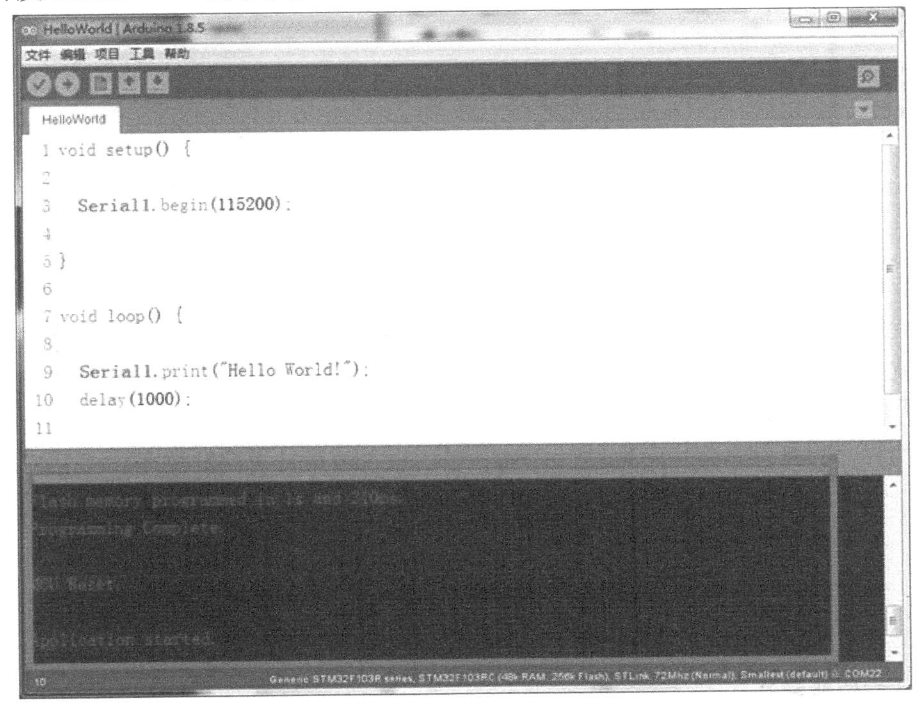

图 4.4　代码上传成功界面

图 4.5　串口硬件接线

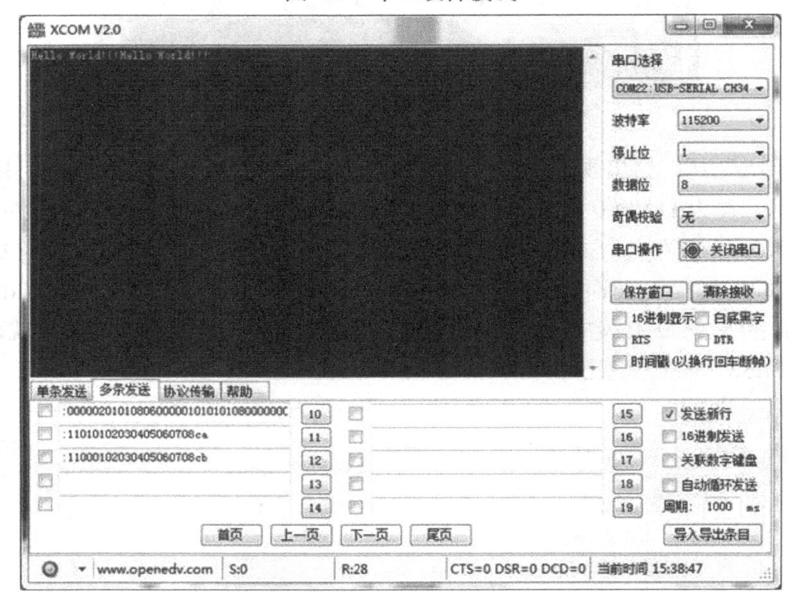

图 4.6　串口调试助手回传数据

使用 Arduino IDE 开发 STM32 程序，比传统的开发简单很多，用户不用理会底层复杂的寄存器驱动设计，只需要管顶层逻辑；而且 Arduino IDE 开发的程序，使用的语言是类 C + + 的语法，也就是面向对象编程，可以在编程过程中使用 IDE 提供的所有库函数，常规使用的函数库，IDE 内部都有集成，不需要重新编写，这对于初学者或者刚接触 STM32 ARM 处理器的朋友有很大的帮助，可以非常快速地进行 ARM 开发，极大地提升了开发效率。

4.2　LED 闪烁实验

4.2.1　功能要求

控制 STM32 I/O 端口 PC13 的 LED 循环闪烁，闪烁时间间隔为 500 ms。

4.2.2　程序设计

```
#define LED PC13                    //定义输出管脚
void setup() {                      //初始化程序
    pinMode(LED,OUTPUT);            //设置 IO 口模式为输出
}
void loop() {                       //主循环程序
    digitalWrite(LED,HIGH);         //输出高电平
    delay(500);                     //延时 500 ms
    digitalWrite(LED,LOW);          //输出低电平
    delay(500);                     //延时 500 ms
}
```

4.2.3　运行结果

单击工具栏按钮,等待程序编译完成后自动下载到 HTML5 for ARM 开发板的 Flash 中。程序下载完成后,自动运行。在开发板中,需要进行两处地方跳线,将 PC13IO 口跳线至“LED 控制模组”的 IN0 接口,同时 COM 接口跳线至 3.3 V 高电平,这时就可看到对应的 LED 指示灯循环每 500 ms 闪烁,如图 4.7 所示。

图 4.7　LED 口硬件接线

4.3　STM32 单片机串口实验

上述两个例程讲述了 Arduino IDE 开发 STM32 的基本步骤和流程,与用传统编译器的 C 语言开发相比,Arduino IDE 的开发更简单,没有了复杂的寄存器初始化操作,接近人类语言的表达方式,简洁的结构,极少的程序代码,难怪 Arduino IDE 开发会在那么多领域应用,而且

风靡全球。下面设计一个串口交互式的控制程序，同时为 HTML5 Web 人机界面通信打下基础。

4.3.1 功能要求

通过串口发送指令，判断不同的指令控制不同 IO 端口对应的 LED 亮和灭，指令表见表 4.1。

表 4.1 指令表

序号	串口指令	运行结果
1	LED2 = ON	IO 端口 PC13 对应 LED 亮并串口返回"LED2 = ON"
2	LED2 = OFF	IO 端口 PC13 对应 LED 灭串口返回"LED2 = OFF"
3	LED3 = ON	IO 端口 PC14 对应 LED 亮并串口返回"LED3 = ON"
4	LED3 = OFF	IO 端口 PC14 对应 LED 灭并串口返"LED3 = OFF"

4.3.2 程序设计

```
#define LED2 PC13                          //定义输出管脚
#define LED3 PC14                          //定义输出管脚
String comdata = "";
void setup() {                             //初始化程序
        Serial1.begin(115200);             //串口初始化
        pinMode(LED2,OUTPUT);              //设置 IO 口模式为输出
        pinMode(LED3,OUTPUT);              //设置 IO 口模式为输出
}
void Uart1_Ctr()
{
        if(! comdata.indexOf("LED2 = OFF"))     // 串口接收字符串是否为"LED2 = OFF"
        {
        digitalWrite(LED2,HIGH);           // led0 输出高电平
        }
        if(! comdata.indexOf("LED2 = ON"))      // 串口接收字符串是否为"LED2 = ON"
        {
        digitalWrite(LED2,LOW);            // led0 输出低电平
        }
        if(! comdata.indexOf("LED3 = OFF"))     // 串口接收字符串是否为"LED3 = OFF"
```

```
{
    digitalWrite(LED3,HIGH);                    // led1 输出高电平
}
    if(! comdata.indexOf("LED3 = ON"))          // 串口接收字符串是否为"LED3 =
ON"
{
    digitalWrite(LED3,LOW);                     // led1 输出低电平
}
    Serial1.println(comdata);                   // 串口输出字符串
    comdata = "";                               // 清空串口接收字符串变量
}
void loop() {                                   // 主循环程序
if(Serial1.available())                         // 判断串口 1 是否有数据
{
    while(Serial1.available() >0)               // 大于 0 说明串口 1 接收到数据
{
    comdata + = char(Serial1.read());           // 循环读取串口 1 数据,直到读完为
止
    delay(2);                                   // 延时 2 μs
}
    Uart1_Ctr();                                // 调用串口 1 字符串判断函数
}
}
```

4.3.3 运行结果

在 Arduino IDE 开发环境中输入上述程序,单击工具栏按钮,等待编译完成后自动下载到 HTML5 for ARM 开发板的 Flash 中。此时需要接上正确的硬件接线,"PA9"→CH340 电路的"RXD";"PA10"→CH340 电路的"TXD";"PC13"→LED 灯模组的"IN0";"PC14"→LED 灯模组的"IN1";LED 灯模组的"COM"→3.3V。程序下载完成后,自动运行。

打开任意串口调试助手,将通信波特率改为 115 200 b/s,8 位数据位,无校验位,1 位停止位,在调试助手的"多条发送"选项,如图 4.8 所示。单击蓝色框内的按钮,即可发送对应文本框中的数据,分别单击不同的按钮,即可观看实验现象。串口数据回传窗口显示回传数据,同时可以看到板子上的 LED 已经可以随意控制。

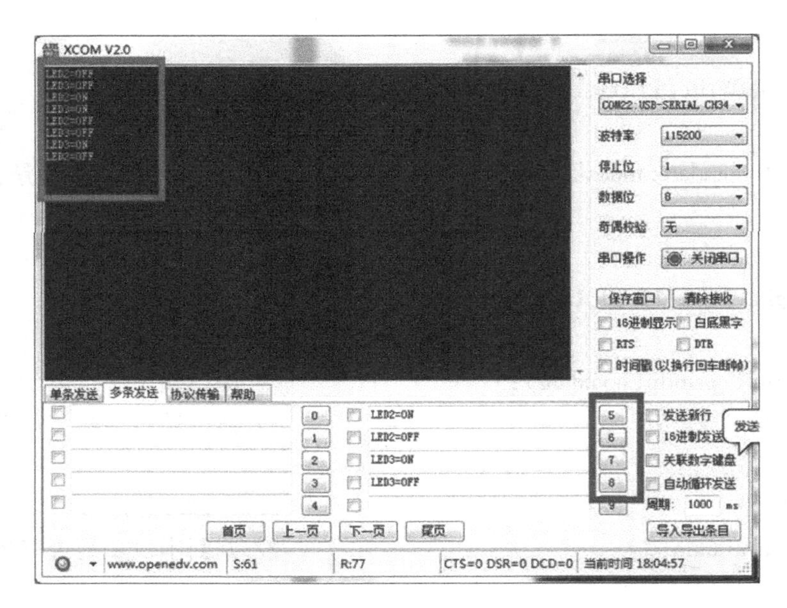

图 4.8　串口调试助手现象

4.4　STM32 单片机模拟量采集实验

上述的例程都是针对 IO 端口的控制操作，如何对模拟量进行采集呢？下面例程主要演示通过模拟量端口采集电压并通过串口显示。

4.4.1　功能要求

采集 STM32 的模拟量输入口 PA1 的电压值，同时计算 STM32 开发板的供电准确电压值，通过串口 1 输出。HTML5 for ARM 开发板的供电电压是 3.3 V，芯片内部基准电压也是 3.3 V，通过基准电压计算供电电压的准确值。计算公式：$Vcc = 3.3 \times (Value/4096.0)$，其中 Value 是 PA1 读取内部基准电压 3.3 V 的 12 位精度值。

4.4.2　程序设计

```
constintADCPin = PA1;                    //定义 ADC 模拟量采集端口为 PA1
intValue =0;                             //定义变量 Value
floatVcc =0;                             //定义变量 Vcc
voidsetup()                              //初始化函数
{
    pinMode(ADCPin,INPUT_ANALOG);
    Serial1. begin(115200);              //设置串口波特率为 115200
}
  voidloop()                             //主循环函数
{
```

```
    Value = analogRead(ADCPin);              //读取 A0 模拟量 12 位精度值
    Vcc = (Value/4096.0) * 3.3;              //计算供电电压值
    Serial1.print("Vcc = ");                 //串口输出
    Serial1.println(Vcc);
    delay(1000);                             //延时 1000 ms
}
```

4.4.3　运行结果

在 Arduino IDE 开发环境中输入上述程序，单击上传按钮，等待编译完成后自动下载到 HTML5 for ARM 开发板的 Flash 中。程序下载完成后会自动运行。此时用杜邦线将开发板“PA1”引脚分别接到“3.3 V”和“GND”。注意：不能接到“5 V”或比 3.3 V 更高的电压，因为 STM32 的引脚最大支持 3.3 V 输入，过高电压有可能会烧坏芯片。

打开串口调试助手，将通信波特率改为“115 200 Bd”，则可以看到如图 4.9 所示现象，说明模拟量采集实验成功。用户可根据实际需求，设置不同的模拟量采集口，前提是该采集口本身带有 ADC 外设功能。

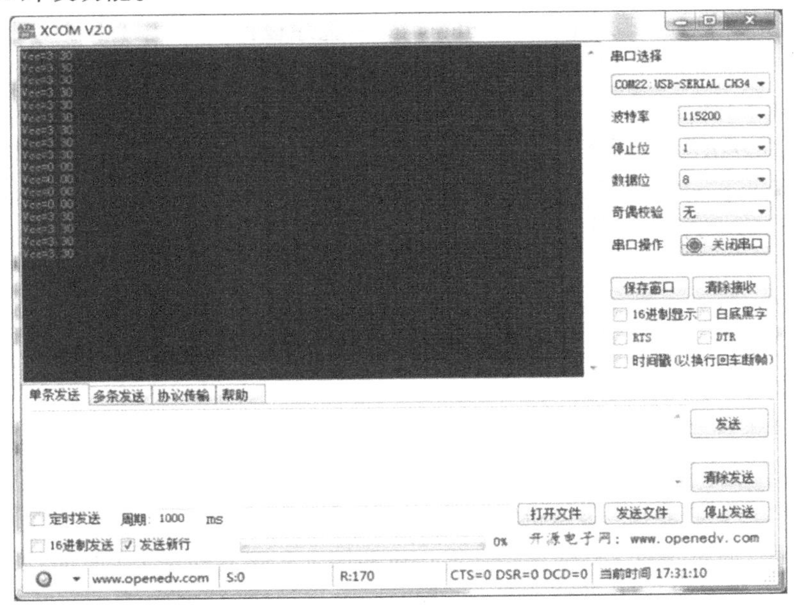

图 4.9　模拟量采集实验结果

第5章 HTML5 Web与STM32单片机通信

以上分别介绍了HTML5 Web和Arduino简单程序设计,掌握HTML5 Web的设计环境、设计方法以及Web文件在HTML5-NET上的部署,也掌握了Arduino程序设计、IO控制、ADC电压采集以及串口通信,接下来将通过例程介绍HTML5 Web与Arduino通信原理和WebSocket通信编程方法。HTML5 Web网页设计和Arduino程序设计在网络上都有许多教程供参考,课程体系非常完整,这里主要讲最关键的WebSocket通信设计。WebSocket是HTML5 Web网页与HTML5-NET的通信枢纽。

5.1 网络连接测试

在学习HTML5 Web网页与HTML5 for ARM开发板通信程序设计之前,先通过HTML5-NET自带的通信程序体验一下Web网页与STM32通信过程。回顾一下第2章"HTML5-NET Web参数设置"第2.2.6节"摄像机与数据通信"功能,在这个页面中,可以预览USB摄像机视频,同时也可以测试WebSocket通信功能。按照第2.2.6节进入这个页面,如图5.1所示。

Web页面包括4部分:摄像机预览区、数据接收显示区、数据发送显示区、操作区。摄像机预览区显示摄像机现场监控,数据接收显示区显示WebSocket接收到的数据,数据发送显示区用于输入需要WebSocket发送的数据,操作区有发送端口选择、16进制选项、自动发送选项、发送数据按钮和关闭页面按钮。端口可以选择HTML5-NET数据通信的对象,如果是以串口接入HTML5-NET,就选择串口通信,如果是以UDP网络接入HTML5-NET,就选择UDP通信。STM32单片机是通过串口与HTML5-NET连接的,必须选择"串口通信"。网页支持ASCII和16进制数据通信,如果是16进制通信就选中"16进制",ASCII通信就不选。如果选中"自动",网页每隔1 s会自动将发送区数据中的数据发送。

下面以第4章4.4节"STM32模拟量采集程序测试通信功能"为例,将adc_catch工程下载到STM32开发板中,然后按第2章"HTML5-NET Web参数设置"将串口波特率设置为

"115 200 b/s"与 STM32 开发板的串口波特率一致，然后打开"摄像机与数据通信"页面，数据接收显示区即可显示接收到的模拟量采集数据，如图 5.2 所示。

图 5.1　摄像机与数据通信页面

图 5.2　数据接收测试

通过以上测试，可以看到 STM32 端代码不需要任何修改就可以实现 HTML5 Web 数据显示，只要将 HTML5 for ARM 开发板的串口 1 与 HTML5-NET 的串口 1 连接（HTML5-NET 的"RXD1"→STM32 的"PA9"；HTML5-NET 的"TXD1"→STM32 的"PA10"），HTML5 Web Socket 即可与 STM32 单片机进行数据通信，WebSocket 是技术的关键，掌握 WebSocket 通信程序设计是 HTML5 for ARM 开发板的学习重点和难点。

5.2 HTML5 WebSocket 通信实验

5.2.1 Web UI 设计和功能要求

功能要求如下：

①在浏览器中输入网址和端口，显示 HTML5 Web 界面，自动连接 HTML5-NET 模块，并在接收数据显示区显示连接状态。

②Web 界面从上往下分 4 个区域：标题、接收数据显示区、发送数据区和按钮操作区。

③WebSocket 接收数据显示在"接收数据显示区"，逐条显示。

④发送数据区可以输入需要发送的数据。

⑤"发送"按钮可将发送区的数据通过 WebSocket 发送。

5.2.2 程序设计

HTML5 Web 程序设计包括 2 个文件：index. html 和 uart. js，index. html 包含界面设计内容，uart. js 是 WebSocket 通信 JavaScript 语言脚本。

index. html 程序清单：

```
<! DOCTYPE html PUBLIC"-//W3C//DTD XHTML1.0 Transitional//EN" "http://www.w3.org/TR/xhtml1/DTD/xhtml1-transitional.dtd" >
<html xmlns = "http://www.w3.org/1999/xhtml" >
<head >
   <meta http-equiv  = "Content-Type"  content = "text/html;  charset = utf-8"/ >
   <title > HTML5-UART 通信测试程序 </title >
   <script src = "uart.js" > </script >
   <style >
     #tbl1 { text-align:  center; }
     .button_type1 { width:80px;height:30px;font-size:12px; }
</style >
</head >
<body onload = "Socket Connect( )" >
 <table id = "tb1" width = "700" border = "4" >
   <tr >
   <td height = "70"  bgcolor = "#000000"  style = "font-size:20px;  color:#F00" >
```

```
    HTML5Web 通信测试程序
     </td>
     </tr>
     <tr>
     <td width = "700" height = "28" align = "left"  bgcolor = "#CCCCCC" >
    【接收数据显示区】
   </td>
  </tr>
  <tr>
   <td height = "160" >
   <textareaname = "receive" id = "receive" cols = "100" rows = "15" > </textarea > </td >
  </tr>
  <tr>
   <td height = "29" align = "left"  bgcolor = "#CCCCCC" >【发送数据区】</td >
  </tr>
  <tr>
   <td height = "50" >
   <textarea name = "sender"  id = "sender"  cols = "100"  rows = "3" > </textarea > </td >
  </tr>
   <tr>
      <td height = "50" bgcolor = "#CCCCCC" >
      <input type = "button"  name = "send Button"  id = "send Button"  class = "button_type1"
value =  "发送"  on Click = "Hex Send( )"/ > </td >
   </tr>
  </table>
  </body>
  </html>
//= = = = = = = = = = = = = = = = = = = = = = = = = = = = = = = = = = = = = =
uart. js 程序清单:
var websocket1;       // 定义 websocket 连接的对象
var recdata;          // 接收显示数据
var dataline;         // 显示行数
//---------------------------------------------------------------- - -
function SocketConnect( ) //websocket 连接函数
{
  var Uri1 = "ws://192.168.1.254:5002"; // WebSocket 服务器 IP 地址和端口
  if( ! ( "WebSocket"  in window) ) // 判断浏览器是否支持 Websocket 通信
  {
  }
```

```
  try
{
}
  window. alert("提示:该浏览器不支持 HTML5,建议选择 Google,FireFox 浏览器!");
return;
websocket1 = new WebSocket(Uri1);
//创建 Websocket 对象
websocket1. onopen = function (evt) { websocket1_Open(evt) };
//定义 Websocket 连接成功调用函数
websocket1. onclose = function (evt) { websocket1_Close(evt) };
//定义 Websocket 连接成功调用函数
websocket1. onmessage = function (evt) { websocket1_Message(evt)};
//定义数据接收调用函数
  catch (err){window. alert("提示:连接错误,请重新连接!");}
}
//----------------------------------------------------------------- - -
function websocket1_Open(evt)
//WebSocket 连接成功函数,WebSocket 连接成功时自动调用该函数
{
  recdata = "网络连接成功\r\n";
  document. getElementById("receive"). value = recdata;
  //在接收数据显示区显示"网络连接成功"
  dataline =0; // 显示行数清 0
}
//----------------------------------------------------------------- - -
function websocket1_Close(evt)
// websocket 断开连接函数,websocket 断开时自动调用该函数
{
recdata = "网络断开\r\n";
  document. getElementById("receive"). value = recdata;
  //在接收数据显示区显示"网络断开"
  dataline =0; // 显示行数清 0
}
//---------------------------------------------------------------------- -
function websocket1_Message(evt)
  //websocket 数据接收函数,当 websocket 接收到数据时自动调用该函数
{
  var blob = evt. data; // 获取 websocket blob 格式数据
  var reader = new FileReader(); // 建立数据流对象
```

```
 reader.readAsText(blob, 'utf-8'); // 将blob格式数据转为ASCII文本格式
 reader.onload  = function (e)   // 转换完成
{
 Var str = reader.result; // 获取文本结果
 ShowMessage(str);      // 调用接收数据显示区显示函数,将接收数据显示
}
}
//-------------------------------------------------------------- - -
function Send() // Websocket 发送函数
{
 var str = document.getElementById("sender").value; // 获取数据发送区的文本数据
try
{
 websocket1.send(str);  // 调用websocket的send方法将文本数据发送
}
catch (err)
{
 window.alert("提示:数据发送错误,请重新发送!");}
}
//----------------------------------------------------------------- -
function ShowMessage(str)  // 接收数据区显示函数
{
 var msgbox = document.getElementById("receive");  // 获取接收数据显示区对象
 recdata = recdata + str;  // 在显示缓冲变量中加入需要显示的字符串
 dataline++;  // 显示行数加1
 msgbox.value = recdata;  // 将显示内容复值给显示对象
if(dataline > 10)  // 判断显示行数是否大于10行
{
 dataline = 0;  // 显示行数清0
 recdata = "";  // 显示缓冲变量清空
}
}
```

5.2.3　运行调试

先按照第4章"4.3 STM32单片机串口实验"的程序下载到STM32单片机中,接线规则同样按照该实验进行,将串口接线稍作改动,HTML5-NET的"RXD1"→STM32的"PA9",HTM L5-NET的"TXD1"→STM32的"PA10"。接着按照第3章HTML5 Web网页上传的方法,将上述的文件下载到HTML5-NET中,在浏览器地址栏中输入:IP地址+端口+路径,运行结果如图5.3所示。

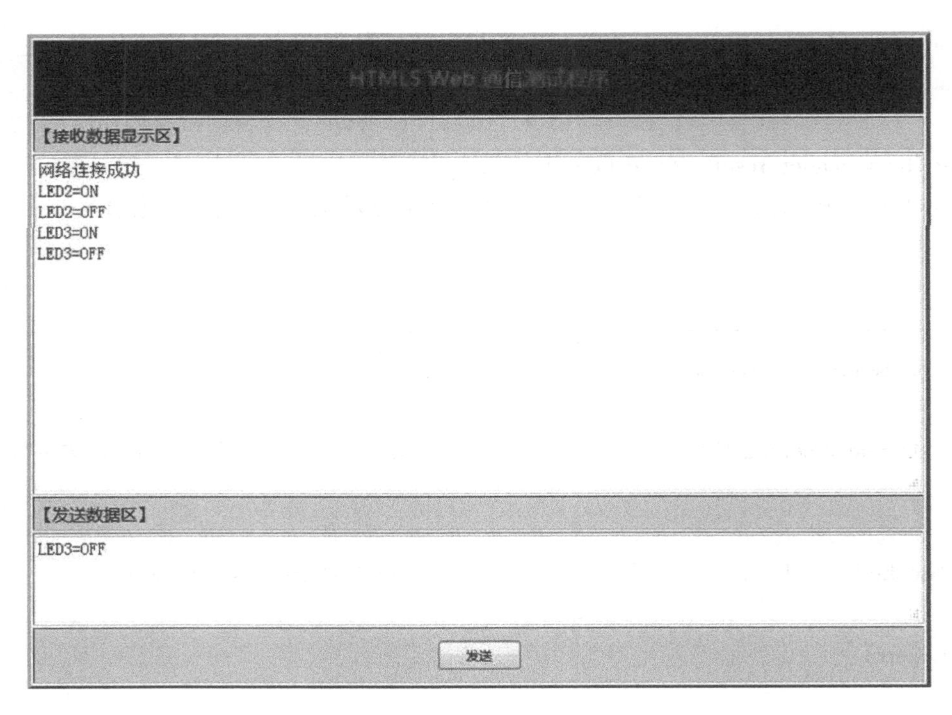

图 5.3　HTML5 WebSocket 通信实验运行结果

在发送区输入控制指令，然后单击“发送”按钮，指令数据通过串口传输给 STM32 单片机，开发板上对应的 LED 指示灯根据指令发生变化，表示通信成功。

实训篇

实训篇一共有 4 个实验项目，详细地讲述 HTML5 和 STM32 的联合开发，包括硬件设计、软件设计和工程建立，从而达到巩固前面所学知识的目的。在本篇也会讲解 HTML5 的基本语义规则和 Arduino IDE 中 STM32 库函数的用法，在第 9 章中会介绍 HTML5 for ARM 开发板组网通信的高级运用。

第 6 章 酒店霓虹灯控制系统设计

作为第一个实战项目,笔者设计的是“酒店霓虹灯控制系统”,用 HTML5 设计完善美观的酒店外墙霓虹灯界面,通过 HTML5-NET 模块与底层 STM32 单片机接口,实现互联网网络数据和底层嵌入式逻辑数据透明传输的功能。由于实验板的资源限制,本项目采用板子上的 LED 灯组作为霓虹灯的虚拟表现设备,在实际应用中,原理是一样的,只是输出端需要加上适合的功率驱动而已。

通过本项目的学习,您将了解 STM32 的 IO 口逻辑控制设计、HTML5 人机界面设计、HTML5 与嵌入式系统的数据接口设计等。

6.1 STM32 单片机 IO 简介

STM32 单片机作为目前最受欢迎的 32 位 ARM 处理器,其内部资源非常丰富,IO 口作为对外控制必不可少的部件,功能自然十分强大。

STM32 单片机的 IO 口有非常多的模式,如通用推挽输出、通用开漏输出、模拟输入、浮空输入、上拉输入、下拉输入等。在 Arduino IDE 中开发 STM32 程序,IO 口的模式配置方法也十分简单,可使用以下方式进行配置。

```
pinMode(LED0,OUTPUT);            //设置 LED0 对应 IO 口为通用推挽输出模式
pinMode(OUT,INPUT_ANALOG);       //设置 OUT 对应 IO 口为模拟输入模式
……
```

按照上面的模式方法,配置好 IO 口之后,就可以直接使用 STM32 单片机的 IO 口,过程非常简单,本项目用到的 IO 口,根据实际功能需求,将 IO 口设置为通用推挽输出,这样就拥有足够的驱动电流,驱动板卡上的 LED 灯组,为后续埋下伏笔。

注意:本项目定位顶层应用程序开发,不展开篇幅讲解 IO 口底层寄存器配置,若需要深入了解学习 STM32 底层寄存器开发的,可以在网上寻找合适的教程进行学习,这里笔者强推“正点原子”团队制作的 STM32 系列教程,该教程对 STM32 底层配置和驱动进行了非常详细

的讲解。

本书的项目基本用到 STM32 的串口资源，因此串口的配置尤为重要。这里对 Arduino IDE 中的串口配置方法进行详细说明，后续项目就不再赘述。

在 Arduino IDE 中初始化 STM32 串口 1，只需要非常简单的一条语句：

Serial1. begin(115200,SERIAL_8N1)；

//初始化串口 1,8 位数据位，无校验位，1 位停止位

其实在串口的初始化中，调用的是"Serialx. begin (speed， config)；"函数原型，其中"speed"为串口 1 的波特率，"config"是其数据详细参数设置。串口 config 配置见表 6.1。

表 6.1　串口 config 配置表

config 可选配置	数据位	校验位	停止位	config 可选配置	数据位	校验位	停止位
SERIAL_5N1	5	无	1	SERIAL_5E2	5	偶	2
SERIAL_6N1	6	无	1	SERIAL_6E2	6	偶	2
SERIAL_7N1	7	无	1	SERIAL_7E2	7	偶	2
SERIAL_8N1	8	无	1	SERIAL_8E2	8	偶	2
SERIAL_5N2	5	无	2	SERIAL_5O1	5	奇	1
SERIAL_6N2	6	无	2	SERIAL_6O1	6	奇	1
SERIAL_7N2	7	无	2	SERIAL_7O1	7	奇	1
SERIAL_8N2	8	无	2	SERIAL_8O1	8	奇	1
SERIAL_5E1	5	偶	1	SERIAL_5O2	5	奇	2
SERIAL_6E1	6	偶	1	SERIAL_6O2	6	奇	2
SERIAL_7E1	7	偶	1	SERIAL_7O2	7	奇	2
SERIAL_8E1	8	偶	1	SERIAL_8O2	8	奇	2

用户可以根据实际应用需求，配置合适的数据格式，常用的是"8 位数据位，无校验位，1 位停止位"模式。对于该通用模式，Arduino IDE 做出了非常人性化的设置，当调用如下语句的时候：

Serial1. begin(115200)；

系统编译会默认使用"8 位数据位，无校验位，1 位停止位"模式，也就是说，对于一般的通用设计，只需要写上面的简单语句，串口即可在"8 位数据位，无校验位，1 位停止位"模式下无障碍工作了。

Serialx 串口类自带非常多的库方法，当我们常规使用串口开发时，这些库方法起到至关重要的作用。这里列举说明部分串口的方法(Serialx 中的'x'指使用的目标串口号，可以设为 1、2、3、4、5)。

①Serialx. begin(115200)和 Serial1. begin(115200,SERIAL_8N1)：

初始化串口，并配置参数，前面已经提及，这里不再赘述。注意：该函数在实际应用中，使用到串口功能的地方都必须使用。

②if(Serialx)：

判断指定串口是否准备好，若串口准备好，则返回"true"，否则返回"false"，在实际项目应用中经常使用。

③Serialx. end( ):

该语句用于停用串口通信,使 Rx 和 Tx 引脚用于一般输入输出。调用该语句之后,若要重新使用串口进行通信,需要重新调用 Serialx. begin( )语句。

④Serialx. print(val)和 Serialx. println(val):

该语句用于打印输出数据 Serialx. println(val)函数会在输出完指定数据后,再输出一组回车换行符。而 Serialx. print(val)函数则后面没有回车换行符。该函数在实际应用中经常使用。

⑤Serialx. read( ):

该语句用于读取传入的串口的数据,每次都会返回 1 B 的数据。在使用串口时,STM32 单片机会在 SRAM 中开辟一段大小为 64 B 的空间(该空间可以通过修改底层函数进行修改,具体修改方法后续会讲解),串口接收到的数据都会被暂时存放在该空间中,称这个存储空间为缓冲区。当调用 read( )函数时,就会从缓冲区中取出 1 B 的数据。该函数在实际应用中经常使用。

⑥Serialx. available( ):

该语句用于判断当前串口缓冲区中接收到的数据字节数。通常都要判断缓存区中是否有数据,然后才调用 read 方法。该函数在实际应用中经常使用。

⑦Serialx. peek( ):

该语句用于读取串口缓存中下一字节的数据(字符型),但不从内部缓存中删除该数据。也就是说,连续的调用 peek( )将返回同一个字符,而调用 read( )则会返回下一个字符。

串口函数的内置方法还有很多,但是常用的就是上面提及的方法,在具体使用的时候,读者需要根据实际情况进行使用。

关于如何修改 STM32 单片机串口缓冲区大小,这里做简单介绍,如图 6.1 所示,添加黑色框内的语句,即可重定义串口缓冲区的大小,这种修改方式仅对当前工程有效,其他工程默认还是使用出厂默认值 64。该方法针对指定文件重新定义串口缓冲区大小。

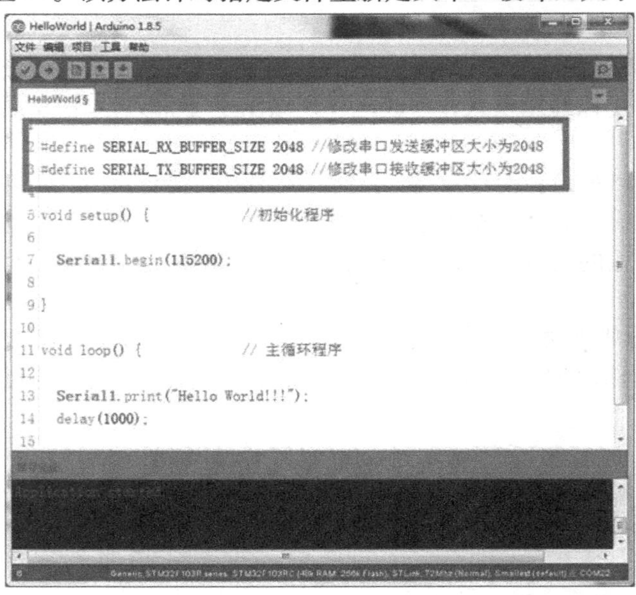

图 6.1　工程文件重新定义串口缓冲区大小

6.2　硬件设计

本项目用到的硬件是 LED 灯组、STM32 串口和 HTML5-NET 模块，因此硬件设计相对简单。

6.2.1　LED 灯组

LED 灯组的硬件设计原理很简单，如图 6.2 所示。

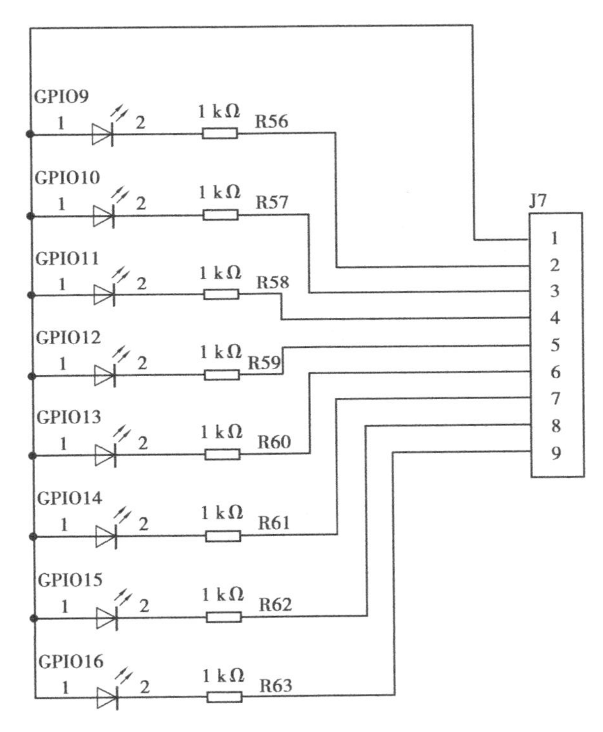

图 6.2　LED 灯组硬件原理图

如图 6.2 所示，在硬件设计中，笔者配置 8 路 LED 灯，控制端和公共端单独引出，使用的时候，至少需要接入两根杜邦线配合，一根线是将“J7”的‘1 口’也就是 PCB 丝印上的‘COM 口’接到 3.3 V 高电平，而对应的控制端接入读者软件定义的指定 IO 口（STM32 的所有 IO 口都有引出），LED 灯的硬件接线就完成了。

6.2.2　STM32 单片机串口

本项目中需要 STM32 系统和 HTML5-NET 模块进行数据交互，才可以将嵌入式系统数据与互联网进行数据对接，这里采用的通信接口是 UART 串口，因此 STM32 的串口尤为重要，是数据通信的基础。幸运的是，STM32 的串口硬件十分简单，开发板上已经将 STM32 的绝大部分引脚引出，芯片所有的串口（串口 1-5）都有引出，需要使用哪一个串口就接对应的串口即可。本项目设计的通信,使用的是 STM32 的串口 1,对应的引脚为 PA9(TX)和 PA10(RX),因此在使用的时候,只需关注这两个引脚即可。

6.3 STM32 单片机软件设计

本项目的嵌入式代码开发使用 Arduino IDE。嵌入式代码功能相对简单,只需使用板卡自带的 LED 灯组模拟“霓虹灯”,因此要定义 STM32 单片机引脚,一一对应去控制 LED 灯,同时也需要对 STM32 的 IO 进行定义和初始化,如图 6.3 所示。使用的 STM32 引脚分别为:PC13、PC14、PC15、PC0、PC1、PC2、PC3 和 PA0,对这些引脚进行配置。

```
  //*****************IO引脚定义**
  #define pinOUT0 PC13
  #define pinOUT1 PC14
  #define pinOUT2 PC15
  #define pinOUT3 PC0
  #define pinOUT4 PC1
  #define pinOUT5 PC2
  #define pinOUT6 PC3
  #define pinOUT7 PA0
//IO口初始化及配置函数
void IO_Config()
{
  pinMode(pinOUT0, OUTPUT);
  pinMode(pinOUT1, OUTPUT);
  pinMode(pinOUT2, OUTPUT);
  pinMode(pinOUT3, OUTPUT);
  pinMode(pinOUT4, OUTPUT);
  pinMode(pinOUT5, OUTPUT);
  pinMode(pinOUT6, OUTPUT);
  pinMode(pinOUT7, OUTPUT);

  digitalWrite(pinOUT0, HIGH);
  digitalWrite(pinOUT1, HIGH);
  digitalWrite(pinOUT2, HIGH);
  digitalWrite(pinOUT3, HIGH);
  digitalWrite(pinOUT4, HIGH);
  digitalWrite(pinOUT5, HIGH);
  digitalWrite(pinOUT6, HIGH);
  digitalWrite(pinOUT7, HIGH);
}
```

图 6.3　LED 灯组对应控制引脚初始化函数

如图 6.3 所示，将对应引脚宏定义为“pinOUTx”，并和实际引脚一一链接；之后初始化 IO 口，将所有 IO 口设置为“OUT PUT”模式，同时将所有 IO 口全部置高电平，也就是让 LED 上电的时候全部熄灭。这样就完成了 IO 控制口的配置和初始化。

项目除了要对控制 IO 口进行初始化之外，还要完成上位机与嵌入式系统的通信，还要对串口进行配置和初始化。本项目使用的是 STM32 单片机的串口 1，因此只需配置串口 1 的参数即可，配置方法极其简单，设置波特率为 115 200 b/s，不写数据参数，即使用默认参数：8 位数据位、无校验位、1 位停止位。如图 6.4 所示，只需要一个函数，串口 1 即配置完成。

```
//串口1初始化函数
void Uart_Init()
{
  //默认参数均为8位数据位，无校验位，1位停止位
  Serial1.begin(115200);

}
```

图 6.4　串口 1 初始化函数

IO 口初始化和串口初始化完成之后，本项目需要的硬件已经全部准备就绪，接着就可以编写逻辑功能了。

设计一个项目的逻辑功能，需要先画功能流程框图，这样可对整个项目的功能进行把控。本项目的功能流程框图如图 6.5 所示。

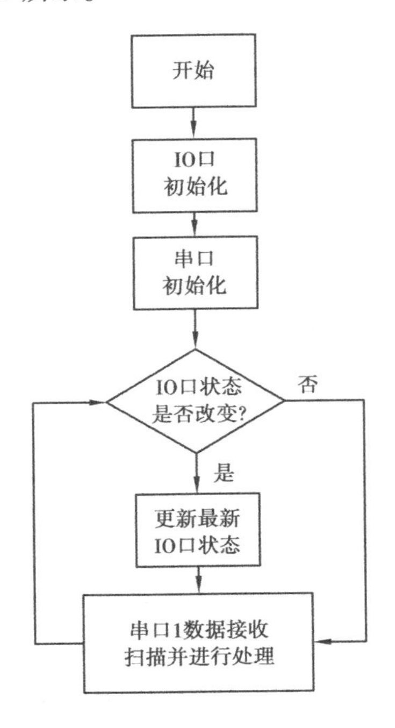

图 6.5　功能流程框图

如图 6.5 所示为本项目的功能流程框图设计。IO 口初始化和串口初始化在前面已经讲解，不再赘述。我们关注的是整个功能逻辑，首先需要完全把控 IO 口的实时状态，因此在函数“主循环”里面，需要不断读取所有 IO 口的状态，同时，也要不断扫描串口 1 的数据接收，达

到与上位机的实时通信的目的。这里需要说明,我们并不仅仅是要接收来自上位机的串口数据,还要对主句进行判断,并做出相应的“动作”,这里的“动作”就是控制 IO 口的电平,进而控制“霓虹灯”的亮灭。

整个项目的代码有点长,由于篇幅限制,笔者不打算将全部代码粘贴上来,这里只对代码中关键的语句进行讲解,要想查看完整的工程项目,可以在笔者提供的“配套资料→3_程序源码→B0_ArduinoToARM 项目工程→01_酒店霓虹灯控制系统”中找到。

本项目软件代码有两部分重点难点:实时读取 IO 口状态和扫描并判断串口 1 中接收的数据。针对这两部分,笔者展开详细讲解。

①实时读取 IO 口状态

当中需要使用 digitalRead (pinx) 函数,在 IO 口设置为“OUTPUT”模式下,调用 digital Read(pinx)函数,会返回“HIGH”或“LOW”参数,代表的就是 IO 口的当前状态,为“HIGH”则 IO 口输出高电平;为“LOW”则 IO 口输出低电平。因此需要定义一个函数,去不断地读取所有使用的 IO 口的高低电平状态,如图 6.6 所示为笔者定义的读取 IO 口状态函数的部分截图。

```
//获取IO口状态函数
String Get_IO_State()
{
  String IN_OUT_STATE="LED-STATE:";
  if(digitalRead(pinOUT0)==HIGH)        //为高,证明对应LED灯熄灭
  {
    IN_OUT_STATE+='0';
  }
  else if(digitalRead(pinOUT0)==LOW)    //为低,证明对应LED灯点亮
  {
    IN_OUT_STATE+='1';
  }
  if(digitalRead(pinOUT1)==HIGH)
  {
    IN_OUT_STATE+='0';
  }
  else if(digitalRead(pinOUT1)==LOW)
  {
    IN_OUT_STATE+='1';
  }
```

图 6.6　IO 口状态读取函数部分截图

如图 6.6 所示,先定义一个字符串,存放 IO 口状态信息,在扫描过程中,若 IO 口状态为“HIGH”,则对应位置‘0’;位“LOW”对应位置‘1’。这里涉及字符串的拼接方法,初次使用,可能有点陌生,慢慢就能习惯,因为它非常简单明了,比用传统 C 语言开发的简单得多,只需一条语句:“IN_OUT_STATE + = '0';”即可将字符串 IN_OUT_STATE 和字符‘0’拼接在一起。拼接完成后,IN_OUT_STATE 对应的字符串就由原来的“LED-STATE:”变成了“LED-STATE:0”。在这里,将所有用到的 IO 口全部按照该方式扫描一遍,则所有的 IO 口状态就全部更新了,在函数的末尾,将最新的 IO 口状态变量“IN_OUT_STATE”返回,每次调用都可获取 IO 口的最新状态。

在函数主循环里面,定义一个字符型变量 Flash_State 接收 Get_IO_State( )函数返回的参

数,即获取了最新的IO口状态。同时在程序的最开始,定义Old_State字符串变量,存储旧的IO口状态,每次获取最新的IO口状态之后,都与Old_State进行比较,如果Old_State不等于Flash_State,则将最新的IO口状态通过串口返回给上位机,同时更新Old_State为最新的IO口状态。这样就实现了IO口状态扫描及变化判断返回功能,部分函数截图如图6.7所示。

```
//不断扫描读取IO口状态
Flash_State=Get_IO_State();
//若IO口状态发生变化，立马返回，实现与HTML5上位机状态同步;
//并将最新的IO口状态更新
if(Flash_State!=Old_State)
{
  Old_State=Flash_State;
  Serial1.println(Old_State);
}
```

图6.7 IO口状态读取及判断函数部分截图

②扫描并判断串口1中接收的数据

串口数据的接收函数也不复杂,在设计中,要调用Serial1.available()函数,判断串口1数据缓冲区是否有数据,如果有数据,Serial1.available()返回一个非0数值,我们判断Serial1.available()是否大于0,即可对数据进行读取了,读取方式:预先定义全局的字符串变量Comdata1存放串口1接收的数据,则只需要一条语句“Comdata1 + = char(Serial1.read());”,可将串口1接收缓冲区的数据全部读取,并以字符串的形式存放在Comdata1变量中,供后面判断使用。当串口1接收缓冲中的数据读完之后,就进入数据判断函数“Uart1_DateHandle();”中,然后进行数据判断处理。函数截图如图6.8所示。

```
//串口1数据接收扫描处理函数
void Uart_Judge()
{
    if (Serial1.available())
    {
      while (Serial1.available() > 0)
      {
        Comdata1 += char(Serial1.read());
        delay(2);
      }
      //最终进入Uart1_DateHandle()函数执行数据处理
      Uart1_DateHandle();
    }
}
```

图6.8 串口1数据接收扫描函数

Uart1_DateHandle()函数的功能是判断Comdata1参数中的数据是否有效,以及针对不同数据,做出不同“动作”,函数部分截图如图6.9所示。

如图6.9所示,调用Comdata1.indexOf("xxx")函数,即可判断Comdata1中是否包含字符串“xxx”。若包含,则函数返回 -1,若不包含,则返回1,这样就使数据判断十分简单了,修改

```
//串口1数据处理函数
void Uart1_DateHandle()
{
  if(!Comdata1.indexOf("READ-IO-STATE"))  //判断串口1接收字符串是否包含"READ-IO-STATE"
  {
    Serial1.println(Old_State);
  }
  if (!Comdata1.indexOf("LED0=ON"))       //判断串口1接收字符串是否包含"LED0=ON"
  {
    digitalWrite(pinOUT0, LOW);           //pinOUT0输出低电平，即点亮LED0
  }
  if (!Comdata1.indexOf("LED0=OFF"))      //判断串口1接收字符串是否包含"LED0=OFF"
  {
    digitalWrite(pinOUT0, HIGH);          //pinOUT0输出高电平，即熄灭LED0
  }
```

图 6.9　串口 1 数据处理函数部分截图

也十分方便，实验中涉及非常多的字符串处理方法、数据处理方法，以后的项目案例会更多，这些都需要读者经常查阅资料，配合笔者提供的案例源码多加练习才能有所收获。

到此，嵌入式软件设计部分的重点难点已经全部讲解完，想看项目工程详细源码的读者，可以在笔者提供的资料中寻找，代码对所有重点的语句都进行了详细注释，相信读者很容易看懂。

6.4　HTML5 人机界面设计

本项目的人机界面设计涉及很多 HTML5、CSS 和 JavaScript 的基础知识，这些知识在前面的章节中已有详细教程，这里不做赘述，对这部分知识不熟悉的读者，可以回头学习该部分，温故知新。

下面将简单讲解霓虹灯界面的制作过程，图 6.10 所示为霓虹灯控制界面初始化效果。注意：这里只讲解设计过程，为读者整理设计思路，具体完整的工程并不详细讲解，读者需查看笔者提供的基于本项目的“HTML5 人机界面”文件夹，里面有详细的工程文件，代码也带有详细注释。

图 6.10　霓虹灯控制界面初始化效果

6.4.1　基础背景设计代码

背景容器使用了 div 标签，这里利用了 div 标签可包含任何内容、可任意编辑的特性。其 HTML5 代码和 CSS 代码分别如下：

HTML5：

```
<div id = "Back Ground" > </div >
```

CSS：

```
#BackGround{
    width:768px;
    height:576px;
    margin:0 auto;
    background:#0099FF;
    border-radius:4px;
    box-shadow:0px0px4px#000;
    position:relative;
}
```

制作标题使用了 div 标签，并将其插入"BackGround"元素内，其 HTML5 代码和 CSS 代码如下，

HTML5：

```
<div id = "Text" >酒店霓虹灯控制系统 </div >
```

CSS：

```
#Text{
    width:100%;
    text-align:center;
    top:16px;
    font-size:3em;
    color:#fff;
    left:10px;
    text-shadow:-1px -1px 2px   #555;
    position:absolute;
}
```

白色线条使用 div 标签制作，其 HTML5 代码和 CSS 代码如下：

HTML5：

```
<divid = "line" > </div >
```

CSS：

```
#line{
    width:758px;
```

```
height:4px;
    left:5px;
    top:80px;
    background:#fff;
    position:absolute;
}
```

为提升界面效果,可以插入图片充当背景,背景图片通过 img 标签加载外部图片用作背景,其 HTML5 代码和 CSS 代码如下:

```
HTML5:
<img src="pictrue/1234.jpg" id="House"/>
CSS:
#House{
    width:660px;
    top:89px;
    left:54px;
    position:relative;
}
```

网络接口图标使用了 div 标签作为图标的容器以放置 3 张图片,然后使用 <img/>标签加载外部图片。其 HTML5 代码和 CSS 代码如下:

```
HTML5:
<div id="NetStatu">
        <img src="pictrue/Net_0001.png" id="NetOFF"/>
        <img src="pictrue/Net_Cartoon002.png" id="NetON_2"/>
        <img src="pictrue/Net_Cartoon001.png" id="NetON_1"/>
        </div>
CSS:
#NetStatu{
  width:65px; right:10px; top:20px; position:absolute;
}
#NetOFF{position:absolute;}
#NetON_1{display:none; position:absolute; }
#NetON_2{display:none; position:absolute; }
```

该部分代码功能是通过交替显示和隐藏图片,实现网络链接状态的直观显示。背景展示效果图如图 6.11 所示。

图 6.11　背景展示效果图

6.4.2　LED 元件设计代码

LED 模拟元件用于模拟现实下位机的 LED 状态。这里同样使用 div 标签模拟的 LED 元件，只列举其中一组元素（Led1 和 Led11）的代码，其 HTML5 代码和 CSS 代码如下。其效果如图 6.12 所示，左边为 LED 关闭状态，右边为 LED 开启状态。

HTML5：

```
<div id = "Led1"  onClick = "LedControlFun(0)" > </div >
<div id = "Led11"  onClick = "LedControlFun(0)" > </div >
```

CSS：

```
#Led1{
      width: 2px;
      height: 272px;
      left: 174px;
      top: 116px;
      background: #300;
      border-radius:2px;
      cursor:pointer;
      position: absolute;
}
#Led11{
      width: 2px;
      height: 272px;
      left: 174px;
      top: 116px;
      background: #f00;
```

```
        border-radius: 2px;
        display:none;
        cursor:pointer;
        position: absolute;
        box-shadow: 0px 2px 6px #f33, 2px 0px 6px #f33, 0px -2px 6px #f33, -2px 0px 6px
#f33;
    }
```

图 6.12　LED 灯的关闭与开启效果

6.4.3　按钮设计代码

按钮用来切换界面的工作模式,手动状态下可以单击 LED 模拟元件开关下位机的单个 LED,自动模式下 LED 模拟元件在动画中切换显示状态,并发送对应指令控制下位机的 LED,且该模式下无法手动开关单个 LED。

同样使用 div 标签制作这个按钮,其 HTML5 代码和 CSS 代码如下:

HTML5:

```
<div id="Key" onClick="KeyFun()">手动</div>
```

CSS:

```
#Key{
    width:120px;
    height:50px;
    left:324px;
    top:260px;
    background:#060;
    border-radius:5px;
    box-shadow:2px 2px 1px #666;
    font-size:1.5em;
    line-height:50px;
    cursor:pointer; color:#fff;
```

```
        text-align:center;
        position:absolute;
}
```

既然是按钮就应该有动画才完美,通过两个伪类实现了鼠标滑过按钮以及鼠标单击按钮的效果,鼠标滑过效果如图6.13所示。

其实现代码如下:

```
#Key:hover{background:#0a0;}
#Key:active{background:#0f0;box-shadow:0px 0px 2px #000;}
```

图6.13　有无鼠标单击按钮效果对比

6.5　程序下载与运行结果

当整个工程的硬件准备就绪之后,连接好数据线,板卡电源灯正常亮起,就可以将软件代码下载到"HTML5 for ARM 开发板"中,STM32单片机代码下载和HTML5的代码上传配置,笔者在前面几章中已经有详细讲解,这里不再赘述。

当代码下载和上传完毕后,便可看到板卡已经开始运行目标功能,如图6.14所示,"自动模式"和"手动模式"均可正常运行。

图6.14　最终效果图

第7章 智能门禁系统设计

智能门禁系统用HTML5语言设计完整的家庭门禁实景人机界面，通过HTML5-NET模块与底层STM32接口，实现互联网网络数据和底层嵌入式逻辑数据透明传输的功能。由于实验板的资源限制，本项目采用板子上的继电器模组和LED灯组作为电磁锁和报警灯的表现设备，通过继电器去控制实际的电磁锁，也是成熟的方案，因此这个过程并不会与实际应用脱节，因为本质上的原理是一样的；LED的控制也是同理，在实际应用中，只是输出端需要加上适合的功率驱动而已。

通过本项目的学习，将了解STM32的IO口逻辑控制设计、FLASH模拟EEPROM存储技术（数据断电不丢失）、HTML5人机界面设计、HTML5与嵌入式系统的数据接口设计等。

7.1 智能门禁简介

门禁系统一直以来在建筑领域、安防领域应用广泛，传统的门禁系统利用单纯机械结构作为安全保障设备，如个人家庭防盗门、仓库防盗门、车库防盗门等。随着科技的发展、时代的进步，物联网发展日行千里，传统门禁系统也逐步被智能门禁系统所代替。智能门禁相比传统门禁系统，加入了现代化管理系统，集微机自动识别技术和现代安全管理措施为一体，涉及电子、机械、光学、计算机技术、通信技术、生物技术等诸多新技术。它是重要出入口实现安全防范管理的有效措施，适用于各种机要部门，如银行、宾馆、机房、军械库、机要室、办公间、智能化小区、工厂等。在数字技术、网络技术飞速发展的今天，门禁技术得到了迅猛的发展。门禁系统早已超越了单纯的门道及钥匙管理，它已经逐渐发展成为一套完整的出入管理系统。它在工作环境安全、人事考勤管理等行政管理工作中也发挥着巨大的作用。

常见的智能门禁系统有密码门禁系统、非接触卡门禁系统、指纹虹膜掌型生物识别门禁系统等。本项目使用的是新型的“HTML5-Web密码锁”，同时具备摄像头视频监控装置，可实时拍摄开锁者影像功能；为了最贴近实际生活产品，笔者加入了密码错误处理机制，当使用者输入错误密码大于 5 次，密码锁系统便会被锁定，需要“管理员”输入管理员密码，才能重新启动系统。

综上，可明显感觉到，这种基于 HTML5 的密码锁有一个很大的优点：安全级别高。因为非法用户并不能越过 HTML5 登录及控制界面的权限控制流程，换句话说，只有通过 HTML5 界面的安全认证、开锁者输入的密码正确，门锁才会被打开，同时设计的时候，加入错误次数判断机制，错误次数达到预设值，则锁定系统，更加贴合生活实际。

7.2　硬件设计

本实验的硬件设计相对简单，除了之前实验提到的串口和 HTML5-NET 模块外，这里还需要加上一路继电器控制引脚（间接控制电磁锁），一路系统锁定指示灯即可。继电器驱动硬件电路图如图 7.1 所示，使用 CD4069 反相器和 ULN2803 达林顿管构成继电器驱动电路。

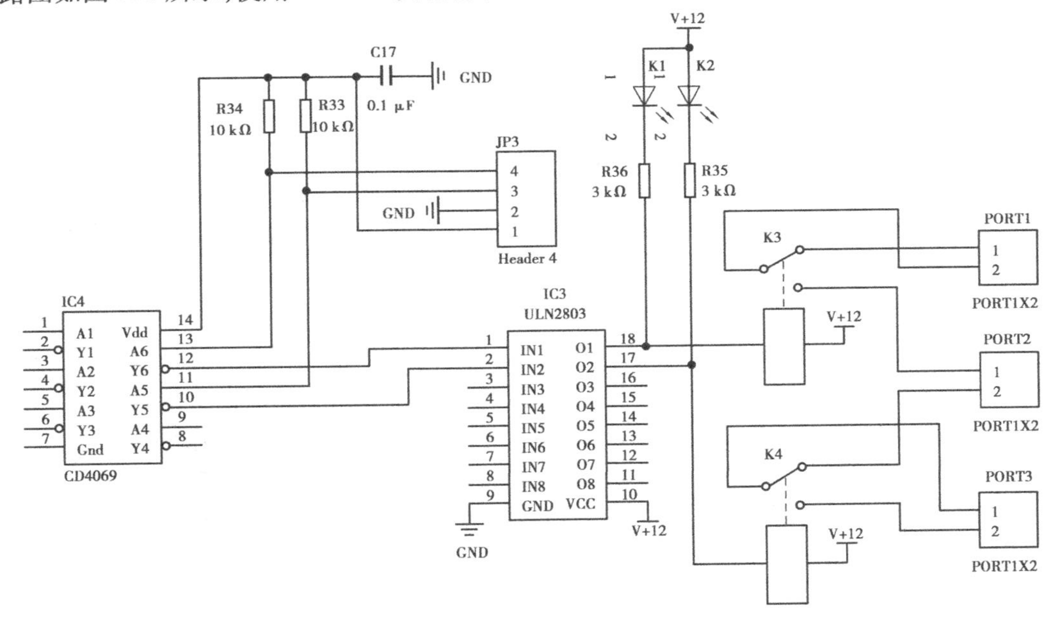

图 7.1　继电器驱动硬件原理图

如图 7.1 所示，继电器的控制电压是 DC 12V 的，通过 CD4069 反相器隔离控制，可以启动实现 3.3V 控制 12V 继电器的功能。除了继电器之外，本项目还需要配合开发板上的“LED 灯组”电路使用，实现系统异常（被锁定）的报警响应。LED 灯组硬件电路设计在上一章节已经介绍过，这里不做过多解释。

综上，加上之前提及的串口和 HTML5-NET 硬件资源，本项目用到的硬件就齐全了，接下来就可以设计软件代码去实现预设的功能了。

7.3 STM32 单片机软件设计

智能门禁系统涉及密码锁的概念，因此重点和难点是密码锁的设计。项目使用电磁锁，因此控制电磁锁的开关也就变成了控制继电器的吸合与放开，这部分也相当简单，难点就是“密码”的存储和判断。

用传统 C 语言开发 STM32 系统，要实现密码存储并且断电不丢失的功能，需要用户编写的软件代码是相当复杂的，本项目用到的技术是“STM32 内部 FLASH 存储区模拟 EEPROM”，因此需要开辟 FLASH 存储空间去存储“密码”，还可能出现数据溢出的问题，功能软件代码也是存储在 FLASH 存储区内的，如果 FLASH 数据溢出，导致的问题不仅仅是“密码”丢失那么简单，很有可能是系统崩溃。这些问题都是需要设计者慎重考虑的。

笔者设计的“HTML5 for ARM 开发板”如果使用的编程环境是 Arduino IDE，在解决上述问题的时候就变得智能多了。Arduino IDE 为设计者提供了 EEPROM 的读写程序案例，只需参考官方提供的案例，稍做修改，即可轻松实现功能，而且这种实现方式，不需要考虑“数据溢出”的问题，对于不熟悉内存管理的设计者，这种设计方式能够有效降低设计难度。接下来就详细讲解该部分的软件代码设计流程。

IO 口初始化和串口初始化笔者不打算重复讲解，不熟悉的读者可回头查看相关的知识。STM32 模拟 EEPROM 的功能实现，需查看 Arduino IDE 提供的案例程序，从中提取有效的函数功能，笔者逐一列举出来：

①Status = EEPROM. write(AddressWrite, DataWrite) ;

该函数用于在“AddressWrite”地址中写入“DataWrite”数据。注意：“AddressWrite”地址不是芯片内部的实际存储地址，而是在芯片 0x801F000 和 0x801F800 基础上的地址，实际的存储地址是 0x801F000 + “AddressWrite”和 0x801F800 + “AddressWrite”。因此只需要定义“AddressWrite”的数值即可，就不需要考虑数据溢出问题了，因为 0x801F000 和 0x801F800 是 FLASH 最安全的用户数据存储地址，当存储的数据超过存储空间，只会导致用户的目标数据丢失，不会造成系统崩溃。

②Status = EEPROM. read(AddressWrite, &Data) ;

该函数用于在“AddressWrite”地址中读取数据到“Data”变量中。在设计的时候，建议在程序中定义一个 uint16 型的全局变量，存储读取回来的数据。

③Status = EEPROM. init( ) ;

该函数用于将 EEPROM 初始化。

④Status = EEPROM. format( ) ;

该函数用于将 EEPROM 格式化，格式化之后，模拟的 EEPROM 存储空间中的数据会被全部清空，但不影响程序代码的 FLASH 存储区。

本实验用到上面所列举函数中的①、②和④。在这 3 个函数的基础上，笔者根据项目功能需求，重新封装了几个函数，方便用户二次开发使用。

uint16 Set_Password(uint16 address, String date) ;

这个函数用于设置“门禁密码”，是对 EEPROM 函数的再次封装，更方便实际使用，具体的函数如下：

```
//用户设置密码函数
//需要传入参数：
//address:存储起始地址(uint6)
//date:需要存储的数据(String)
uint16 Set_Password(uint16 address, String date)
{
    int i = 0;
    String j;  //截取的每一位密码均存储在该变量内
    uint16 Write_Status; //EEPROM 写入成功标志位
    uint16 naddress = address;   //EEPROM 写入的地址
//密码是8位的,因此这里设计8次循环,将密码一位位存入 FLASH 中
for (i = 0; i < 8 ; i + +)
{
    j = date.substring(0 + i, 1 + i); //按顺序截取的每一位密码数值
    INT_PASSWORD = j.toInt(); //将密码数值转换为 Int 类型
//将转换为 Int 型的数据写入 FLASH 中(EEPROM 写入函数仅支持 Int 类型数据)
    Write_Status = EEPROM.write(naddress, INT_PASSWORD);
    naddress + +;//写入地址自加1,循环加8次,即可写完8位密码数据
}
//若 Write_Status = = 0,代表密码全部写入成功
if (Write_Status = = 0)
{
    return 0;
}
//若 Write_Status ! = 0,代表密码全部写入失败
else
{
    return 1;
}
}
```

String Read_Password(uint16 address, int len);

该函数用于读取 FLASH 存储区指定地址的数据,读取的起始地址和读取的长度需要用户提供,传入函数内部。具体的函数如下：

```
//用户读取密码函数
//需要传入参数：
//address:存储起始地址(uint6)
//date:需要存储的数据(String)
String Read_Password(uint16 address, int len)
```

```
{
    int i = 0;
    String passwd;                    //读取回来的密码存储在此
    uint16 Read_Status;               //EEPROM 读 取 成 功 标 志 位
    uint16 naddress = address;        //EEPROM 读取的起始地址
//因为密码是 8 位的,因此需要循环读取 8 次
for (i = 0; i < len; i + +)
{
    //将数据一位位读取回来
    Read_Status = EEPROM.read(naddress, &Data);
    passwd + = (String)Data;
    //将读取回来的数据转换成字符变量,拼接在一起 naddress + +;
    //读取地址自增,自增 8 次
}
//若 Read_Status = = 0,代表密码全部读取成功
if (Read_Status = = 0)
{
    return passwd;
}
//若 Read_Status ! = 0,代表密码读取失败
else
{
    return "Fail";
}
}
```

上面两个函数是本项目的关键函数,修改密码的时候都需要调用。注意:笔者设计的这两个函数,是按照存储 8 位密码和读取 8 位密码来编写的,如果需要存储位数不同的数据,则要做相应修改。

除了这两个函数以外,嵌入式软件代码还需要编写串口接收函数,以实时接收 HTML5 上位机界面传送下来的数据,响应上位机指令之后,数据返回也是通过串口方式实现,因此串口接收处理函数就相当重要了。本项目依旧使用串口 1 作为通信串口,串口 1 的数据处理函数如下:

```
//串口 1 数据处理函数
voidUart1_DateHandle()
{
//重置密码指令格式:"Reset-Password:OxxxxxxxxNxxxxxxxx\r\n"
//系统正常运行的基础上,数据格式为"重置密码指令格式"
if(Over_Error_Times_Flag = = 0x00&&Comdata1.substring(0,15) = = "Reset-Password:"
&&Comdata1.substring(Comdata1.length()-2) = = "\r\n")
```

```
{
  //先验证旧密码是否正确
  //旧密码正确
  if(Comdata1.substring(16,24) = =PASSWORD)
{
  //以下为设置并保存新密码操作指令
  Status = Set_Password(AddressWrite,Comdata1.substring(25,33));
  if(Status = =0)
{
  //保存新密码
  PASSWORD = Read_Password(AddressWrite,8);
  Password_Error_Cnt =0;
  //修改密码成功返回该指令给上位机
  Serial1.println("Reset password succeed!");
}
elseif(Status = =1)
{
  //修改密码失败
  Serial1.println("Reset password failed!");
}
}
  //旧密码不正确
  else
{
  Serial1.println("Old Password Error");
}
}
  if(Over_Error_Times_Flag = = 0x00&&Comdata1.substring(0,9) = = "Password:"
&&Comdata1.substring(Comdata1.length()-2) = ="\r\n")
{
  //密码正确
  if(Comdata1.substring(9,17) = =PASSWORD)
{
  Serial1.println("Password Correct");
  //密码正确则可开锁!
  Digital Write(pinOUT0,LOW);
  Password_Error_Cnt =0;
}
//密码错误
```

```
else
{
    Serial1. println(" PasswordError" );
    digitalWrite( pinOUT0, HIGH);
    Password_Error_Cnt + + ;
    //错误次数达到 5 次,则永久锁上,需要管理员密码才能重启系统!
if( Password_Error_Cnt = =5)
{
    Password_Error_Cnt =10;Serial1. println(" SystemIsLocked!" );
    Over_Error_Times_Flag =0x01;
}
}
}
    if( Comdata1. substring(0,14) = =" AdminPassword:" &&Comdata1. substring( Comdata1.
length( )-2) = =" \r\n" )
{
    //错误次数达到 5 次,则永久锁上,需要管理员密码才能重启系统!
if( Comdata1. substring(14,22) = =ADMINPASSWORD)
{
    Password_Error_Cnt =0;
    Over_Error_Times_Flag =0x00;
    Serial1. println(" SystemReboot!" );
}
}
    Comdata1 =" ";//清空串口接收字符串变量
}
```

本项目设置了密码错误次数监测机制,当用户输入错误密码次数大于 5 次,这种情况下会人为锁定密码锁系统,无法进行任何操作,必须“管理员”输入管理员密码或硬件系统重新上电,系统方可重启。这里使用 Password_Error_Cnt 变量存储用户错误次数,每输错一次密码,Password_Error_Cnt 会自加 1,当大于 5 次的时候,Over_Error_Times_Flag 设置为 0x01(默认 0x00),该变量是系统是否“上锁”标志位,当其为 0x00 的时候,表示系统正常运行;当其为 0x01 的时候,代表系统被锁定,这个时候就需要“管理员”输入管理员密码方可解锁,系统才可恢复为可用状态。

插补说明一下用到的字符串处理函数的使用方法,以下面的语句进行说明:

```
If( Comdata1. substring(14,22) = =ADMINPASSWORD){}
```

这条语句的意思:截取 Comdata1 字符串的第 14 位至 22 位,判断其是否等于字符串变量 ADMINPASSWORD 的值。注意:14 位到 22 位是“包头不包尾”的,也就是数学集合中的[14,22)。例如,字符串 Comdata1 是“AdminPassword:11111111\r\n”,则利用上述的语句,截取[14,22)之后的结果应该是字符串“11111111”。通过上述语句,可以轻松获取字符串变量的任意部分数据。当需要处理嵌入式系统数据时,这些面向对象的函数方法可以大大降低开发难度,提高开发效率。

为了避免密码锁系统使用者出现忘记密码操作,我们在设计嵌入式软件时,必须提前考虑周全。笔者在软件中加入了一个“设置按钮”的软件检测代码,用来实时检测设置按键是否被按下。按键的检测不能用传统的扫描函数,因为恢复出厂默认密码是一个“强操作”,也就是说不能出现误触发,因此在设计的时候,将按键扫描设计为“长按”检测,也就是需要按下3 s以上,按键才会响应触发,这个时候需要做出对应操作,对于“短按”操作,直接忽略,就可以避免人为误操作。注意:“设置按键”在实际产品中也必须存在的,这个是一个产品系统强壮性的有力保证,不然用户忘记密码,整个系统就无法使用了。按键扫描函数的设计如下:

```
//按键扫描函数
unsigned char Key_Scan( )
{
    uint16 counter =0; if( digitalRead( Rst_Key)  = =  LOW)
{
  //按键长按 3 s 有效
  delay(3000);
if( digitalRead( Rst_Key)  = =  LOW)
{
    return 0x01;
}
}
    return 0;
}
```

STM32 单片机软件设计部分的重点和难点就讲解完了,需要查看完整软件工程的读者,可查阅笔者提供的配套资料中对应的文件夹。

7.4　HTML5 人机界面设计

本项目的人机界面设计涉及很多 HTML5、CSS 和 JavaScript 的基础知识,这些知识在前面已经有详细讲解,这里不赘述。

7.4.1　基础背景设计代码

背景框架使用了 div 标签,这利用了 div 标签可包含任何内容、可任意编辑的特性。其 HTML5 代码和 CSS 代码分别如下:

```
HTML5:
<divid = "BackGround" > </div >
CSS:
#BackGround{
```

```
    min-width:640px;
    min-height:360px;
    width:100%;
    margin:0auto;
    position:relative;
}
```

背景是整个界面的容器，它相当于一个盒子，其他的所有控件都包含在这里面。由于后面使用图片将容器撑开，因此并没有给容器设置高度，所以才出现一片空白，什么都没有。通过 img 标签加载外部图片用作背景，其 HTML5 代码和 CSS 代码如下：

HTML5:

```
<img src="pictrue/Back.png" id="back_"/>
```

CSS:

```
#back_{
    width:100%;
    z-index:2;
    position: relative; }
```

同理，通过 img 标签加载外部门的图片，其 HTML5 代码和 CSS 代码如下，其效果如图 7.2 所示。

HTML5:

```
<img src="pictrue/OFF.png" id="Door"/>
```

CSS:

```
#Door{
    width:10.5%;
    left:12.6%;
    top:31.6%;
    z-index:1;
    position: absolute;
}
```

图 7.2　添加外部门效果图

元件用于插入门的图片，当切换门开关的动画时，将通过JS更改该元件的图片链接，以更换图片。图7.2中为门关闭状态的图片。

通过img标签加载门禁的图片，其HTML5代码和CSS代码如下：

HTML5：

```
<img src="pictrue/ENG.gif" id="ENG_" onclick="Fun('block')"/>
```

CSS：

```
  #Door{
     width:10.5%;
     left:12.6%;
     top:31.6%;
     z-index:1;
     position: absolute;
  }
```

该图标用于模拟门禁系统的运行状态，单击它时会弹出密码输入界面，当密码输入界面弹出后单击无效。

网络接口图标通过交替显示和隐藏图片实现网络链接状态的直观显示。使用了div标签作为图标的容器以放置3张图片，然后使用<img/>标签加载外部图片。其HTML5代码和CSS代码如下，其效果如图7.3所示。

HTML5：

```
<div id="NetStatu">
      <img src="pictrue/Net_0001.png" id="NetOFF"/>
      <img src="pictrue/Net_Cartoon002.png" id="NetON_2"/>
      <img src="pictrue/Net_Cartoon001.png" id="NetON_1"/>
</div>
```

CSS：

```
#NetStatu{
      width:65px;
      right:10px;
      top:20px;
      position:absolute;
}
#NetOFF{ position:absolute;}
#NetON_1{
      display:none;
      position:absolute;
}
#NetON_2{
      display:none;
      position:absolute;
}
```

图 7.3　添加网络图标效果图

遮障层使用 div 标签制作透明的元件，为了便于查看，在代码附加了"background:#fff;"，并将"display"的值设置成"block"，其 HTML5 代码和 CSS 代码如下：

HTML5：

```
<div id = "ScreenLayer" > </div >
```

CSS：

```
#ScreenLayer{
    width:60px;
    height:60px;
    left:8.8%;
    top:50%;
    z-index:2;
    display:none;
    position:absolute;
}
```

7.4.2　控件设计代码

这个按钮使用 div 标签制作为门禁系统增加按钮，其 HTML5 代码和 CSS 代码如下：

HTML5：

```
<div id = "Box" > </div >
```

CSS：

```
#Box{
    width:440px;
    height:260px;
    background:rgba(160,160,160,0.8);
```

```
    right:5% ;
    top:14% ;
    border:2px #fff solid;
    border-radius:5px;
    z-index:2;
    display:none;
    position: absolute;
}
```

使用 <table> 标签结合 <tr>、<td>、<div> 标签制作按键，其 HTML5 代码和 CSS 代码如下，其效果如图 7.4 所示。

HTML5:

```
<table id="Table">
<tr>
  <td class="TD"><div class="BUT" onclick="InputFun(1)"></div></td>
  <td class="TD"><div class="BUT" onclick="InputFun(2)"></div></td>
  <td class="TD"><div class="BUT" onclick="InputFun(3)"></div></td>
</tr>
<tr>
  <td class="TD"><div class="BUT" onclick="InputFun(4)"></div></td>
  <td class="TD"><div class="BUT" onclick="InputFun(5)"></div></td>
  <td class="TD"><div class="BUT" onclick="InputFun(6)"> </div></td>
</tr>
<tr>
  <td class="TD"><div class="BUT" onclick="InputFun(7)"></div></td>
  <td class="TD"><div class="BUT" onclick="InputFun(8)"></div></td>
  <td class="TD"><div class="BUT" onclick="InputFun(9)"></div></td>
</tr>
<tr>
  <td class="TD"><div class="BUT" onclick="InputFun(10) ">DEL</div></
td>
  <td class="TD"><div class="BUT" onclick="InputFun(0)"> 0</div></td>
  <td class="TD"><div class="BUT" onclick="InputFun(11) ">ENT</div></
td>
</tr>
</table>
```

CSS:

```
#Table{
    width:260px; height:200px; right:8px;
```

```
        bottom:8px; position: absolute;
    }
    .TD{
        border-radius:4px;
        background:-webkit-linear-gradient(left,#666, #aaa);
        background: -o-linear-gradient(right, #666, #aaa);
        background: -moz-linear-gradient(right, #666, #aaa);
        background: linear-gradient(to right, #666, #aaa);
        position: relative;
    }
    .BUT{
        left:4.5px; top:4.5px; width:75px; height:38.75px; border-radius:3px;
        text-align:center; line-height:38.75px; color:#0f0; cursor:pointer;
        font-size:1.5em;
        background: -webkit-linear-gradient(right, #666, #aaa);
        background: -o-linear-gradient(left, #666, #aaa);
        background: -moz-linear-gradient(left, #666, #aaa);
        background: linear-gradient(to left, #666, #aaa);
        position:absolute;
    }
    .TD:active{
        background: -webkit-linear-gradient(right, #666, #aaa);
        background: -o-linear-gradient(left, #666, #aaa);
        background: -moz-linear-gradient(left, #666, #aaa);
        background: linear-gradient(to left, #666, #aaa);
    }
    .BUT:active{
        background: -webkit-linear-gradient(left, #666, #aaa);
        background: -o-linear-gradient(right, #666, #aaa);
        background: -moz-linear-gradient(right, #666, #aaa);
        background: linear-gradient(to right, #666, #aaa);
    }
```

如图 7.4 所示为该段程序实现了密码的输入，数字按键输入对应数字，“DEL”键用于删除已输入的数字，“ENT”键为确认键。

密码输入显示文本，该控件使用 <div> 标签充当文本框，其 HTML5 代码和 CSS 代码如下：

HTML5：

```
<div id = "Password" >请输入 8 位的密码</div>
```

图7.4　密码输入界面效果图

```
CSS:
#Password{
    width:160px; height:30px; lefT:2px; top:130px;
    text-align:center; font-size:1em; line-height:30px;
    background:#fff; border-radius:2px;
    border:1px #000 solid;
    position:absolute;
}
```

该控件用来显示密码输入提示信息,以及输入密码时通过字符“*”隐藏显示密码。

“更改密码”按钮使用<button>标签,这是系统自带的按键标签,其拥有按键的基本样式,其HTML5代码和CSS代码如下:

```
HTML5:
<button id = "Button_" onclick = "ChangePW()" >更改密码</button>
CSS:
#Button_{
    lefT:40px;
    bottom:8px;
    font-size:1em;
    position:absolute;
}
```

该按钮用于切换进入更改密码的输入状态或退出该状态。进入该状态时密码显示文本会先后提示输入旧、新密码,且当门处于打开状态无法进入更改密码的工作状态。

“Logo + 白色分界线 + 标题”分别使用<img>和<div>标签插入Logo图标和制作分界线、标题,其HTML5代码和CSS代码如下,效果图如图7.5所示。

```
HTML5:
<img src = "pictrue/Frun.png" id = "Logo"/>
<div id = "Line" > </div>
```

```
<div id = "Title_" >密码锁</div>
CSS:
#Logo{
    width:100px;
    left:10px; top:10px;
    position:absolute;
}
#Line{
    width:430px;
    left:5px;
    top:50px;
    border-bottom:2px #fff solid;
    position:absolute;
}
#Title_{
    width:440px;
    height:48px;
    color:#fff;
    text-align:center;
    font-size:2em;
    line-height:48px;
}
```

图 7.5 添加 Logo + 白色分界线 + 标题效果图

"关闭"按钮用来关闭密码输入界面，使用 <div> 标签制作，其 HTML5 代码和 CSS 代码如下：

```
HTML5:
<div id = "CloseBut" onclick = "Fun('none')" >CLOSE</div>
CSS:
```

```
#CloseBut{
    width:60px; height:20px; right:5px; top:5px;
    border:1px #bcbcbc solid; border-radius:4px;
    font-size:15px; text-align:center; color:#900;
    line-height:20px; background:#cdcdcd;
    cursor:pointer; position:absolute;
}
#CloseBut:active{ color:#f00;}
```

“显示提示信息框”用来根据下位机返回的指令显示提示信息，使用 <div> 标签制作，其 HTML5 代码和 CSS 代码如下：

HTML5:

```
<div id = "Hint" >提示…… </div>
```

CSS:

```
#Hint{
  width:170px; heighT:74px; left:2px; top:54px; color:#ff0;
  font-size:1.1em; text-align:center; position:absolute;
}
```

最终 HTML5 人机界面完成效果如图 7.6 所示。

图 7.6　HTML5 人机界面最终效果图

7.5　程序下载与运行结果

当代码下载和上传完毕后，便可看到系统已经开始运行目标功能，同时也可以测试一下密码锁的功能，单击“门”旁边的“密码锁”按钮，即会弹出密码输入对话框，就可以测试对应的功能了。

第 8 章

智能农场温室大棚系统设计

“智能农场温室大棚系统”用 HTML5 语言设计完整的农场温度控制系统人机界面，通过 HTML5-NET 模块与底层 STM32 接口，实现互联网网络数据和底层嵌入式逻辑数据透明传输的功能。由于实验板的空间限制，笔者只设计了一路温度传感器采集电路，但本实验的完整功能需要使用 3 个温度传感设备，因此读者在做实验时，需要外接 2 个温度传感器模块，该模块可以使用笔者配套提供的，也可自行购买。同时，本项目使用了开发板上的两路继电器作为控制“加热装置”和“散热装置”的表现形式，实验的时候，需要在继电器的输出端接上风扇和加热片等装置，这两部分外接装置可联系笔者配套选购，读者也可以自行购买。

通过本项目的学习，将了解 STM32 的 IO 口逻辑控制设计、STM32 内部定时器设计、HTML5 人机界面设计、HTML5 与嵌入式系统的数据接口设计等。

8.1　DS18B20 温度传感器简介

DS18B20 是 DALLAS 半导体公司设计的一种“单总线”接口温度传感器。它的电路集成度非常高，与传统的热敏电阻测温元件相比，DS18B20 具有以下优点：体积小、使用电压宽、与微控制器接口简单、性价比高等。

单总线通信接口硬件设计简洁，可以让使用者轻松组建传感器网络，同时 DS18B20 的温度测量范围很广泛，可以测量 -55 ~ +125 ℃，精度为 ±0.5 ℃。由于其采集的数据使用单总线的数字方式传输，大大提高了系统的抗干扰能力。

DS18B20 能够直接读出测量的温度值，并且可以根据实际要求通过简单的编程实现 9 ~ 12 位数字值读数方式。DS18B20 的工作电压为 3 ~ 5.5 V，使得系统设计灵活、方便。

所有的单总线器件要求采用严格的信号时序，以保证数据的完整性。DS18B20 共有 6 种信号类型：复位脉冲、应答脉冲、写 0、写 1、读 0 和读 1。除了应答脉冲之外，所有这些信号都由主机发出同步信号，且发送所有命令和数据的时候，都是字节的低位在前。

8.2　硬件设计

笔者在设计“智能农场温室大棚系统”的过程中，以尽可能贴近现实生活且实用的方式设计。一个现实的农场温室大棚，肯定会分成很多的种植区域，不同的种植区域对温度的需求也不尽相同，因此笔者在设计“智能农场温室大棚系统”时，同时使用了3个DS18B20温度传感器作为监控器件，轮询读取3个温度传感器的参数，并做系统的逻辑判读和处理。

这里需要说明的是，由于HTML5 for ARM开发板的板卡资源有限，每个板子上只有一个DS18B20温度传感器，因此在实验中，需要外加2个温度传感器模块；同时，系统有“加热”和“散热”功能，因此硬件必须涉及加热装置和散热装置，加热装置采用陶瓷加热片，散热装置采用直流电机小风扇（注意：这里条件有限，只是模拟现实生活的加热和散热装置，但是设计原理是相通的）。同时也由于系统硬件资源有限，只使用了2组继电器去分别控制“加热装置”和“散热装置”，但是系统有3个温度传感器，因此有2个温度传感器的“加热装置”和“散热装置”需要用板子上的LED代替（继电器的控制和LED的控制完全一样）。每个温度传感器都配置一个LED灯作为状态报警指示灯，当温度超过预设的温度范围时，报警指示灯会亮起，在正常预设温度范围之内，指示灯会保持熄灭状态。

本项目依旧使用HTML5设计的人机界面作为系统的状态显示和控制上位机终端，因此需要配合“HTML5-NET模块”使用。实验中涉及的串口硬件设计和HTML5-NET与STM32的连接已经在前面的章节中讲解过，这里不再赘述，具体的硬件连接指引见表8.1。

表8.1　硬件连接指引表

HTML5-NET 模块	STM32 系统	外部资源设备
TXD1	PA10	X
RXD1	PA9	X
X	PC13	LED 灯组 IN0
X	PC14	LED 灯组 IN1
X	PC15	LED 灯组 IN2
X	PC0	LED 灯组 IN4
X	PC1	LED 灯组 IN5
X	PC2	LED 灯组 IN6
X	PC3	LED 灯组 IN7
X	PA0	1 号 DS18B20（板卡默认连接）
X	PA4	2 号 DS18B20
X	PA5	3 号 DS18B20
X	PB12	继电器模组 IO1
X	PB13	继电器模组 IO2

注意:LED 灯组和继电器模组都需要单独供电的。在使用的时候,LED 灯组的“COM”口需要接到板卡的“3.3 V”;继电器模组的“VCC”接到板卡的“3.3 V”,“GND”接到板卡的“GND”。

本项目用的温度传感器硬件外围电路图如图 8.1 所示,LED 灯组硬件原理图如图 8.2 所示,LED 灯组在前面章节已经详细讲述过,这里不再重复。

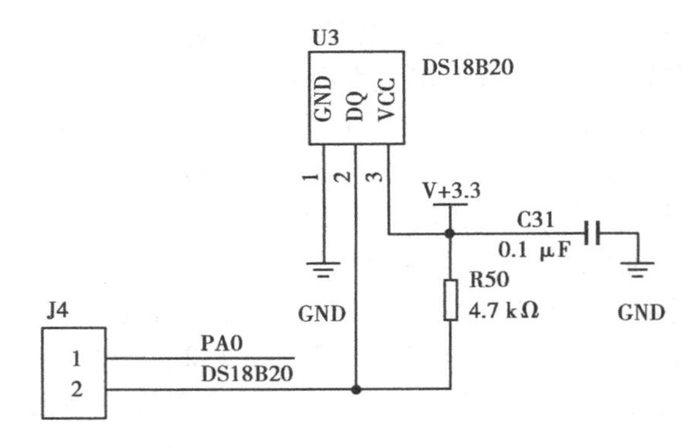

图 8.1　温度传感器外围电路图

图 8.1 中的 DS18B20 3 号引脚接 3.3 V 电源,1 号引脚接地,2 号引脚为数字量输出端,J4 默认与 STM32 单片机的 PA0 脚连接,也可以更换为其他引脚,与单片机采用单总线方式通信。

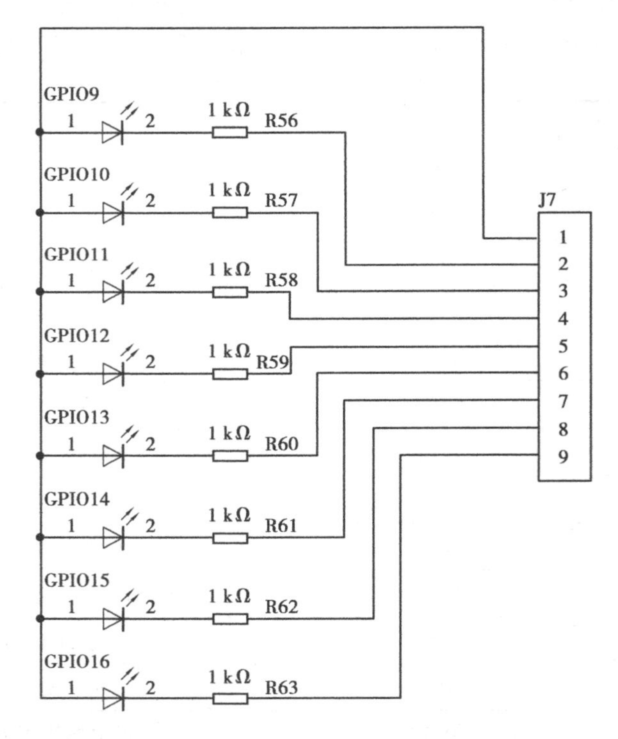

图 8.2　LED 灯组硬件原理图

8.3　STM32 单片机软件设计

相对前面的项目,本项目的嵌入式软件设计方面的难度提升了一个档次。其涉及较多的程序代码设计技巧,用到了 STM32 的内部资源(如定时器),也用到了部分字符串处理技巧。笔者将会逐步分析代码的设计过程,将重点罗列讲出,同时在提供的资料文件夹中,也有本项目的详细工程源码,读者看完本章节,可以找到源码,慢慢琢磨。

STM32 串口和 HTML5-NET 模块是重要的资源,是必不可缺的,是底层单片机联网的必要条件。STM32 的串口初始化以及配置,笔者在第 4 章已经详细讲解,这里不重复说明;HTML5-NET模块的配置和使用方法以后也不再涉及,如果读者对这两部分知识感到陌生,请返回查阅相关知识,补充学习。

本项目涉及的资源除了 STM32 串口和 HTML5-NET 模块以外,还有 STM32 内部定时器,代码设计方面还有单总线设计等,笔者都将一一讲解。

在设计一个项目之前,首先要明确项目的功能,然后针对功能列出功能框架图或运行流程图,本项目为"智能农场温室大棚系统",设计使用 3 个温度传感器作为系统采集节点,将温度数据轮询采集并通过 HTML5-NET 模块上传到上位机系统,人机界面可以显示各个温度传感器的温度数据,同时可以下发控制指令到嵌入式系统,如温度范围预设值、装置状态切换等。系统设计拥有两个模式功能:手动模式和自动模式。在手动模式下,使用者可以自由控制"加热装置"和"散热装置"的工作状态,该阶段不受"温度范围预设值"限制;在自动模式下,使用者只需根据需求预设每个温度传感器的温度范围值即可,其余采集和逻辑判断全部由底层嵌入式系统自主完成,当温度传感器的采集数值不在预设值范围之内,则会报警并做出相应动作。功能用文字描述给人感觉有点复杂,但是实际设计起来,只要思路正确,也是不难解决的,本项目的系统功能框图如图 8.3 所示。

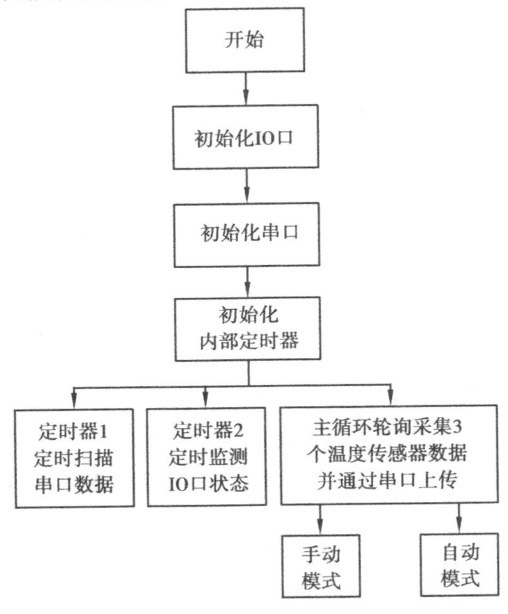

图 8.3　系统功能框图

如图 8.3 所示为系统功能框图，可以清晰地看到，软件的运行框架并不复杂，换句话说，即设计的思路并不复杂，可以依据该图，一步步解决涉及的问题。

8.3.1 初始化内部定时器

“初始化 IO 口”和“初始化串口”在第 1 章中已经讲解过，“初始化内部定时器”是一个全新的知识点，下面详细讲解该部分代码设计。图 8.4 所示为 STM32 内部定时器的初始化函数。

```
void Time_Init()
{
  Timer1.setMode(TIMER_CH1, TIMER_OUTPUTCOMPARE);
  Timer1.setPeriod(50000);
  Timer1.setCompare(TIMER_CH1, 1);
  Timer1.attachInterrupt(TIMER_CH1, Timer_1_CH1_Handle);

  Timer2.setMode(TIMER_CH1, TIMER_OUTPUTCOMPARE);
  Timer2.setPeriod(200000);
  Timer2.setCompare(TIMER_CH1, 1);
  Timer2.attachInterrupt(TIMER_CH1, Timer_2_CH1_Handle);
}
```

图 8.4　STM32 内部定时器初始化函数

如图 8.4 所示，STM32 内部定时初始化只需几条语句。

①Timer1. setMode(TIMER_CH1,TIMER_OUTPUTCOMPARE)；

该语句为定时器模式设定语句，将定时器 1 的通道一设置为“TIMER_OUTPUTCOMPARE”模式，即输出比较模式，除了这种模式以外，STM32 的定时器还可以设置为“关闭模式”和“PWM 模式”。

②Timer1. setPeriod(50000)；

该语句用于设定定时器的计时周期，单位：微秒，ms。上面语句即设置定时器 1 通道一的计时周期为 50 ms。

③Timer1. setCompare(TIMER_CH1,1)；

该语句设置定时器 1 的触发事件。需要针对使用的定时器，选择合适的通道，这里使用通道 1(TIMER_CH1)，同时要设定比较值大小(这里的比较值设为 1)，在运行过程中，当比较值“1”大于定时器溢出值的时候，会被设定为定时器的溢出值，当定时器达到比较器的比较值时会触发相应操作，如果定时器处于中断模式，则会进入中断指定函数中执行。

④Timer1. attachInterrupt(TIMER_CH1,Timer_1_CH1_Handle)；

该语句设置定时器 1 通道 1 为中断模式，定时器以定时周期循环运行，当定时器达到比较器的比较值时会触发“Timer_1_CH1_Handle”函数，进入定时器中断处理，执行相应操作。

读者在实际使用的时候，只需要依照上面语句，选择并配置好自己的定时器参数。这里需要特别提醒的是，每个定时器都有不同的通道，不同通道之间是相互独立的，本项目工程用到的是定时器 1 通道 1 和定时器 2 通道 1，读者也可以使用通道 2、通道 3……

8.3.2 定时器 1 和定时器 2 中断服务函数

定时器 1 的中断服务函数中，设计其在不断执行串口 1 的数据扫描功能，当串口 1 有数据进来，则进行判断，执行相应操作；定期器 2 的中断服务函数则是不断检测 STM32 系统的

IO 口状态,当 IO 口状态发生改变,则马上将最新状态返回给上位机,达到状态同步特点。图 8.5 所示为中断服务函数内容。

```
void Timer_1_CH1_Handle()
{
  //串口1数据扫描函数
  Uart_Judge();
}

void Timer_2_CH1_Handle()
{
  //不断扫描读取IO口状态
  Flash_State=Get_IO_State();
  //若IO口状态发生变化，立马返回，实现与HTML5上位机状态同步；
  //并将最新的IO口状态更新
  if(Flash_State!=Old_State)
  {
    Old_State=Flash_State;
    Serial1.println(Old_State);
  }
}
```

图 8.5　定时器 1 和定时器 2 中断服务函数内容

8.3.3　温度传感器数据采集和上传

Arduino IDE 开发 STM32 有一个天然强项,就是内置的函数功能库非常多,包括本项目用的 DS18B20 温度传感器的单总线驱动,只需稍加修改就可使用,大大节省了开发周期,降低了开发难度。单总线的代码可打开对应的项目工程源码查看,源码中对关键语句也做了详细解释。

温度传感器的数据采集和上传部分可划分为两种模式:手动模式和自动模式。手动模式下,只做单纯的温度采集和上传功能,同时可以自由控制每个温度传感器监控区域的“加热装置”和“散热装置”的工作状态,该模式下,温度设定范围值不起作用。自动模式下,嵌入式系统会自动运行温度采集和监控逻辑系统,依据预设的温度范围值,判断每个温度传感器当前温度是否处于正常范围之内,如果低于预设温度最低值,则启动相应的“加热装置”,当高于预设温度的最高值,则启动“散热装置”,同时在预设温度值范围以外的温度监控区域,对应的报警指示灯会点亮,达到异常报警的效果。自动模式下,系统运行不需要 HTML5 上位机界面干预,上位机只做温度值显示和温度范围值设定工作,具体代码如下:

```
//工作在手动模式下
void HandleMode()
{
  //关闭 3 个温度传感器区域的报警指示灯
  digitalWrite(pinOUT0, HIGH);
  digitalWrite(pinOUT1, HIGH);
  digitalWrite(pinOUT2, HIGH);
  //轮询读取 3 个温度传感器数据并上传
  Temperature01 = Read_DS18B20_Data(ds1,"Temp01");
  Temperature02 = Read_DS18B20_Data(ds2,"Temp02");
  Temperature03 = Read_DS18B20_Data(ds3,"Temp03");
```

```
}
//工作在自动模式下
void AutoMode( )
{
  float temp01;
  float temp02;
  float temp03;
  Temperature01 = Read_DS18B20_Data( ds1,"Temp01");
  Temperature02 = Read_DS18B20_Data( ds2,"Temp02");
  Temperature03 = Read_DS18B20_Data( ds3,"Temp03");
  temp01 = Temperature01. toFloat( );
  temp02 = Temperature02. toFloat( );
  temp03 = Temperature03. toFloat( );
  //如果温度 1 > 设定温度 1 上限
  if( temp01 > Set_Temp01_High. toFloat( ) )
  {
    //报警指示灯打开
    digitalWrite( pinOUT0, LOW);
    //打开风扇并关闭加热装置,进行散热操作
    digitalWrite( FanCTL, LOW);
    digitalWrite( HeaterCTL, HIGH);
  }
  //如果温度 1 < 设定温度 1 下限
  else if( temp01 < Set_Temp01_Low. toFloat( ) )
  {
    //报警指示灯打开
    digitalWrite( pinOUT0, LOW);
    //打开加热装置并关闭风扇,进行加热操作
    digitalWrite( HeaterCTL, LOW);
    digitalWrite( FanCTL, HIGH);
  }
  //温度 1 在正常设定范围之内
  else
  {
    //报警指示灯关闭
    digitalWrite( pinOUT0, HIGH);
    //正常情况,风扇和加热装置均关闭
    digitalWrite( FanCTL, HIGH);
    digitalWrite( HeaterCTL, HIGH);
  }
  //如果温度 2 > 设定温度 2 上限
```

```
if(temp02 > Set_Temp02_High.toFloat())
{
  //报警指示灯打开
  digitalWrite(pinOUT1, LOW);
  //打开风扇并关闭加热装置,进行散热操作
  digitalWrite(pinOUT3, LOW);
  digitalWrite(pinOUT4, HIGH);
}
//如果温度 2 < 设定温度 2 下限
else if(temp02 < Set_Temp02_Low.toFloat())
{
  //报警指示灯打开
  digitalWrite(pinOUT1, LOW);
  //打开加热装置并关闭风扇,进行加热操作
  digitalWrite(pinOUT4, LOW);
  digitalWrite(pinOUT3, HIGH);
}
//温度 2 在正常设定范围之内
else
{
  //报警指示灯关闭
  digitalWrite(pinOUT1, HIGH);
  //正常情况,风扇和加热装置均关闭
  digitalWrite(pinOUT3, HIGH);
  digitalWrite(pinOUT4, HIGH);
}
//如果温度 3 > 设定温度 3 上限
if(temp03 > Set_Temp03_High.toFloat())
{
  //报警指示灯打开
  digitalWrite(pinOUT2, LOW);
  //打开风扇并关闭加热装置,进行散热操作
  digitalWrite(pinOUT5, LOW);
  digitalWrite(pinOUT6, HIGH);
}
//如果温度 3 < 设定温度 3 下限
else if(temp03 < Set_Temp03_Low.toFloat())
{
  //报警指示灯打开
  digitalWrite(pinOUT2, LOW);
  //打开加热装置并关闭风扇,进行加热操作
```

```
        digitalWrite(pinOUT6, LOW);
        digitalWrite(pinOUT5, HIGH);
      }
      //温度 3 在正常设定范围之内
      else
      {
        //报警指示灯关闭
        digitalWrite(pinOUT2, HIGH);
        //正常情况,风扇和加热装置均关闭
        digitalWrite(pinOUT5, HIGH);
        digitalWrite(pinOUT6, HIGH);
      }
    }
```

8.4 HTML5 人机界面设计

下面将简单地讲解智能农场温室大棚温度控制系统界面的制作过程。

8.4.1 基础背景设计

背景容器依然使用 div 标签,这利用了 div 标签可包含任何内容、可任意编辑的特性。其 HTML5 代码和 CSS 代码分别如下:

```
HTML5:
<div id = "box" > </div >
CSS:
#box{
    margin-left:auto;margin-top:auto;
    margin-right:auto;margin:auto;width:100%;
    width-max:1280px;height:720px;
}
```

"box"是整个界面的容器,它相当于一个盒子,其他的所有控件都包含在这里面,由于后面将使用图片将容器撑开,因此并没有给容器设置高度,所以出现一片空白,什么都没有。

接下来为背景插入图片,通过 CSS 属性引用外部图片用作背景,创建 div 名字用 class, CSS 控制样式类名前加个小点符号例如". box",其 HTML5 代码和 CSS 代码如下:

```
HTML5:
<div class = "box" > </div >
CSS:
}
. box{
        background:url(../img/5. gif);
}
```

为背景界面添加标题，首先添加一个 div 用于放置头部标题，其 HTML5 代码和 CSS 代码如下：

HTML5：

```
<divclass = "banner_h" > <h2 >智能蔬菜大棚温度控制系统 </h2 > </div >
```

CSS：

```
.banner_h{
        width:100%;height:100px;
        line-9height:100px;text-align:center;font-size:2.5em;
        color:#FFF;
}
```

在界面添加温度设置框，创建 div 在 div 里放置表格“table”，其 HTML5 代码和 CSS 代码如下：

HTML5：

```
<divclass = "main" >
<divid = "left" >
<divclass = "tb" > </div >
</div >
</div >
```

CSS：

```
.main{
   width:100%;height:310px;
}
#left{
      margin-top:5px;float:left;
      width:32%;height:300px;
      border:1px#66CCFFsolid;
      margin:3px;
      border-radius:8px;
      background:rgba(176,176,176,0.2);
}
```

为表格内添加内容，在表格 1 中用“font”标签添加文本标题“温度设定”，在第二行添加提示标题“上限”“下限”，用“input”标签创建个文本框，用于存放温度设定的数字。表格 2 插入报警提示图，以及温度的显示。由于要设置 3 个温度设定，所以要创建 3 组 div，依次插入相对表格。该表格放置温度设定，可以改变上限下限数值，显示温度值，还有报警灯。

包含表格的 div 创建完成并且布局到相应的位置后创建表格，根据内容创建单元格数量，其 HTML5 代码和 CSS 代码如下，人机界面背景效果图如图 8.6 所示。

HTML5：

```
<table width = "50%" height = "100px" border = "" align = "center" cell spacing = "0"
style = "margin:auto; margin-top:5px;"/ >
  <tr > <th colspan = "3"scope = "row" > <font id = "Text_1" >温度设定 </font > </th >
</tr >
```

```
<tr>
    <td scope="row" align="center"><font id="Text_2">下限</font></td>
    <td> </td>
    <td align="center"><fontid="Text_2">上限</font></td></tr>
<tr>
<th align="center" scope="row">
    <input type="text" id="DiWen" value="20" onChange="Error(0,1)"/>
</th>
<td align="center"><font style="font-size:18px;"><img src="img/6.png">
</font></td>
<td align="center">
    <input type="text" id="GaoWen" value="30" onChange="Error(1,0)"/>
</td>
</tr>
</table>
<table width="100%" border="0" cellspacing="0" style="margin-top:10px; text-
align:center">
<tr>
<td row span="2"scope="row" width="45%" align="center">
    <img src="img/4.png" id="pic" class="off" alt="报警灯">
    <img src="img/3.png" id="on" alt="报警灯">
</td>
<td id="wendu">温度:</td>
<td align="center"><div id="Tem_1">00.00<i>℃</i></div></td>
</tr>
<tr>
<td align="center" colspan="2"><divid="Tem_2">温度正常</div></td>
</tr>
</table>
CSS:
#Text_1{
  font-size:2em;color:#75FFFF;
}
#Text_2{
  font-size:1.5em;color:#FFF;
}
#Text_3{
font-size:2em;
}
#DiWen{
    width:54px;height:40px;
```

```
    left:4px;background:#fff;border:1pxsolid#000;font-size:1.6em;
    text-align:center;font-weight:bold;
}
#GaoWen{
    width:54px;height:40px;left:4px;background:#fff;text-align:center;
    border:1pxsolid#000;font-size:1.6em;
    text-align:center;font-weight:bold;
}
#wendu{
    color:#FFF;font-size:2em;
}
.tb1{
    width:100%;height:200px;
}
#pic{
    position:absolute; width:150px; height:150px;
}
#on{
    width:150px;height:150px;
}
#Tem_1{
    width:95%;height:40px;background:#fff;
    text-align:center;border:1pxsolid#000;font-size:2em;overflow:hidden;
    text-align:center;line-height:40px;
}
#Tem_2{
    width:95%;
    height:50px;
    background:#fff;
    text-align:center;
    border:1pxsolid#000;
    font-size:2.5em;
    overflow:hidden;
    text-align:center;
    line-height:50px;
    color:#F00;
}
```

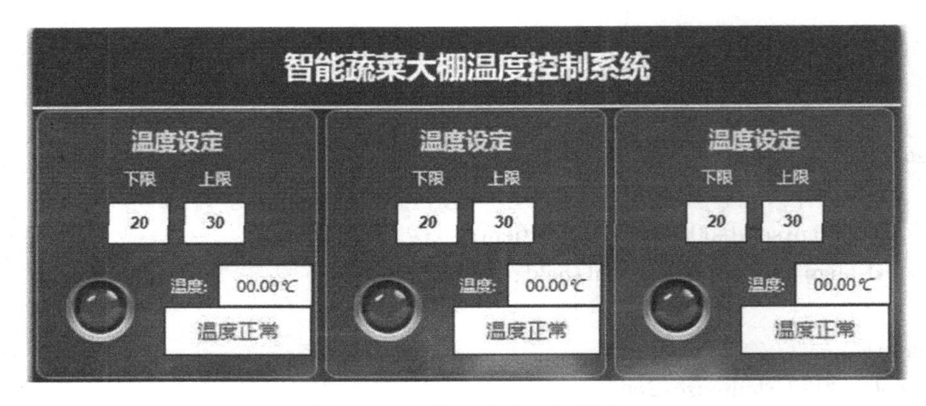

图 8.6　人机界面背景效果图

8.4.2　界面控件设计

网络接口图标同样使用 div 标签作为图标的容器以放置 3 张图片，然后使用 <img/ >标签加载外部图片，添加网络接口图标效果如图 8.7 所示。

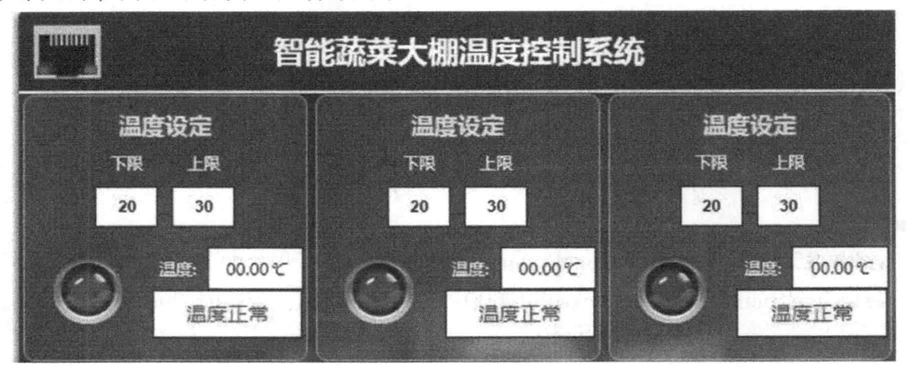

图 8.7　添加网络接口图标效果图

通过创建 div 标签，然后添加表格，在 HTML 界面中创建"加热"和"散热"按钮及图标，其 HTML5 代码和 CSS 代码如下：

HTML5：

```
<div id = "nav" >
<table width = "100%" height = "150" border = "1" cellspacing = "0" style = "m argin-top:3px; text-align:center;" >
<tr >
<td scope = "row" height = "50%" > <img class = "tu" src = "img/1. png" > </td >
<td height = "50%" > <img class = "tu" src = "img/ldd. png" > </td >
<td > <img class = "tu" src = "img/1. png" > </td >
<td > <img class = "tu" src = "img/ldd. png" > </td >
<td > <img class = "tu" src = "img/1. png" > </td >
<td > <img class = "tu" src = "img/ldd. png" > </td >
</tr >
<tr >
```

```
<td><button class="btn">加热 1</button></td>
<td><button class="btn">散热 1</button></td>
<td><button class="btn">加热 2</button></td>
<td><button class="btn">散热 2</button></td>
<td><button class="btn">加热 3</button></td>
<td><button class="btn">散热 3</button></td>
</tr></table></div>
CSS:
#nav{
        width:60%; height:150px; float:left;
        background: rgba(70,130,180,0.4); border-radius:10px;
        box-shadow:0 0 20px #000000;
}
.tu{
    width:65px; height:65px;
}
.btn{
    width:90%; height:45px;
    display:inline-block; line-height:33px; font-size:1.5em;
    background: -webkit-linear-gradient( #1465B6, #9FCAF4, #1465B6);
    text-decoration: none; color:#fff;
    border-radius: 4px; vertical-align:middle;
}
.btn:active{
    line-height: 39px; box-shadow:inset 2px 3px 2px #050533;
}
```

用“button”标签创建 6 组按钮，分别是“加热与散热”，同时还插入按钮对应的图片，用于表示加热与散热提示图，其效果如图 8.8 所示。

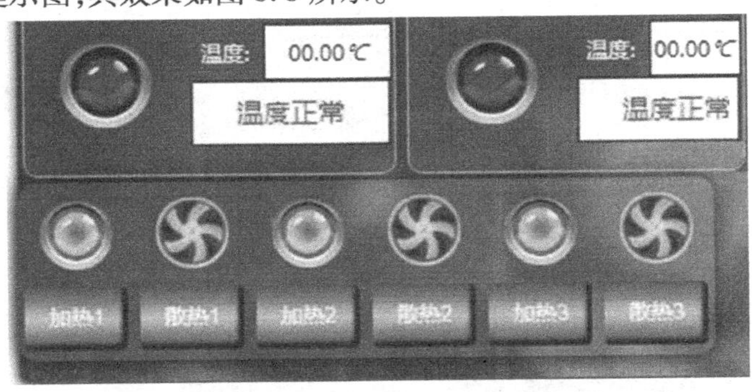

图 8.8　添加加热与散热按钮图标效果图

在图 8.8 中，当单击“加热”按钮时，图片会根据按钮所触发的事件来改变，单击“散热”按钮时，图片上的风扇即可转动。

添加设置以及手动按钮（图 8.9）创建 div，在 div 中插入一行两列的 table，在表格当中放置两个按钮“设置”与“手动”，其 HTML5 代码和 CSS 代码如下：

HTML5：

```
<div id = "nav1" >
<table width = "100% " height = "150" border = "1" cellspacing = "0" style = "margin-top:
3px; text-align:center;" >
<tr >
    <td > <button class = "btn1" >设置 </button > </td >
    <td > <button class = "btn1" >手动 </button > </td >
</tr >
</table >
</div >
```

CSS：

```
#nav1{
  width:40% ; height:100px; float:left;
}
. btn1{
    width:70% ;
    height:45px;
    font-size:1. 5em;
    background: -webkit-linear-gradient( #1465B6, #9FCAF4, #1465B 6);
    box-shadow:inset -3px -3px 2px #050533;
    text-decoration: none;
    color:#fff;
    border-radius: 4px;
    margin-top:-60px;
}
```

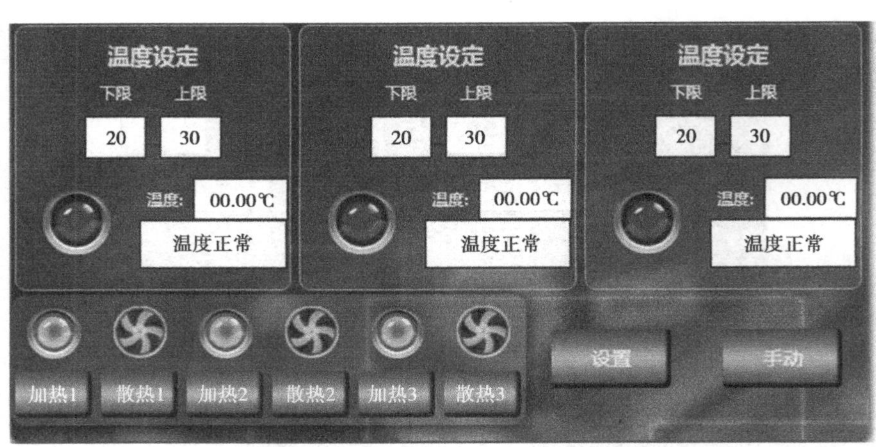

图 8.9　添加设置及手动按钮图标效果图

在图 8.9 中，单击“设置”按钮设置上、下限显示框，单击“手动”按钮，上、下限限制无效，报警灯无效，可手动开关加热与散热，手动模式可以切换到自动模式，上、下限限制有效，报警灯有效。

8.5　程序下载与运行结果

当代码下载和上传完毕后，便可看到系统已经开始运行目标功能，可以在如图 8.10 所示的 HTML5 人机界面上看到 3 组温度数据，在不断地轮询更新，并且温度监测判断功能也正常运行，单击“手动”按钮，可以设置温度监测报警的上下限阈值。

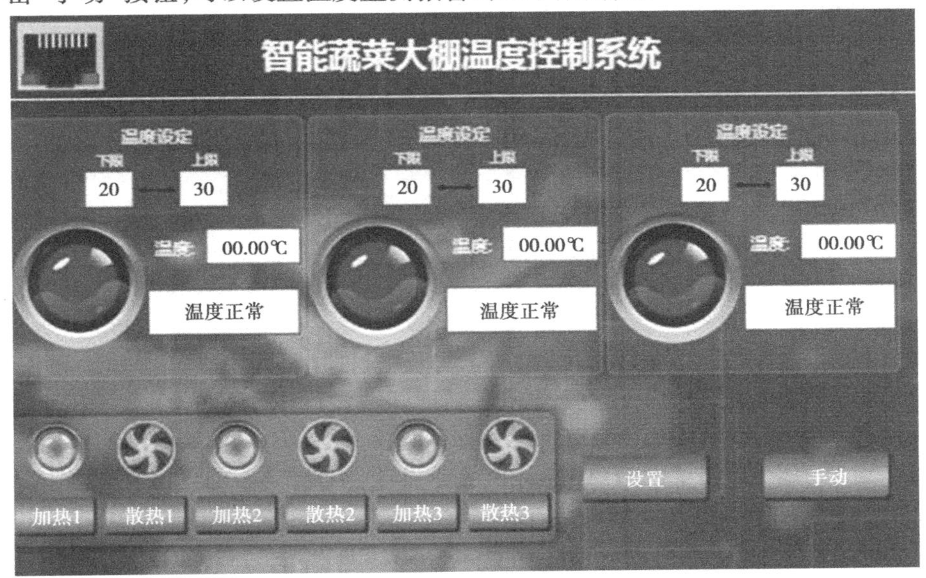

图 8.10　人机界面最终效果

第9章 Wi-Fi远程控制系统设计

笔者打算“暂时”脱离STM32系统,第四个实验项目使用HTML5-NET模块和开发板自带的ESP8266最小系统,实现“Wi-Fi远程控制”功能。本设计以最简单的远程IO开关量输入和输出控制作为案例,讲解HTML5-NET模块如何与第三方Wi-Fi模块联网通信的技术。

通过本章节的学习,将了解HTML5人机界面设计、HTML5-NET与ESP8266模块接口技术、人机界面相应机制仲裁技巧等。

9.1 ESP8266简介

笔者设计的HTML 5-NET开发板上带有一个完整的ESP8266硬件最小系统,可用于ESP8266的开发使用。

ESP8266是一个完整且自成体系的Wi-Fi网络解决方案,能够搭载软件应用,当ESP8266作为设备中唯一的应用处理器的时候,能够直接从外接闪存中启动。其内置的高速缓冲存储器有利于提高系统性能,并减少内存需求。

ESP8266具有强大的片上处理能力和存储能力,使其可以通过GPIO口集成传感器及其他应用的特定设备,实现了前期的开发和运行中最少地占用系统资源。ESP8266高度片内集成,包括天线开关、电源管理转换器,因此仅需要极少的外部电路即可运行起来,PCB设计空间可大大压缩。ESP8266的性能特征见表9.1。

表9.1 ESP8266的性能参数

802.11 b/g/n	断电泄漏电流小于10 μA
Wi-Fi Direct(P2P)、soft-AP	内置低功率32位CPU:可以兼作应用处理器
内置TCP/IP协议栈	SDIO2.0、SPI、UART
支持天线分集	内置TR开关、balun、LNA、功率放大器和匹配网络
内置PLL、稳压器和电源管理控件	A-MPDU、A-MSDU的聚合和0.4 μs的保护隔离

续表

802.11 b/g/n	断电泄漏电流小于 10 μA
802.11b 模式下 +19.5dBm 的输出功率	2 ms 之内唤醒、连接并传递数据包
STBC、1x1　MIMO、2x1　MIMO	待机状态消耗功率小于 1.0mW(DTIM3)

注:ESP8266 的详细资料请查阅官方数据手册,由于篇幅限制,笔者这里不详细列出。

9.2　硬件设计

ESP8266 芯片内部本来就是资源高度集成的,且笔者使用的是现成的 ESP8266 模组,因此硬件设计就更为简单了,硬件设计原理图如图 9.1 所示。

如图 9.1 所示为 ESP8266 硬件原理图,只需要非常简单的外围元器件即可驱动。为了兼容 5 V 控制器系统,专门做了一个电压匹配电路,用于 ESP8266 的串口引脚,这样不管对接的控制器电压是 3.3 V 的还是 5 V 的,都可以无障碍使用。

除了 ESP8266 最小系统外,硬件上还需要配合 HTML5-NET 模块,方可正常使用。HTML 5-NET 模块的硬件设计在之前的项目中已经多次涉及,这里不做重复讲解。

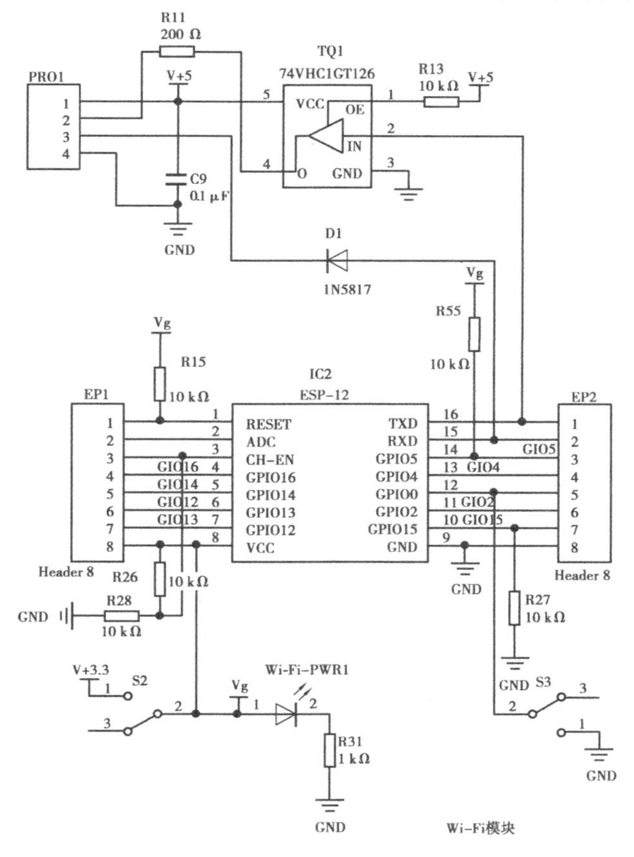

图 9.1　ESP8266 硬件原理图

9.3 嵌入式软件设计

本项目功能只需要 HTML5-NET 模块和 ESP8266 最小系统即可。因此 STM32 的嵌入式软件设计原则上并不需要,读者可在 ESP8266 下载笔者提供的 ESP8266 固件即可(该固件默认出厂已经配置好)。注意:这里的固件必须使用笔者开发设计的指定固件,其他厂家的固件(如乐鑫、安信可的固件)并不通用。

9.4 HTML5 人机界面设计

9.4.1 基础背景设计

背景容器是放置其他控件的地方,因此后续添加的控件都应包含在容器里面。容器使用了 div 标签,这利用了 div 标签可包含任何内容、可任意编辑的特性。其 HTML5 代码和 CSS 代码分别如下:

```
HTML5:
<img src="pictrue/back.jpg" id="Back"/>
CSS:
#BackGround{
min-width:640px; min-height:360px; width:100%; margin:0 auto; position:relative;
}
```

"BackGround"是整个界面的容器,它相当于一个盒子,其他的所有控件都包含在这里面,由于后面将使用图片将容器撑开,因此并没有给容器设置高度,所以出现一片空白,什么都没有。

添加背景图片通过 img 标签加载外部图片用作背景,由于无须对背景图片作任何操作,因此只列出其 HTML5 代码,代码如下:

```
HTML5:
<img src="pictrue/back.jpg"/>
CSS:未做样式设置;
```

另外,对 <body> 标签作下列代码中的样式设定,可实现当图片大小超出页面可显示大小时将越界部分裁剪删除,其代码如下:

```
body{overflow:hidden;}
```

通过 div 标签给界面添加标题,其 HTML5 代码和 CSS 代码如下:

```
HTML5:
<div id="Title">UDP 通信 HMI</div>
CSS:
#Title{
        width:100%;
        text-align:center;
```

```
        text-shadow:-1px -1px 1px #000; color:#fff;
        font-size:57px; z-index:2; top:0px;
        position:absolute;
}
```

网络接口图标,使用 div 标签作为图标的容器以放置3张图片,然后使用 <img/> 标签加载外部图片。其 HTML5 代码和 CSS 代码如下:

HTML5:

```
<div id="NetStatu">
<img src="pictrue/Net_0001.png" id="NetOFF"/>
<img src="pictrue/Net_Cartoon002.png" id="NetON_2"/>
<img src="pictrue/Net_Cartoon001.png" id="NetON_1"/>
</div>
```

CSS:

```
#NetStatu{
    width:65px; right:10px; top:20px; position:absolute;
}
#NetOFF{ position:absolute; }
#NetON_1{ display:none; position:absolute; }
#NetON_2{ display:none; position:absolute; }
```

背景完成后,其效果如图9.2所示。

图9.2　HTML 人机界面效果图

9.4.2　界面控件设计

通过 GPIO12,GPIO13 和 GPIO14 3个 IO 口控制按钮,使用 div 标签设计这些按钮(共3个),且它们的样式均相同,在此只介绍一个的制作过程,其 HTML5 代码和 CSS 代码如下:

HTML5:

```
<div class="Button" id="button_1" onclick="ButtonFun(2)">GPIO14</div>
<div class="Button" id="button_2" onclick="ButtonFun(0)">GPIO12</div>
<div class="Button" id="button_3" onclick="ButtonFun(1)">GPIO13</div>
```

```
CSS:
.Button{
    width:140px; height:60px; background:#06a; border-radius:4px; z-index:2;
    font-size:32px; line-height:60px;
    text-align:center; cursor:pointer;
    text-shadow:-1px -1px 1px #000; color:#fff;
    box-shadow:2px 2px 4px #000;
    position:absolute;
}
.Button:active{
    background:#09f;
    color:#0aa;
    text-shadow:-1px -1px 2px #0ff,1px 1px 2px #0ff;
    box-shadow:1px 1px 2px #000;
}
#button_1{
    left:2%; top:18%;
}
#button_2{
    left:2%; top:42%;
}
#button_3{
    left:2%; top:66%;
}
```

通过伪类“active”的应用实现按键的单击效果，按键的静态效果和单击效果如图 9.3 所示，通过单击按钮调用 JS 函数“ButtonFun(num)”，函数根据 num 的值发送对应的指令控制 Wi-Fi Pro 的端口 PGIO12 或 PGIO13 或 PGIO14。

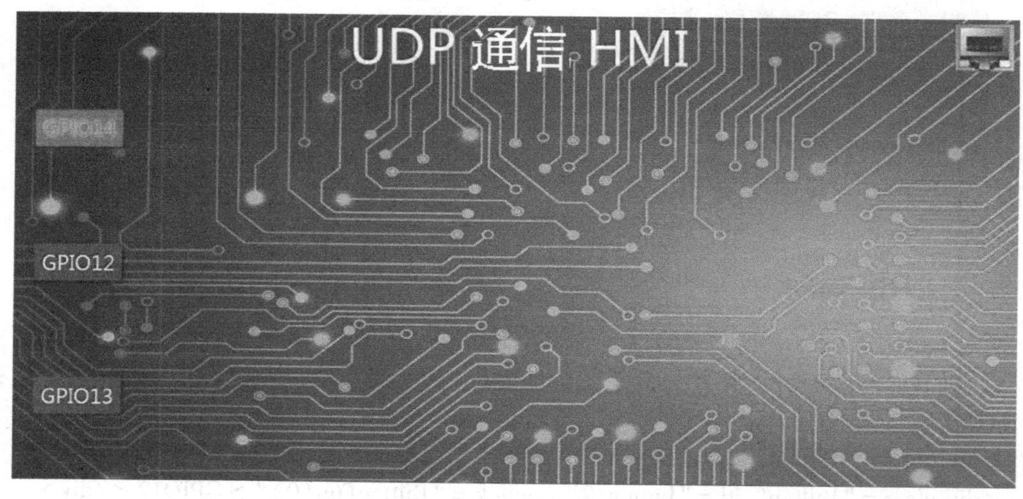

图 9.3　添加 Wi-Fi 控制按钮单击效果

IO口状态显示图标,使用img加载表示灯开、关状态的图片,其HTML5代码和CSS代码如下:

HTML5:

```
<divclass = "Light" id = "GPIO14" >
   <imgsrc = "pictrue/1_off. png" id = "GPIO14OFF"/ >
   <imgsrc = "pictrue/1_on. png" id = "GPIO14ON"/ >
</div >
      <divclass = "Light" id = "GPIO12" >
      <imgsrc = "pictrue/1_off. png" id = "GPIO12OFF"/ >
      <imgsrc = "pictrue/1_on. png" id = "GPIO12ON"/ >
</div >
      <divclass = "Light" id = "GPIO13" >
      <imgsrc = "pictrue/1_off. png" id = "GPIO13OFF"/ >
      <imgsrc = "pictrue/1_on. png" id = "GPIO13ON"/ >
</div >
```

CSS:

```
. Light{
      width:80px;
      position:absolute;
}
#GPIO14{
      top:16% ;
      left:30% ;
}
#GPIO14OFF{
      display:block;
      position:absolute;
}
#GPIO14ON{
      display:none;
      position:absolute;
}
#GPIO12{
      top:39.4% ;
      left:30% ;
}
#GPIO12OFF{
      display:block;
      position:absolute;
```

```
}
#GPIO12ON{
    display:none;
    position:absolute;
}
#GPIO13{
    top:63.5%;
    left:30%;
}
#GPIO13OFF{
    display:block;
    position:absolute;
}
#GPIO13ON{
    display:none;
    position:absolute;
}
```

其效果如图 9.4 所示,灯亮表示 Wi-Fi Pro 的 GPIO14 端口处于触发状态,灯灭表示 Wi-Fi Pro 的 GPIO12 端口处于关闭状态。

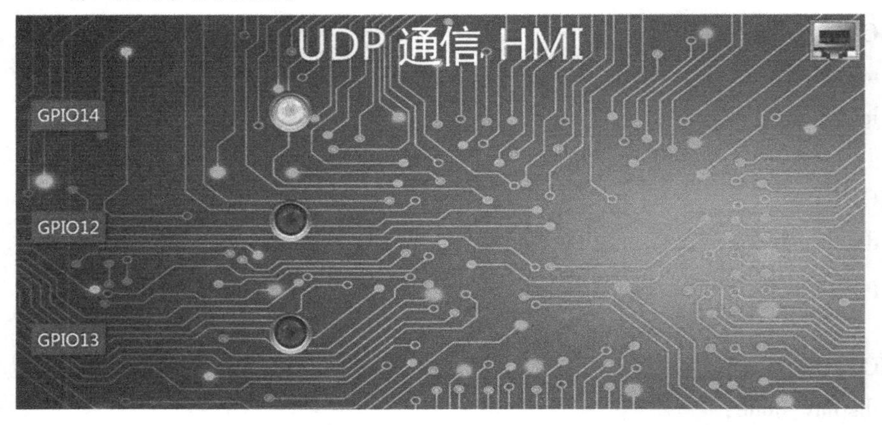

图 9.4 Wi-Fi Pro IO 状态显示图标

数据接收显示文本域用于显示网页接收到的来自 Wi-Fi Pro 或 HTML5-NET 模块的数据。其使用文本域标签 textarea 添加一个文本域,其 HTML5 代码和 CSS 代码如下:

HTML5:

```
<textareaid="Receive" placeholder="数据接收显示区域"></textarea>
```

CSS:

```
#Receive{
    width:45%;
    height:35%;
```

```
    z-index:2;
    top:20%;
    right:5%;
    position:absolute;
}
```

待发送数据输入文本域，输入待发送的数据。该控件使用文本域标签 textarea 添加一个文本域用于输入待发送数据，其 HTML5 代码和 CSS 代码如下：

HTML5：

```
<textarea id="Send" placeholder="待发送数据输入区域"></textarea>
```

CSS：

```
#Send{
    width:45%;
    height:15%;
    z-index:2;
    top:60%;
    right:5%;
    position:absolute;
}
```

文本域添加后其效果如图 9.5 所示。

图 9.5　添加文本域后界面效果

数据发送按钮用于确认数据的发送，当单击按钮后将会调用函数将待发送数据输入文本域内的文本加上回车换行符“\r\n”通过网络发送出去。

该组件使用 button 标签，这是系统自带的按键标签，拥有按键的基本样式，其 HTML5 代码和 CSS 代码如下：

HTML5：

```
<buttonid="SendBut" onclick="SendDataFun()">Send</button>
```

CSS：

```
#SendBut{
    font-size:20px;
    top:78%;
    right:5%;
    z-index:2;
    position:absolute;
}
```

UDP 通信中的复选框用于设定网页,将数据发送给 HTML5-NET 模块的下发模式。“复选框”勾选后,HTML5-NET 模块会将数据通过 UDP 模式发送给各从机;若“复选框”未勾选,则数据将通过 HTML5-NET 模块的串口发送给下位机。该组件使用 input 标签插入复选框,并用 div 将复选框和提示文本包含,该 HTML5 代码和 CSS 代码如下:

```
HTML5:
<div id="Checkbox_">
<input type="checkbox" id="Checkbox" value=""/> UDP
</div>
CSS:
#Checkbox_{
    color:#000;
    font-size:18px;
    top:78.3%;
    right:16%;
    z-index:2;
    position:absolute;
}
```

UDP 复选框和发送按钮添加后效果如图 9.6 所示。

图 9.6　UDP 复选框和发送按钮添加后效果

9.5　程序下载与运行结果

当代码下载和上传完毕后,便可看到系统已经开始运行目标功能,可以测试 UDP 通信功能,勾选“UDP”复选框之后,单击“GPIO12”“GPIO13”和“GPIO14”按钮,即可看到板卡上对应的 LED 灯会被点亮,同时数据接收文本框会有相应的数据显示。去掉“UDP”复选框,可以进行串口透传功能实验,将 ESP8266 的串口引脚条线接到板卡自带的“CH340 模块电路”,可以通过电脑的串口调试助手查看收发的数据。

应用篇

学完前面的知识就可以进行综合案例设计了，应用篇共有 5 个实例，涉及农业、安防、环保和医疗等多个领域，本篇注重系统整体的设计思想和设计方法。

第10章 户外PM2.5监测系统设计

PM2.5是造成雾霾的主要因素，国家要求对细颗粒物PM2.5进行实时监测，PM2.5的检测技术是当前的一个研究热点。本项目基于HTML5和STM32单片机项目了一种PM2.5监测系统。

本项目以STM32F103单片机为核心，最小系统由PM2.5传感器检测PM2.5含量、电源模块、A/D转换模块、Wi-Fi模块、HTML5-NET模块等组成。其中由PM2.5传感器检测周围空气的PM2.5浓度值，通过单片机进行数据处理，并把数据发送给HTML5-NET模块，再由在线监测平台通过Wi-Fi模块访问HTML5-NET模块特定的IP地址，进行数据的读取。

本项目设计的PM2.5监测系统能够对3个地点的PM2.5含量进行监测，同时系统可扩展多点的PM2.5监测，能够通过在线监测平台实时监测、存储、分析PM2.5含量，并且在PM2.5超标时进行预警。本设计的创新点在于基于HTML5技术实现跨Windows、Android、iOS和Linux等操作系统平台设计测控界面，且具有成本低、易携带、精度高等优点。

10.1 系统总体方案设计

10.1.1 功能设计

①对户外PM2.5监测系统进行软件、硬件的设计，能够实现户外多点PM2.5的远程实时监测、显示、储存和预警。

②基于HTML5技术设计终端管理平台，能够把监测数据远程传输到终端管理平台，并且基于数学模型能够对大气的PM2.5浓度进行预测。

③要求系统对PM2.5的含量监测精准、稳定性好、方便携带、成本低廉、人机交互简单。

10.1.2 系统架构

本项目系统架构分为两部分，具体如下：

①由单片机通过 PM2.5 检测模块进行户外 PM2.5 浓度多点实时检测，并进行数据处理，使得到的浓度更加可靠，最后通过单片机把检测到的数据通过 HTML5-NET 模块发送至在线监测平台。

②通过 HTML5 语言编写终端管理平台，由管理平台接收数据并进行处理使其正确显示，且拥有储存、预警等功能。

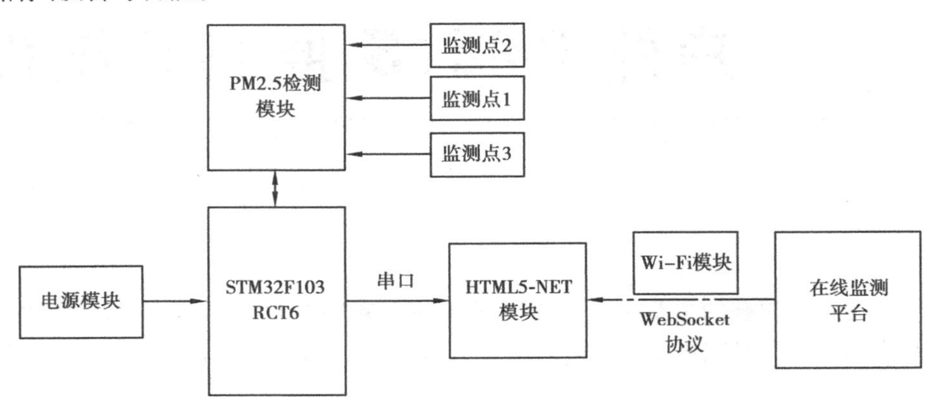

图 10.1 系统框架图

如图 10.1 所示，本项目由 STM32F103RCT6 单片机最小系统、PM2.5 传感器、电源模块、Wi-Fi模块、HTML5-NET 模块、在线监测平台等组成。其中检测模块与单片机通信、单片机与 HTML5-NET 模块通信是通过串口通信，在线平台通过连接 Wi-Fi 模块和 WebSocket 协议，访问 HETML5-NET 模块的 IP 地址来进行数据的读取。

10.2 传感器简介

PM2.5 传感器是一种基于光学传感原理的灰尘传感器，通常检测霾、雾、烟气、花粉等小颗粒物，最小检测直径 0.8μm 的粒子；具有耗电低、灵敏度高、小巧、稳定性高、寿命长等特点；内置的光电晶体管和红外线发光二极管成对角固定，以便其检测到反射光。其检测原理：检测气体通过其中心的孔洞，发光二极管发射光线，照射到孔洞中的粉尘时发生折射现象，光电晶体管采集折射光，转换为模拟电压，输出至单片机，再通过 A/D 转换得到稳定数字信号即浓度值，PM2.5 传感器实物图如图 10.2 所示。

图 10.2 PM2.5 传感器实物图

10.3　电路设计

PM2.5传感器内部结构图如图10.3所示,1引脚为VLED,2引脚为LED-GND,3引脚为PM_LED端口,接脉冲输入,4引脚为S-GND,5引脚为Vo,模拟量输出,6引脚为V_{cc}。工作方式为3引脚接单片机发出的脉冲电压信号,5引脚将经过处理转换得到的浓度值发出。

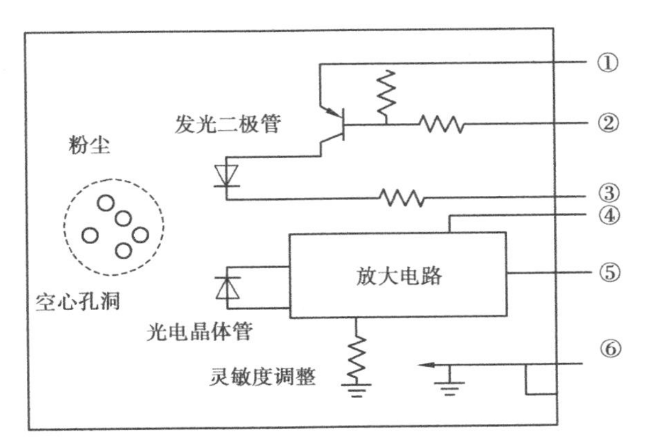

图10.3　PM2.5传感器内部结构图

本项目采用了3路PM2.5传感器进行数据采集,现以传感器1为例,VLED引脚接开发板电源输出模块中的5 V引脚,同理LED-GND引脚接电源输出模块的GND引脚,此时传感器通电开始工作,LED引脚接单片机中的PB0引脚,由单片机输出脉冲电压信号,S-GND引脚接地,Vo引脚接PA0,由传感器输出,V_{CC}引脚接5 V电源。为了使得到的浓度值更加稳定,在1引脚V-LED处接150 Ω电阻和220 μF电容各一个,3路PM2.5传感器的原理图如图10.4所示。

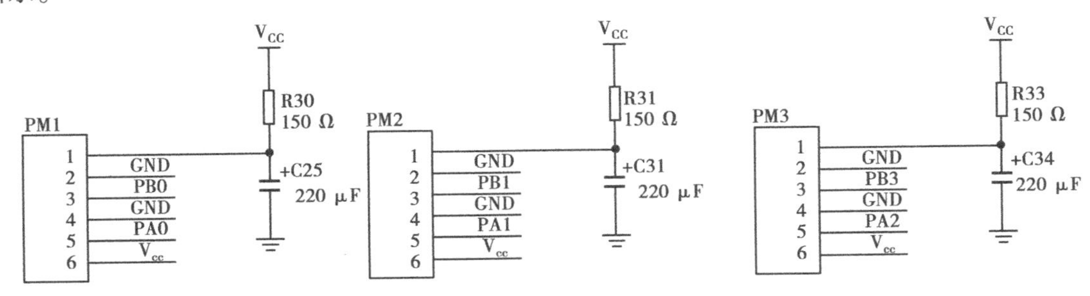

图10.4　PM2.5传感器电路原理图

传感器与单片机接线方式见表10.1。

表 10.1 单片机与传感器接线方式

序号	传感器	单片机
1	VLED	5 V
2	LED-GND	GND
3	PM_LED	PB0
4	S-GND	GND
5	Vo	PA0
6	V_{CC}	5V

10.4 下位机程序设计

下位机程序主要是通过 A/D 对多路 PM2.5 浓度进行检测以及转换，再通过数据处理后把稳定的数据通过串口发送至 HTML5-NET 模块，其程序流程图如图 10.5 所示。

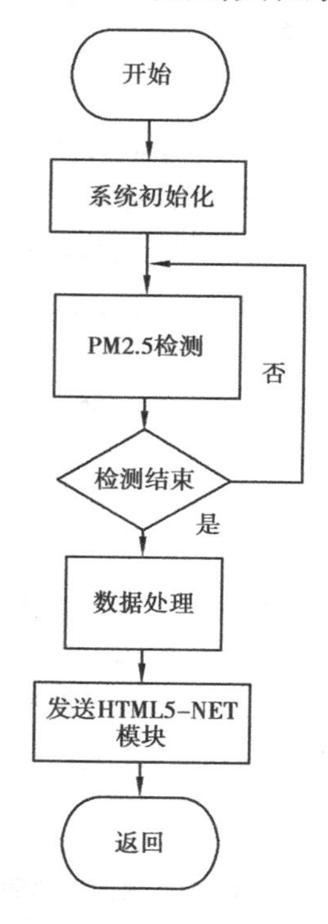

图 10.5 程序流程图

10.4.1 初始化程序设计

初始化部分包括延时函数初始化、串口初始化、ADC 初始化、GPIO 引脚初始化等部分。

①引脚初始化程序

```
//PA0、PA1、PA2 作为模拟通道输入引脚
G_InitStructure.GPIO_Pin = GPIO_Pin_0|GPIO_Pin_1|GPIO_Pin_3;
G_InitStructure.GPIO_Mode = GPIO_Mode_AIN; //模拟输入引脚
GPIO_Init(GPIOA, &G_InitStructure);
```

②延时函数初始化程序如图 10.6 所示。

```
void delay_init()
{
#if SYSTEM_SUPPORT_OS                          //如果需要支持OS.
    u32 reload;
#endif
    SysTick_CLKSourceConfig(SysTick_CLKSource_HCLK_Div8); //选择外部时钟  HCLK/8
    fac_us=SystemCoreClock/8000000;              //为系统时钟的1/8
#if SYSTEM_SUPPORT_OS                          //如果需要支持OS.
    reload=SystemCoreClock/8000000;              //每秒钟的计数次数 单位为M
    reload*=1000000/delay_ostickspersec;          //根据delay_ostickspersec设定溢出时间
                                   //reload为24位寄存器,最大值:16777216,在72M下,约合1.86 s左右
    fac_ms=1000/delay_ostickspersec;             //代表OS可以延时的最少单位

    SysTick->CTRL|=SysTick_CTRL_TICKINT_Msk;      //开启SYSTICK中断
    SysTick->LOAD=reload;                        //每1/delay_ostickspersec s 中断一次
    SysTick->CTRL|=SysTick_CTRL_ENABLE_Msk;       //开启SYSTICK

#else
    fac_ms=(u16)fac_us*1000;                     //非OS下,代表每个ms需要的systick时钟数
#endif
}
```

图 10.6　延时函数初始化程序

③ADC 初始化程序为 void Adc_Init(void),可通过此函数来进行使能、分频因子设置、输入输出设置等具体功能设置,详见附录。

④串口初始化程序为 void uart_init(u32 bound),可通过此函数进行 TXD、RXD 引脚设置、优先级设置、校验方式设置等。详情可见附录。

10.4.2　PM2.5 检测程序设计

通过引脚输出高低脉冲,控制光电二极管进行浓度检测,最后带入电压与浓度关系公式计算出具体浓度。

```
void GetGP2Y(void)
{
    GP2Y_Low;
    delay_us(280);
    AD_PM = Get_Adc(ADC_Channel_0);    //PA0
    delay_us(40);
    GP2Y_High;
    delay_us(9680);
    pm = (0.17 * AD_PM-0.1)/3.7;       //电压-灰尘转换
}
```

10.4.3　数据处理程序设计

单片机接收的是由传感器接收的模拟量,已知 STM32F103RCT6 芯片的 AD 为 12 位,且

电压为 5 V,即可得到输出电压计算公式(10.1)。

$$U_0 = A_1 * (5/4\ 096) \tag{10.1}$$

通过上式可计算出输出电压,由结果查阅资料可知,传感器的输出电压与浓度值成线性关系,其输出曲线关系如图 10.7 所示,可以得到公式(10.2)。

$$\rho_{\text{Dust Density}} = 0.17 * U_0 - 0.1 \tag{10.2}$$

从图 10.7 中可看出浓度在 0 ~ 0.5 mg/m^3 范围内曲线成线性变化,输出电压取值在 0 ~ 3.5 V内。

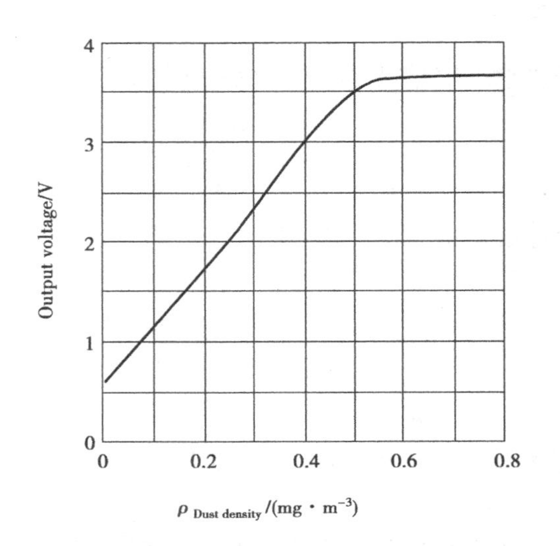

图 10.7　输出电压与浓度曲线关系图

为了使数据更加稳定可靠,采用数字滤波方法进行数据处理,常用的数字滤波算法有:

①中位值滤波

连续多次取样,按从大到小的顺序排列,取中间值。

②限幅滤波法

确定两次采样允许的最大偏差值 X,每次检测到新的数据时,与上次数据对比,两者之差 > X 时,本次数据无效,反之,有效。

③算术平均滤波

连续取多个数据,求平均值。

前两个方法不适用于浓度值的突变,会使数据失效,无法正常的显示在网页上,有违本项目的初衷——实时监测数据。因此选择算术平均滤波,此方法简单有效。

使用实例如下,其中 times 为取值次数,利用 C 语言的 for 循环使所有数据相加,最后再除以 times(次数),求得稳定的数据。

```
u16 Get_Adc_Average(u8 ch,u8 times)
{
    u32 temp_val=0;
    u8 t;
  for(t=0;t<times;t++)
  {
```

```
        temp_val + = Get_Adc(ch);
        delay_ms(5);
    }
    return temp_val/times;    // temp_val 为多次数据总和,times 为取值次数
}
```

10.5　上位机后端程序设计

10.5.1　通信程序

WebSocket 是 HTML5 Web 网页与单片机的通信枢纽。WebSocket 通信程序需提前设置好 HTML5-NET(服务器)IP 地址和端口,本系统为 192.168.1.254:5002,然后判断是否接收成功,如成功则运行数据接收函数,接收步骤为建立数据流对象→将数据流解析为文本。接着运行数据提取函数,因为接收的数据是多点的 PM2.5 浓度值,需要把其提取并分开显示,提取函数原理:把数据看作字符串,设置好提取位置和提取位数。如现要提取第一个点的监测数据,则从第0位开始,提取6位数据。最后进行显示,如果其间连接断开,则会进行数据重连。WebSocket 通信程序流程图如图10.8所示。

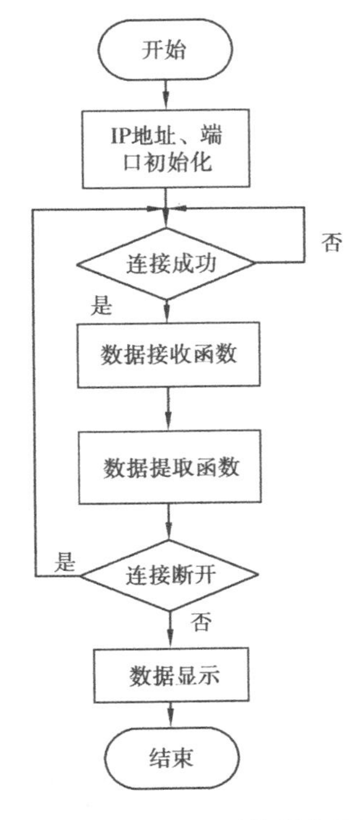

图10.8　WebSocket 通信程序流程图

10.5.2 连接程序

连接程序需要定义连接函数，在连接函数中设置服务器 IP 地址和端口，IP 地址初始化为 192.168.1.254，本设计并未更改，直接使用即可，端口为 5002，HTML5-NET 共有 4 个端口，端口介绍见表 10.2。

表 10.2 HTML5-NET 端口简介

端口号	简介
5000	参数设置页面 Web 服务器端口
5001	HTML5-UDP 服务器端口
5002	HTML5-Uart 服务器端口
5003	摄像机服务器端口

从表 10.2 可知，Uart 服务器端口为 5002，直接调用即可；然后创建 WebSocket 对象，在分别定义连接成功、连接断开、数据接收调用函数。此外还有数据返回函数，连接函数代码如图 10.9 所示。

```
function SocketConnect()     //websocket 连接函数
{
   var Uri1="ws://192.168.1.254:5002";

   if(!("WebSocket" in window))
   {
       window.alert("提示:该浏览器不支持HTML5，建议选择Google，FireFox浏览器！");
       return;
   }
   try
   {
       websocket1           = new WebSocket(Uri1);//创建websocket对象
       websocket1.onopen    = function (evt) { websocket1_Open(evt)   };// 定义Websocket连接成功函数
       websocket1.onclose   = function (evt) { websocket1_Close(evt) };//定义Websocket连接断开函数
       websocket1.onmessage = function (evt) { websocket1_Message(evt)}; //定义数据接收调用函数
   }
   catch (err){window.alert("提示：连接错误，请重新连接！");}
}
```

图 10.9 连接函数代码

10.5.3 提示程序

提示程序的功能：在连接成功和断开时分别进行调用，在网页上显示连接成功、断开并进行数据清零，对使用者进行提醒，起告知当前状态的作用，提示程序代码如图 10.10 所示。

```
function websocket1_Open(evt)
{
   recdata="网络连接成功\r\n";
   document.getElementById("receive").value=recdata;
   dataline=0;
}
//-------------------------------------------------------------
function websocket1_Close(evt)
{
   recdata="网络断开\r\n";
   document.getElementById("receive").value=recdata;
   dataline=0;
}
//-------------------------------------------------------------
```

图 10.10 提示程序代码

10.5.4　数据处理程序

在接收到数据后进行数据调用，在MDK程序中，通过串口发送的是字符串数据，需要将其进行解析为文本格式，然后对字符串进行提取，提取方式为使用substr(start,length)，start：抽取数据的起始位置，length：所抽取数据的长度，程序代码如图10.11所示。

```
//-----------------------------------------------------------
function websocket_Message(evt)//接收到来自网络的数据
{
   var str=evt.data;
   onReceive_str(str);
}

function onReceive_str(blob){//字符串 数据接收处理函数
    var str;
    var reader = new FileReader();
    reader.readAsText(blob,'utf-8');//将数据流解析成文本
    reader.onload = function(evt){
        str=reader.result;//获取字符串时使用

        console.log(12);
        var Num1=str.substr(0,6);
        var Num2=str.substr(13,5);
        var Num3=str.substr(26,5);

            document.getElementById("Temp1").innerHTML=Num1+"ug/m3";
            document.getElementById("Temp2").innerHTML=Num2+"ug/m3";
            document.getElementById("Temp3").innerHTML=Num3+"ug/m3";
        };
```

图10.11　数据处理程序代码

10.6　上位机前端HTML5界面设计

本项目的HTML5网页界面主要分为以下5个部分。

①标题

标题一般使用<h1>-<h6>标签定义，1～6为大小不同，1最大，6最小。在程序中输入：<h1>PM2.5在线监测系统</h1>，其效果图如图10.12所示。

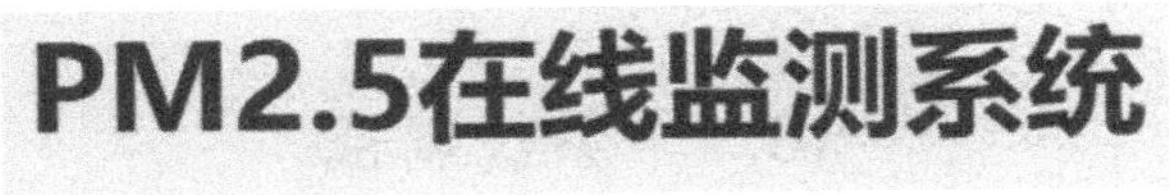

PM2.5在线监测系统

图10.12　标题效果图

②表格

表格是一种规范的数据表现形式，当需要显示的数据较多时，使用表格无疑是一种较为合适的办法。而HTML5中<table>标签则符合需要，其使用方法如下，显示效果如图10.13所示。

```
<table >
    <tr>
    <td>第一行</td>
```

```
    <td >第一行第一列</td>
</tr>
<tr>
    <td >第二行第二列</td>
    <td >第二行第二列</td>
</tr>
</table>
```

第一行第一列	第一行第二列
第二行第二列	第二行第二列

图 10.13　表格效果图

③图片

一个网页不能单独地显示文字和数字,一些图片背景的修饰也是必不可少的。在 HTML 5 中 img 标签就可以用于图片的插入。使用格式为: < img src = ./1 png >,显示效果如图 10.14所示。

图 10.14　插入图片效果图

在有了文字和图片后,还需要设置样式,包括位置、长宽、大小、居中、对齐、悬浮等属性,必须对 HTML5 语言有较高的熟练度,才能较为顺利地进行网页设计。

10.7　系统调试

系统分为硬件和软件两部分调试。

10.7.1　硬件调试

硬件调试分为单传感器调试和多点检测调试,两者的区别仅在于多了两个监测点。线路连接方法已在“PM2.5 传感器与单片机接线”介绍,按表 10.1 进行连接即可,而多点调试时出现一个问题,传感器所需电压过大,如果调试时连接 3 个传感器则不能进行程序下载,只能提前下载好程序再进行传感器连接。

测试时间:2019.5.13/10:06:00

测试地点:重庆科技学院I栋510实验室

测试内容:检测510室内的PM2.5浓度值

测试结果如图10.15所示,并在绿色呼吸网站查询了学校附近的PM2.5浓度值，通过图10.15、图10.16可分析出,绿色呼吸网站上虎溪地区的PM2.5浓度约为35 $\mu g/m^3$,而传感器测量数据为39～40 $\mu g/m^3$,且考虑510实验室靠近马路,PM2.5浓度值会略高,基本认定硬件调试成功。

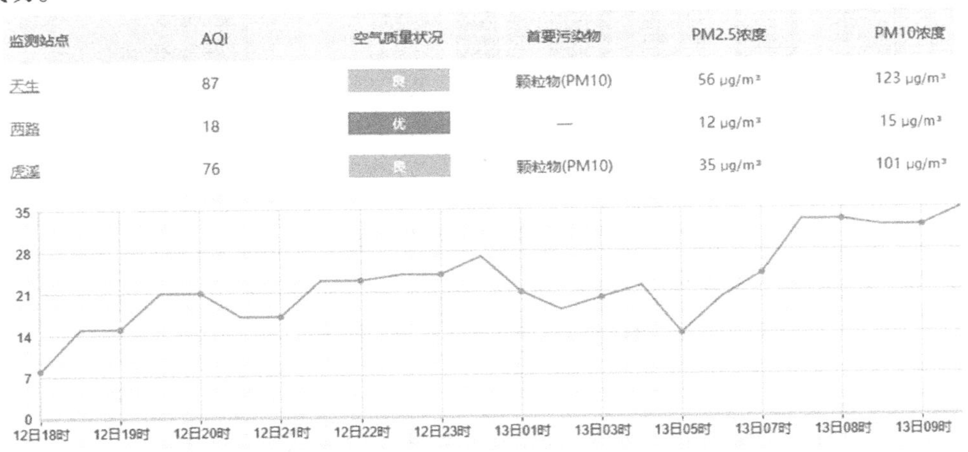

监测站点	AQI	空气质量状况	首要污染物	PM2.5浓度	PM10浓度
天生	87	良	颗粒物(PM10)	56 μg/m³	123 μg/m³
西路	18	优	—	12 μg/m³	15 μg/m³
虎溪	76	良	颗粒物(PM10)	35 μg/m³	101 μg/m³

图10.15　“绿色呼吸”网站虎溪地区PM2.5浓度值

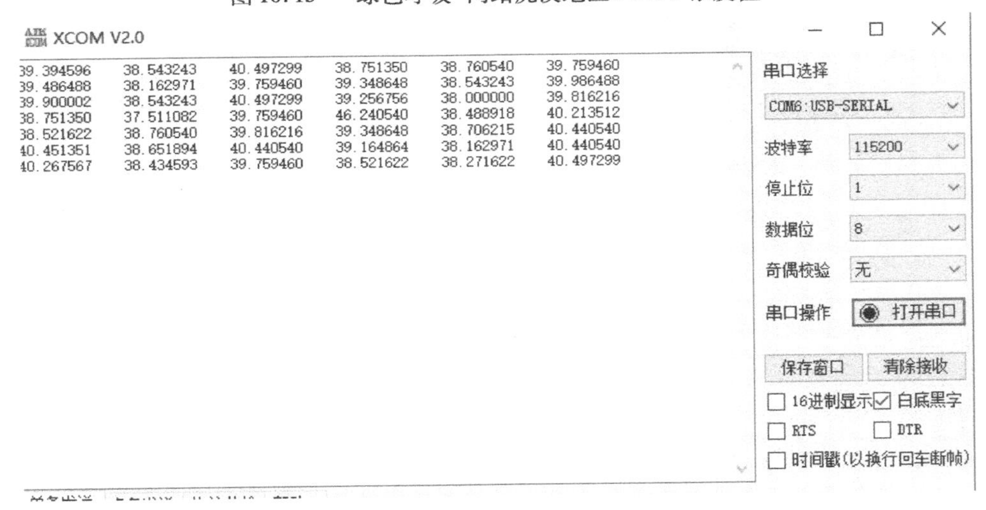

XCOM V2.0

39.394596	38.543243	40.497299	38.751350	38.760540	39.759460
39.486488	38.162971	39.759460	39.348648	38.543243	39.986488
39.900002	38.543243	40.497299	39.256756	38.000000	39.816216
38.751350	37.511082	39.759460	46.240540	38.488918	40.213512
38.521622	38.760540	39.816216	39.348648	38.706215	40.440540
40.451351	38.651894	40.440540	39.164864	38.162971	40.440540
40.267567	38.434593	39.759460	38.521622	38.271622	40.497299

图10.16　串口接收数据

10.7.2　软件调试

通过把串口调试助手接收的数据与网页上的显示数据进行比较,结果如图10.17和图10.18所示,可以看见两者数据基本一致,数据传送正常,软件调试成功。

站点	监测点1	监测点2	监测点3
实时浓度	39.210 μg/m³	37.94 μg/m³	40.49 μg/m³

图 10.17　监控平台接收数据显示

```
38.935135   37.674053   40.327026   39.027027   38.760540   40.440540
38.889191   38.000000   39.986488   39.762161   38.108650   40.497299
38.843243   38.380272   39.872974   40.037838   38.000000   39.929729
39.348648   38.651894   39.759460   39.394596   38.597569   40.837837
39.072971   38.217297   40.156757   39.440540   38.325947   40.270271
38.751350   37.945675   40.327026   39.578377   38.217297   39.645947
40.129730   37.891350   40.043243   38.613514   38.760540   39.872974
39.532433   38.325947   39.986488   38.659458   37.782703   40.610809
39.762161   38.706215   41.121620   38.843243   38.706215   39.872974
38.935135   37.511082   40.099998   38.843243   38.760540   39.816216
39.210812   38.380272   40.383785   38.521622   38.543243   40.497299
38.981083   38.488918   39.872974   38.797298   38.054325   39.872974
39.256756   38.488918   40.327026   39.532433   37.728378   40.610809
```

串口选择　COM6:USB-SERIAL
波特率　115200
停止位　1
数据位　8

图 10.18　串口接收数据

10.8　项目成果展示

系统上位机界面如图 10.19 所示,系统实物图如图 10.20 所示。

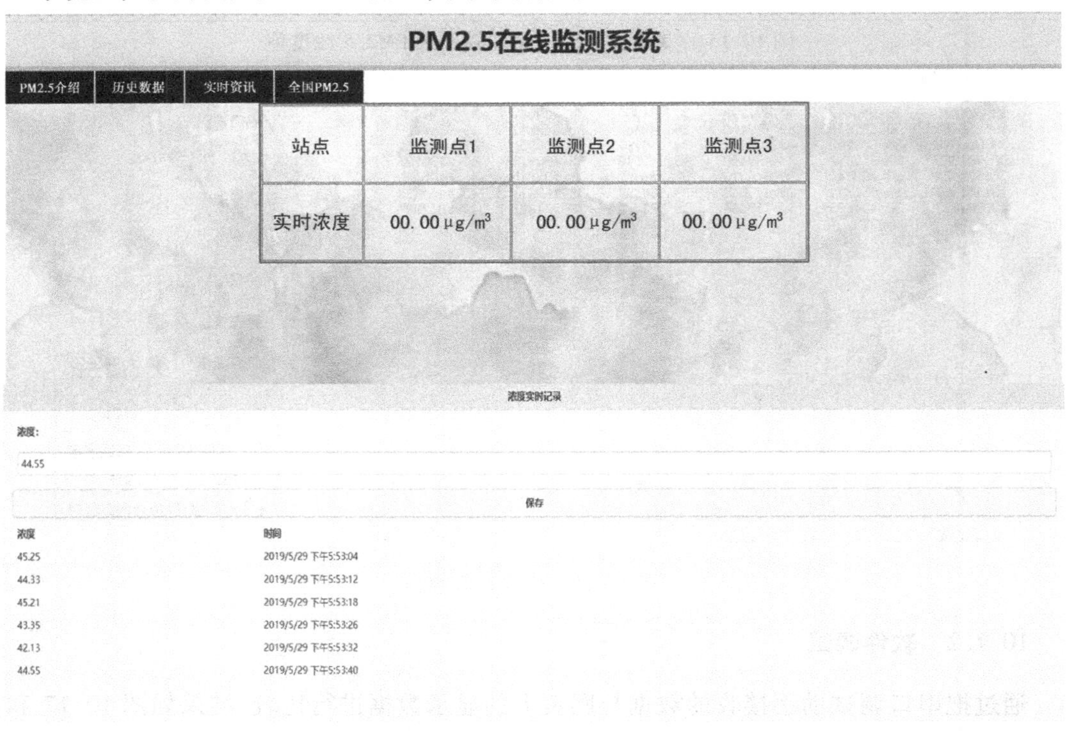

图 10.19　系统上位机界面

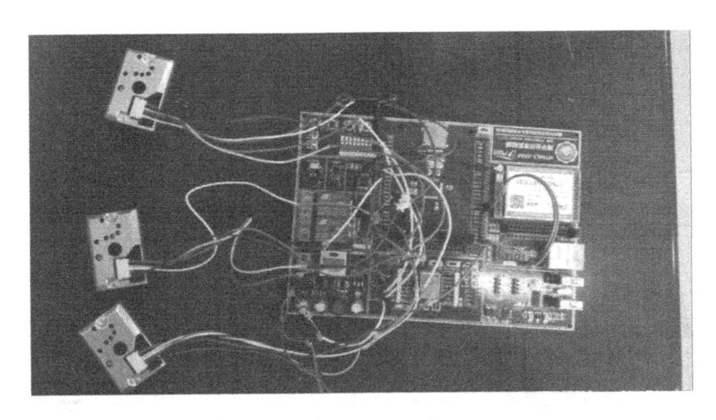

图10.20　系统实物图

第 11 章 智能火灾预警与防盗监控系统设计

本项目要求监测室内人体红外信息、烟雾值,并传送到单片机,由单片机做出分析,当这些收集的参量超过设定值时进行声光报警以提醒人们,同时发送相应指令信息给 HTML5 模块,使其发送数据到网页上,人们通过手机或电脑可以查看信息,这样就建立了一个以单片机为核心的智能防火防盗监测控制系统。

本项目需要解决 4 个技术难题:

①怎样实现人体红外、烟雾状况的随时检测。

②怎样在每个独立的被测量超标时,分别进行报警并且不冲突。

③怎样将各个模块结合起来协调工作。

④怎样设计上位机界面。

11.1 系统总体方案设计

本项目以 STM32 单片机为控制的核心,利用人体红外传感器、烟雾传感器等,实现对室内的各项参数进行多点实时监测,并实时将测得的数据发送到单片机中进行比较分析。如果所得数据超过设定值则发出报警,并通过 HTML5 模块发送信息到网页中。本次设计供电属于独立的电源模块供电,标准为 5 V,满足各个传感器和单片机的需求,设计系统的结构框图如图 11.1 所示。

如图 11.1 所示,系统可以简单地分为以下几个模块:外接电源模块为系统中的芯片供电;传感器用 MQ-2 烟雾传感器、HC-SR501 人体红外传感器;单片机选用 STM32F103RCT6,是本次设计的核心;通信模块选用 HTML5Wi-Fi 通信模块;报警模块比较简单,用蜂鸣器实现。

HC-SR501 人体红外感应模块传感器、MQ-2 烟雾传感器能够把随环境变化而变化的非电量信号转化为电量参数信号,并将其输入单片机。

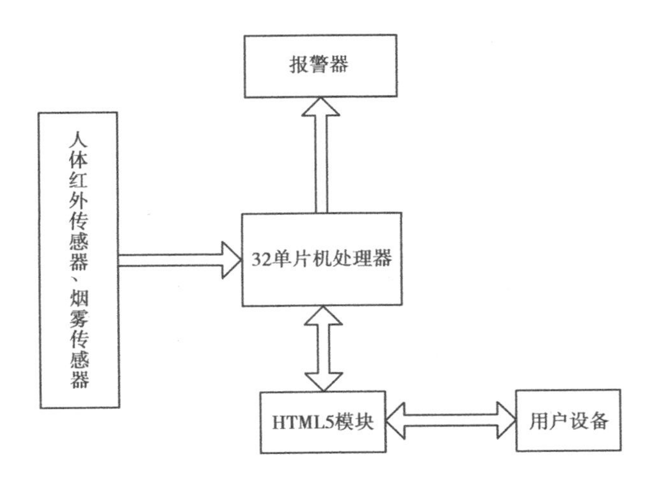

图 11.1　系统结构框图

通信模块选用 HTML5 模块,能够把家庭中的危险情况发送到网页上。单片机从各个传感器上获得参数经分析处理过后,对这些参数进行比较,如果超出了限定的数值,则发出指令控制声光报警系统报警,报警的同时命令 HTML 与模块发送信息到网页上。

11.2　传感器简介

11.2.1　热释电人体检测传感器

HC-SR501 是基于红外线技术的自动控制模块,采用德国原装进口 LHI778 探头设计,灵敏度高,可靠性强,超低电压工作模式,广泛应用于各类自动感应电器设备,它还是干电池供电的自动控制产品。其具体参数见表 11.1,实物图如图 11.2 所示,电路图如图 11.3 所示。

表 11.1　人体红外检测传感器参数

产品型号	HC-SR501
工作电压范围	4.5 ~ 20 V
静态电流	<50 μA
电平输出	高 3.3 V/低 0 V
触发方式	L 不可重复触发/H 重复触发
延时时间	0.5 ~ 200 s(可调)可制作范围零点几秒 ~ 几十分
封锁时间	2.5 s(默认)可制作范围零点几秒 ~ 几十秒
电路板外形尺寸	32 mm × 24 mm
感应角度	<100°
工作温度	-15 ~ +70 ℃
感应透镜尺寸	直径:23 mm(默认)

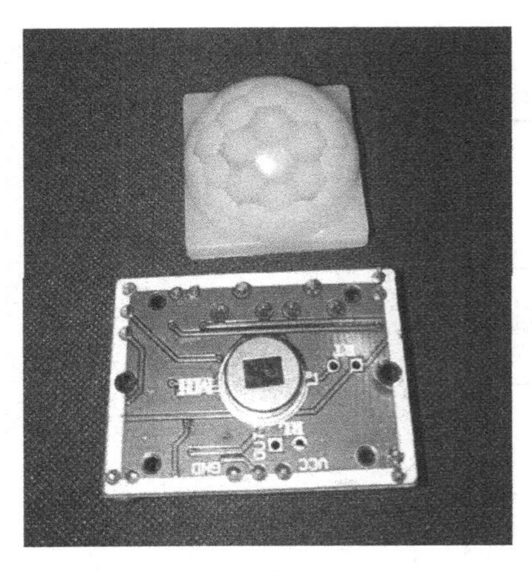

图 11.2　人体红外检测传感器实物图

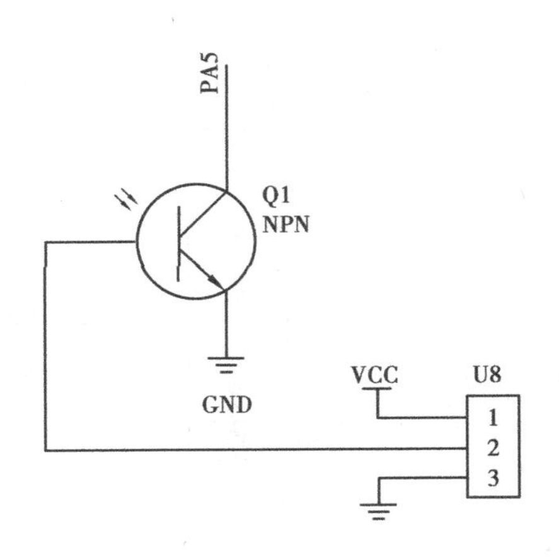

图 11.3　人体红外检测传感器电路图

11.2.2　MQ-2 烟雾传感器

在家庭智能报警系统的设计中,需要能够对室内火灾进行检测,根据室内火灾产生烟雾的特性可以对室内烟雾浓度进行检测。当室内烟雾达到一定浓度时可以认为发生了火灾情况,这时烟雾传感器会产生火灾报警信号,通知人们发生火灾。

烟雾传感器就是利用实时探测空气中的烟雾粒子的类型和浓度,来进行防止火灾发生的,该烟感传感器采用的是离子式的传感器,离子式的烟雾传感器相比其他的传感器来说,是比较先进的,而且运行时较为可靠,因此在很多的报警系统中得到了普遍应用,其性能也是比其他同类的传感器要好得多。它的内电离室和外电离室中都放有放射源镅 241,每次电离的时候,产生的电离子有正有负,在电场的作用下各自向正电极或是负电极方向移动。正常的情况下,内电离室和外电离室的电流、电压是相对平衡稳定的。但是每当有烟雾开始移动离开外电离室的时候,它就扰乱了电粒子正常流动,内外平衡打破,电流电压产生变化,然后就会发送信号,提示火灾信息。

烟雾传感器 MQ-2 在输出信号的时候会有指示灯显示,拥有两路信号输出即模拟量输出及 TTL 电平输出。TTL 输出有效信号为低电平(当输出低电平时信号灯亮,可直接接单片机),模拟量输出 0 ~5 V 电压,浓度越高电压越高。对液化气、天然气、城市煤气有较好的灵敏度,具有长期的使用寿命和可靠的稳定性,快速地响应恢复特性,烟雾传感器电路原理图如图 11.4 所示。

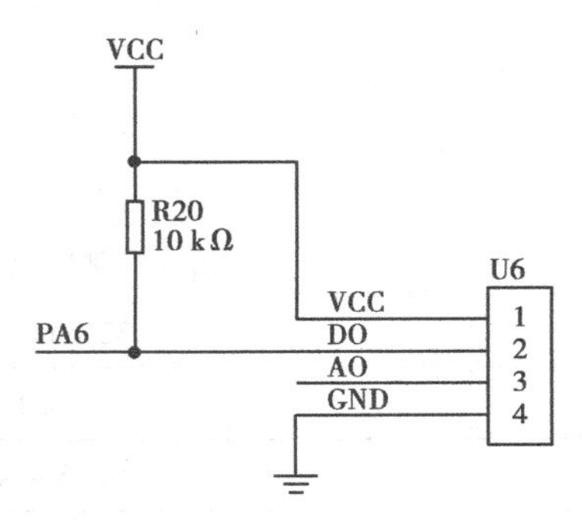

图 11.4　烟雾传感器电路原理图

11.3　硬件设计

11.3.1　继电器模块

继电器模块在本设计中起着控制家用电器的重要作用，由 1 个反相器、1 个 ULN2803、8 个 NPN 达林顿晶体管和一些 LED 显示电路组成，电路原理图如图 11.5 所示，引出 4 个排针进行信号输入，反相器接 3.3 V 电压供电。当给反相器供电时，继电器处于关闭状态，当给反相器输入一个低电平时继电器工作。这样就可以通过单片机来控制外接设备，起到电子开关的作用。

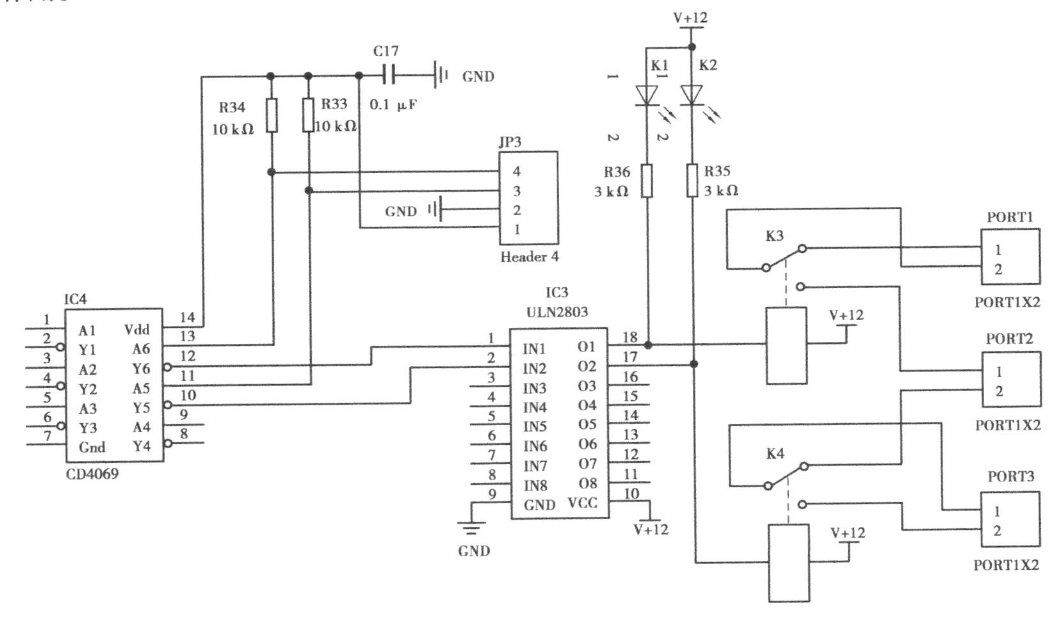

图 11.5　继电器电路原理图

11.3.2　蜂鸣器模块

本项目是基于单片机的，都是在弱电的工作环境下，所以选择使用蜂鸣器。蜂鸣器是通过控制继电器来控制的，当信号发生变化并进入电路时，单片机给一个低电平控制继电器，继电器相当于一个开关，接通蜂鸣器就会工作并发出声音，这样就可以实现声音报警了，电路原理图如图 11.6 所示。

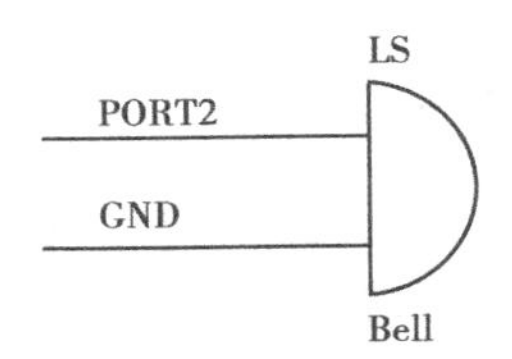

图 11.6　蜂鸣器电路原理图

11.4　STM32 单片机程序设计

11.4.1　STM32 单片机主程序设计

主程序包括单片机初始化、人体红外采集模块初始化和烟雾模块初始化，当程序初始化进行完毕后，要采集温度和烟雾，与此同时，单片机对采集到的参数进行分析处理，判断这些数据是否超出了预设值，如果采集的数据超出预设值则调用声光报警模块，同时调用 HTML5 模块，发送警报信息到网页上。STM32 单片机主程序流程图如图 11.7 所示。

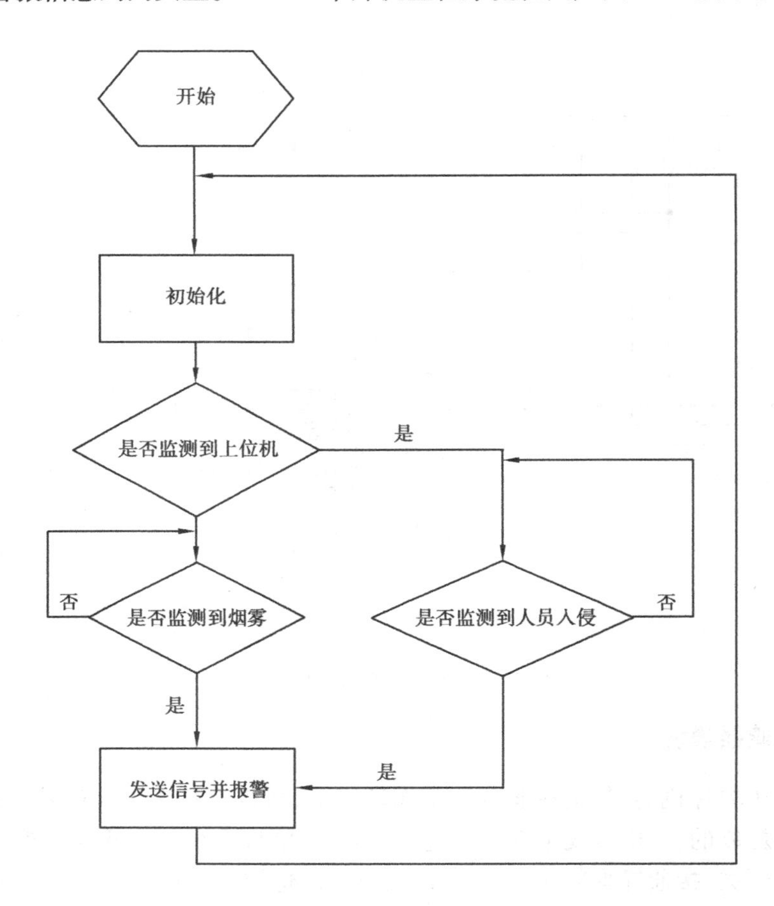

图 11.7　STM32 单片机主程序流程图

11.4.2　热释电人体检测程序设计

防盗检测是通过热释电红外传感器检测实现的。如果通过热释红外传感器检测到有人体活动则会判断为有盗情出现，会触发报警信号，就能实现防盗报警，其程序流程图如图 11.8 所示。

11.4.3　MQ-2 烟雾采集程序设计

MQ-2 烟雾传感器属于半导体电阻式传感器。如果它长时间没有使用,没有通电,再次使用的时候,这个烟雾传感器不能马上正常地工作,不能正常地采集空气中的烟雾数据,所以这款烟雾传感器需要提前 1 ~2 min 进行预热。当预热结束后进行程序初始化,初始化结束后,这个模块才能正常进行工作。

烟雾传感器采集到的烟雾数据有相对应的电压信号,但是这个电压信号是很小的,所以需要进行放大处理,经转换放大后的信息发送到单片机内,进行 A/D 转换处理,然后再进行数据对比处理,判断采集到的烟雾数值是否超过设定的报警数值,如果超出了设定的报警数值,则进行声光报警,同时进行发送火灾报警信息。但是烟雾的采集不中断,一直持续采集,监测程序流程如图 11.9 所示。

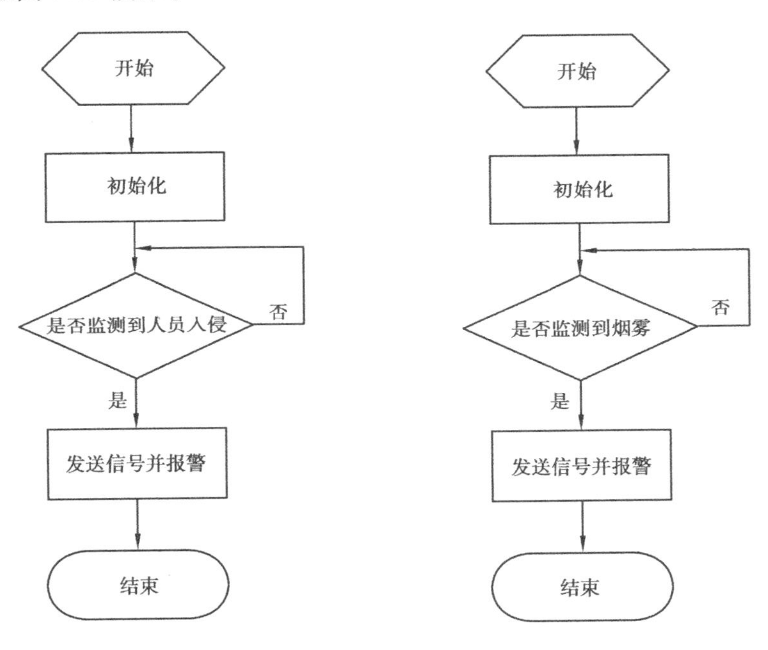

图 11.8　人体红外监测程序流程图　　图 11.9　烟雾监测程序流程图

11.5　HTML5 通信程序及界面设计

HTML5 与 HTML for ARM 通信依然采用 WebSocket 协议。当 HTML5 网页连上网络之后,就可以进行通信了。HTML5 网页接收到来自 HTML5-NET 模块的处理信息,将数据解析成文本,函数如下所述:

```
function websocket1_Message(evt)//接收到来自网络的数据
{
    var blob = evt.data;
    var reader = new FileReader();
```

```
        reader.readAsText(blob, 'utf-8');//将数据流解析成文本
        reader.onload = function (e)
        {
          var str = reader.result;//获取字符串时使用
          ShowMessage(str);
        }
    }
```

当接收到数据之后,HTML5 网络界面也可以发送数据给 HTML5-NET 模块,进行通信。

```
function Send()
{
    try
    {
        websocket1.send('1\r\n');
    }
    catch (err){window.alert("提示:数据发送错误,请重新发送!");}
}
function Send1()
{
    try
    {
        websocket1.send('2\r\n');
    }
    catch (err){window.alert("提示:数据发送错误,请重新发送!");}
}
function Send2()
{
    try
    {
        websocket1.send('3\r\n');
    }
    catch (err){window.alert("提示:数据发送错误,请重新发送!");}
}
function Send3()
{
    try
    {
        websocket1.send('4\r\n');
    }
    catch (err){window.alert("提示:数据发送错误,请重新发送!");}
```

```
}
```

发送的 4 个数字“1、2、3、4”分别控制按钮，每一个按钮拥有不同的功能。Send( )对应的是打开电源，Send1( )对应的是关闭电源，Send2( )对应的是防盗开，Send3( )对应的是防盗关。如果发送数据的时候出现了发送失败的情况，则在现实界面上会提示“数据发送错误，请重新发送！”字样。

之后进行显示程序的编写，将所有的信息显示到界面窗口之中。函数如下：

```
function ShowMessage(str)
{
    var msgbox = document.getElementById("receive");
    recdata = recdata + str;
    dataline + + ;
    msgbox.value = recdata;
if(dataline >10)
{
    dataline =0;
    recdata = "";
}
}
```

HTML5 网页设计效果如图 11.10 所示。

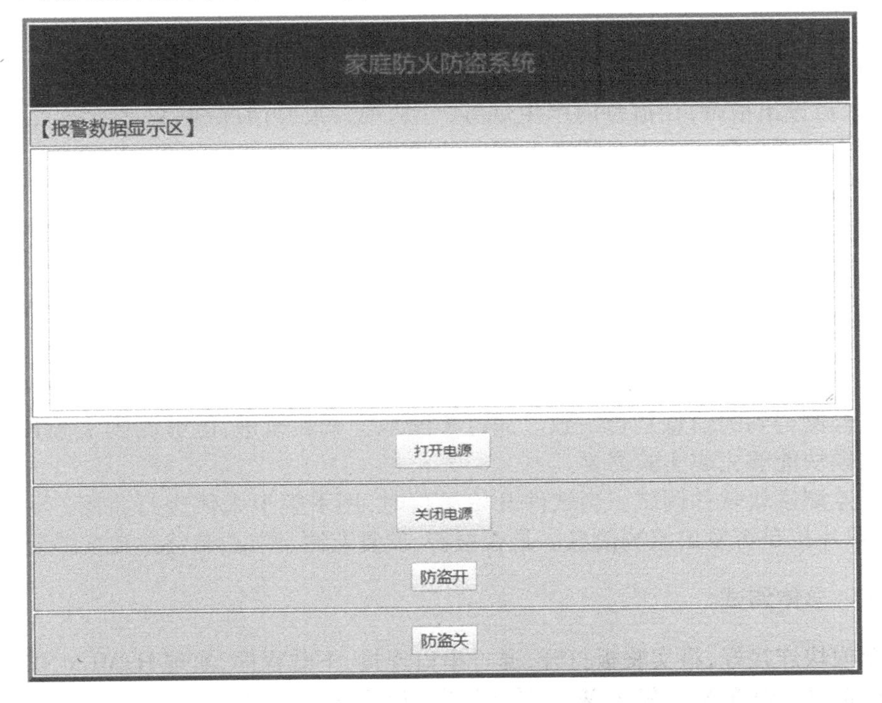

图 11.10　家庭防火防盗系统 HTML5 界面图

11.6　系统调试

11.6.1　硬件调试

家庭智能报警系统在工作时有多个传感器模块在运行，并将采集的数据发送给单片机来进行判断，所以硬件测试主要验证各传感器模块能否采集到信号和能否将数据发送给单片机。

①烟雾传感器模块。烟雾传感器用于实时监测房间中的烟雾浓度，如果达到临界值则输出高电平给单片机。在测试过程中通过人工产生烟雾观察烟雾报警器能否产生高电平信号，通过多次测试烟雾传感器工作正常。

②热释电人体监测模块。热释红外模块能够监测到运动的人体并将其转换为电平信号发送给单片机。通过测试，人体的有无监测也能够正常工作。

③HTML5-NET 模块。HTML5-NET 模块是否能够正常工作，能否发出局域网。经过测试，该模块能够正常使用。

④继电器模块。通过通电监测，继电器模块正常。

⑤蜂鸣器。通电后能正常发声。

11.6.2　软件调试

软件调试主要测试单片机能否正常接收各个传感器传来的数据信号，单片机采集到的数据能否通过无线模块正常传输工作，网页能否正常显示信息。进行测试时，将单片机安置在屋内，通过人员进出宿舍，在宿舍内产生烟雾，分别观察报警情况、网页显示情况。室内的信号异常时能否正常报警。下面介绍几个部分的调试：

①烟雾传感器软件调试。按照原理图连接好电路，下载并运行写好的程序，用打火机对着烟雾传感器入口喷汽，看数据变化是否正常，当数据达到报警要求时，声光报警能否被正常触发并完成报警，通过多次试验，最终使烟雾的软件部分能够正常工作。

②无线传输的软件调试。先是让无线模块与单片机正确连接，然后通过串口调试，看能否完成数据的收发，对无线传输模块能够正常数据传输后，再下载试验程序看能否完成从通信模块到网页的数据传输，也就是通过网页显示的主机接收到的数据判断，即看显示信息与宿舍单片机检测得到的信息是否一致。通过不断地尝试和改进，能够测到实验数据，也就是说无线传输模块能够完成实验需要。

③人员监测模块软件调试。当软件开始运行时，用手模拟人体进行监测，当手靠近检测模块时，看单片机是否发出监测信息。是否报警，反复监测、调试，最终达成实验要求。

11.6.3　总体调试

将各个模块连接好，将实验板打开，通过串口连接，下载程序，实现 HTML5-NET 模块与单片机进行通信，HTML5-NET 发出 Wi-Fi 信号，电脑或手机连接网络，登录设计好的网页，实现网页与模块的通信。这样，就可以进行总体的通信设计了。经过多次测试修订，程序完全能够实现目的与要求。

第 12 章
温室远程测控系统设计

针对目前温室测控系统普遍成本高、网络化不足以及测量环境参数单一、管理粗放、智能化水平低、占用大量劳动力，而且结构简易、环境控制能力低的现状，笔者基于 HTML5 技术和 ARM 开发技术，开发了一种温室远程测控系统，以 STM32F103 单片机为系统控制器，基于 HTML5 技术开发了上位机测控界面，通过 HTML5-NET 模块与单片机通信，通过多传感器数据融合技术决策远程控制方案，实现对温室内空气温度、空气湿度、光照强度和 CO_2浓度等多个环境参数的远程监测和控制。

12.1　系统总体方案设计

如图 12.1 所示，系统可分为 5 大部分：数据采集、STM32 单片机、设备控制、网络通信和上位机。STM32 单片机作为下位机，用于温室内部环境参数数据的采集和处理、设备控制信号的发出，还用于与上位机的通信。数据采集部分主要是采集温室内部的环境数据（室内 CO_2 浓度、室内光照强度、室内温度、室内湿度）。外围设备控制部分主要采用风扇、水泵、白炽灯来模拟实际温室系统中的通风系统、加湿系统以及人工补光系统来实现对环境的控制。网络通信部分通过 HTML5-NET 模块与网页进行通信。

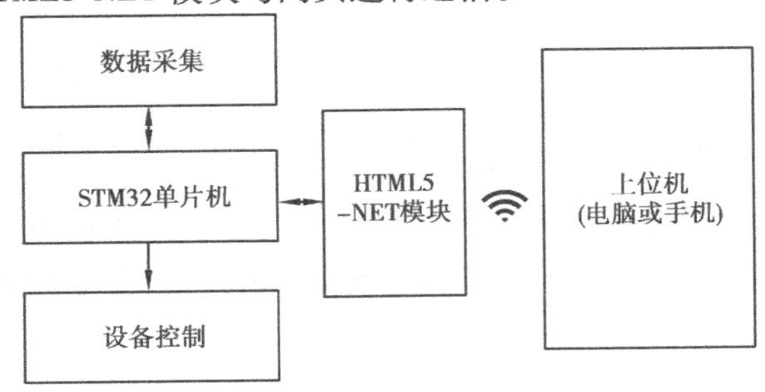

图 12.1　系统总体方案设计

12.2 传感器简介

农作物的生长不仅与本身的遗传特性有关,而且还取决于所处的环境条件。在其生长发育过程中,起主要作用的环境条件包括温度、湿度、光照强度、CO_2 浓度。这些条件之间不是相互独立的,而是相联系相作用的。

12.2.1 温湿度检测传感器

在生物的生长发育过程中,温度器起至关重要的作用,只有在一定的温度范围内,生物才能够正常地生长、发育。农作物的光合作用、呼吸作用、蒸腾作用都受温度的影响。同时,温度还可以通过影响有机物的合成和运输来影响农作物的生长发育。农作物对湿度也有一定的要求,空气的湿度影响蒸腾作用,湿度越大,蒸腾作用越弱,而蒸腾作用是植物吸收水分的动力,也是运输矿物质营养的动力。湿度可以通过影响蒸腾作用来调节叶片的温度,也可以影响植物气孔的开闭,湿度太大或太小都会使气孔关闭,植物气孔关闭,CO_2 不能进入叶肉细胞,光合作用减慢甚至停止。

由此可见,温度、湿度的监测在温室控制系统中有着不可或缺的作用。本项目采用 DHT11 来对温室内部的温湿度进行监测。DHT11 是一款数字温湿度传感器,由 NTC 热敏电阻和电阻式感湿元件构成。

12.2.2 CO_2 浓度检测传感器

CO_2 是农作物进行光合作用的原料,温室中农作物密度大,如果不对其进行监测控制,其浓度一定比大气中的低,将不利于农作物的生长发育。但 CO_2 浓度并不是越高越好。CO_2 浓度过高会使光合作用速率上升,使气孔关闭,所以 CO_2 浓度过高对农作物的生长也是不利的。

由此可见,对 CO_2 的浓度检测也是十分重要的,采用 CCS811 传感器对二氧化碳进行监测。CCS811 传感器是一款超低功耗微型数字气体传感器,可检测多种挥发性有机化合物,包括 CO_2。

12.2.3 光照强度检测传感器

光照是影响植物生长发育的最重要因素,它的重要作用体现在对光合作用上,在植物的整个生长发育过程中作为调节因子也起着重要的作用。从整体上看,光照对植物的生长影响是积极的。所以如何提高光合作用速率,利用光调节因子来提高农业生产具有很重要的意义。

本项目采用 BH1750 光传感器来检测光照强度,该传感器自带 16 位的模数转换器,故不需要进行运算,可直接输出数字信号,它是利用光度计来测量光照强度的,单位是“lx”。

12.3　外围设备

12.3.1　通风系统

通风系统是实现温室内外部空气交换的重要组成部分，当温度高时，可以通风降温，且通风系统对 CO_2 的浓度控制也起着很重要的作用，本项目拟用小风扇来模拟温室控制系统中的通风系统。在实际的通风系统中，强制通风有高进低排和低进高排两种方法，在风机选型时需要特别注意。在本项目中，着重设计温室测控系统的软件和算法。

12.3.2　降温加湿系统

众所周知，夏季气温高，所以降温的问题必须考虑，除了通风降温以外，还利用水的蒸发也可以降低温度。在本项目中采用水泵来完成这项工作。利用水泵喷水不仅可以降温，而且还可以增加湿度。在温室出现病虫害时，将杀虫杀菌剂与水混合，通过该水泵喷雾的形式喷入温室，还可以有效地用于温室病虫害的防治。与上述通风系统一样，本项目采用控制水泵的工作与否来模拟蒸发降温加湿系统。

12.3.3　人工补光系统

光照是农作物进行生命活动的能量来源，也是某些农作物完成生活周期的重要信息。在自然条件下，光照强度和光照时间因季节和纬度而异。最大限度地捕捉光能，充分发挥植物光合作用的潜力，将直接关系到农业生产的效益。但对于大多数的果蔬、蔬菜来说，冬天温室的光照一般达不到光饱和点，所以必须进行人工补光。在本项目中，决定采用白炽灯来模拟人工补光系统。白炽灯的光是电流通过灯丝的热效应而产生的，国内的普通灯泡寿命约1 000 h，白炽灯构造简单，价格便宜。

12.4　系统电路设计

12.4.1　温湿度采集

温室内部温湿度采集采用的是 DHT11 传感器模块，该模块有 4 个引出端口，分别是 VCC、GND、DATA 和 NC。在本项目中，用 5 V 电源给其供电；DATA 端口接主控芯片的 PA7 端口用于数据的传输，如图 12.2 所示为 DHT11 电路原理图。

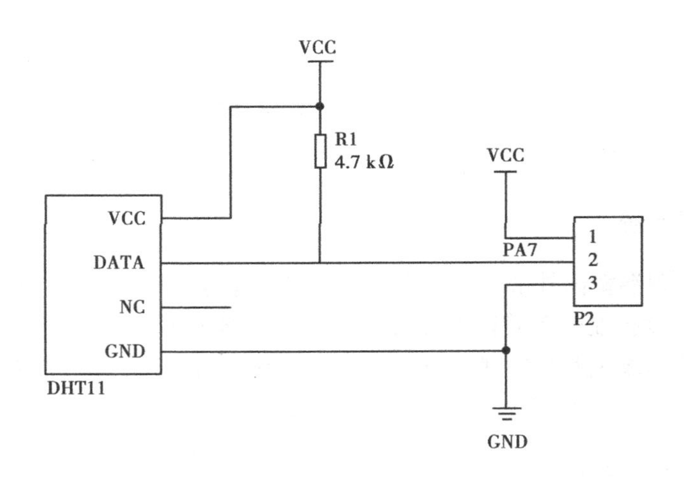

图 12.2　DHT11 电路图

12.4.2　光照强度采集

温室内部光照强度采集模块的硬件电路如图 12.3 所示。GY-30 模块 5 V 供电，IIC 总线的时钟线和数据线分别接单片机的 PC11 引脚和 PC12 引脚。

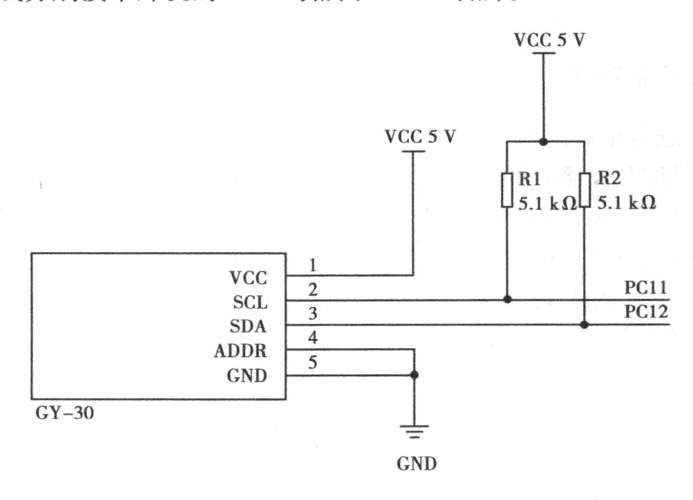

图 12.3　光照强度检测电路图

12.4.3　CO_2 浓度采集

温室内 CO_2 浓度采集模块的硬件电路如图 12.4 所示。该模块主要由 CCS881 芯片构成，其中 INT 端和 RESET 复位端空载，WAKE 端接地。

12.4.4　继电器模块

继电器模块在前面章节已经介绍，这里不再重复，继电器模块在本项目中起着连接主控芯片和控制设备的重要作用。

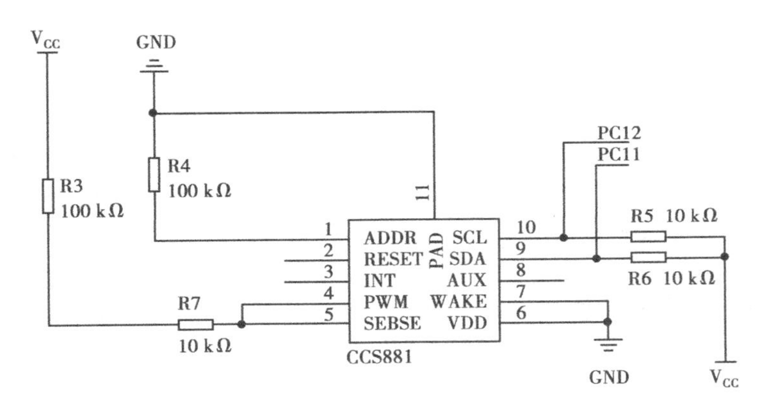

图 12.4　CO_2 浓度检测电路图

12.5　下位机程序设计

在本项目中，下位机主要承担采集数据并进行数据的处理运算以及接受上位机下发的命令从而控制设备的功能。其程序主流程图如图 12.5 所示，在本图中可以看到，进入程序后，首先对一些基本的函数进行初始化，包括延时函数、中断系统以及控制设备所用的 IO 口的初始化、对温湿度检测模块初始化；然后等待 CO_2 浓度检测模块准备就绪，随之对光照检测模块进行初始化；最后，不停读取光照强度、温湿度、CO_2 浓度，并通过串口发送给上位机。在此期间，不停地接受上位机下发的命令数据，解析数据并调用相应的执行机构的子程序。

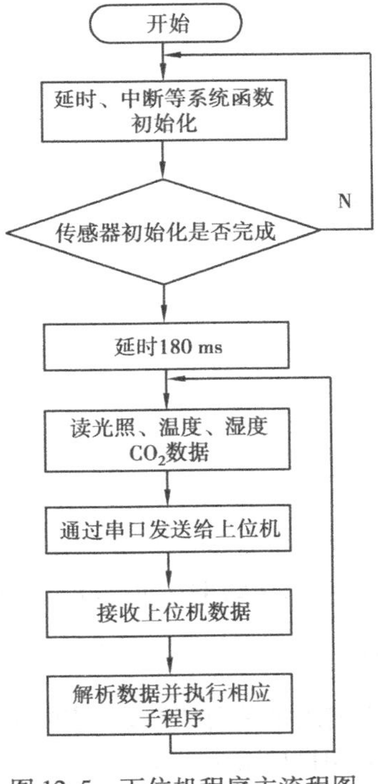

图 12.5　下位机程序主流程图

12.5.1 IIC 协议的应用

IIC 总线是一种“电路板级”的总线结构，应用于同一电路板上的 IC 之间的连接，是同步通信的一种特殊形式。相对于其他总线，IIC 总线具有接口线少、控制方式简单、器件封装小、通信速率高等优点。器件通过 SDA 线和 SCL 线连接到总线上传递信息，所有的器件共用上拉电阻。总线上的每个器件都有属于自己的地址，主机是指启动数据传输并产生时钟信号的器件，其他器件则为从机。主机对从机进行软件寻址，故没有片选线，简化了硬件连接。

在本系统中，CO_2 测量模块和测量光强模块用到了 IIC 通信协议。CO_2 浓度测量模块程序流程图如图 12.6 所示。进入 CO2 测量子程序后，首先利用 IIC 协议写状态寄存器，对模块进行复位、初始化，然后查询该模块 ID 是否正确，如果 ID 不正确的话，则通过串口发送错误提示，正确的话对状态寄存器继续写命令，设定该模块的工作模式是 App 模式，接下来对模式进行识别，如果模式错误的话，通过串口发送错误提示，若正确的话，即可读取数据了。

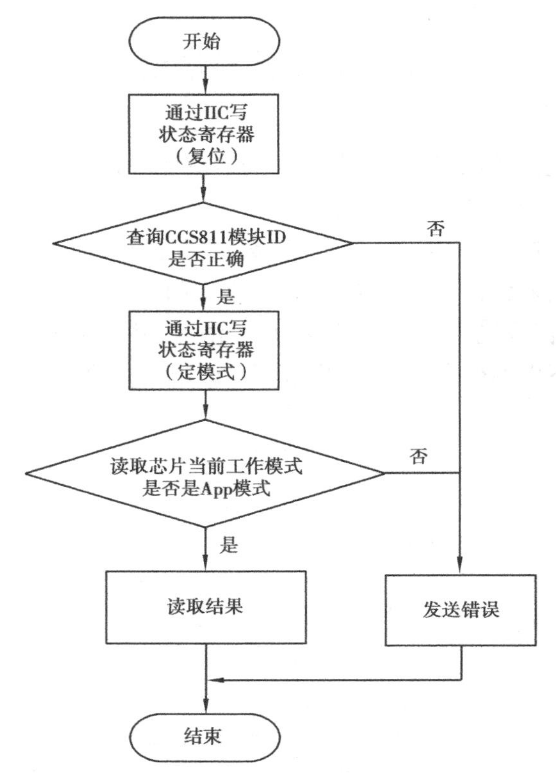

图 12.6　CO_2 浓度测量模块程序流程图

光照强度测量程序流程图如图 12.7 所示。首先，通过 IIC 协议写命令，包括写设备地址，写寄存器地址，写寄存器数据，使该模块置于高精度为模式 2，然后延时 180 ms（手册上说明设置完成后需延时一段时间，最长可以达到 180 ms），最后即可通过 IIC 协议读取测量数据。

12.5.2 单总线协议的应用

DHT11 模块和主控芯片的通信用了单总线协议，该模块通过 DATA 总线返回数字格式的温湿度数据。首先主机把从机即 DHT11 模块置低电平 18 ms，然后由上拉电阻把 DATA 拉高

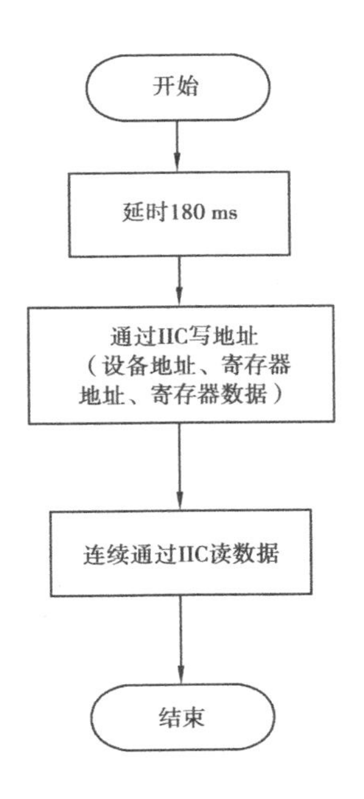

图 12.7　光照强度测量程序流程图

并延时 20 μs，主机即单片机判断从机的应答信号是否正确即低电平，判断 DHT11 的数据低电平信号结束时。最后进行数据的采集，通过数组变量接收模块传回的温湿度数据数组，接收完成后返回数据数组。DHT11 程序流程图如图 12.8 所示。

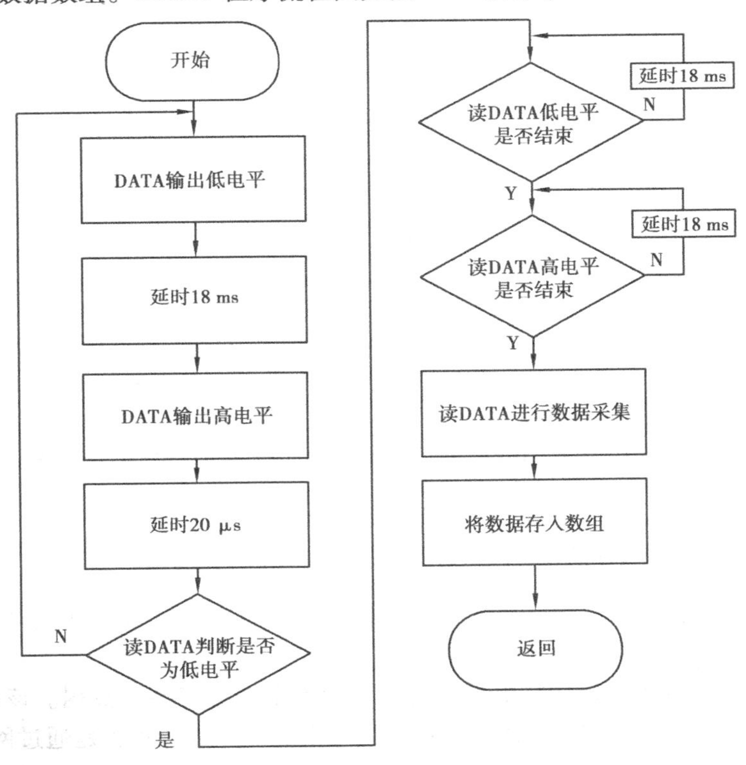

图 12.8　DHT11 程序流程图

12.6 上位机程序设计

12.6.1 数据收发程序

在本项目中,上位机的数据收发是对单片机上传的温室内部的环境数据进行接收并完成相应的数据处理以及对专家决策结果命令的发出。这部分的数据收发程序流程图如图 12.9 所示。

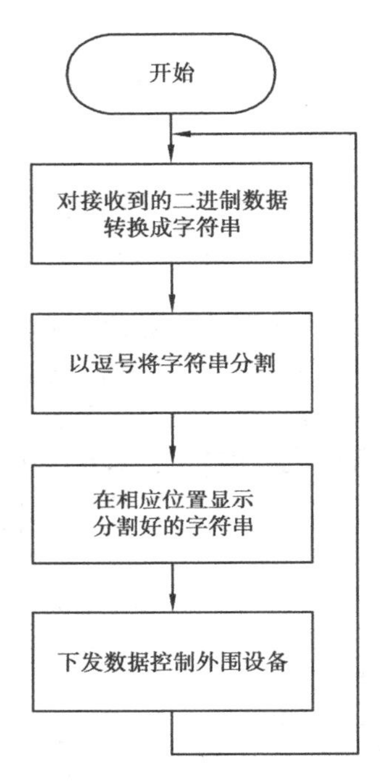

图 12.9 数据收发程序流程图

如图 12.9 所示,首先将接收到的二进制数据转换成字符串,然后根据上位机和下位机提前规定的协议进行字符串分割,在单片机端,将采集到的温室内环境的参数用逗号分隔开来,并用串口发送出去,故在网页端利用 Arr = str. split(",");将字符串分隔开来,分割为室内 CO_2 浓度、温度、湿度和光照强度,并在相应的区域显示。同时,按下不同按钮开关发不同的命令,控制外围设备的工作与否。

12.6.2 HTML5 人机界面设计

在进行 Web 应用开发时,离不开客户端技术的支持。目前,比较常用的客户端技术包括 HTML 语言、CSS、flash 和客户端脚本技术。

本项目的网页设计主要包括从下位机传上来的温室中的传感器数据。该网页在显示数据时,分成了 4 大模块,分别显示温度、湿度、光照强度、CO_2 浓度;其次是通过网页控制风扇、水泵、灯以及提示操作模块;最后,利用 CSS 将网页美化一下即可。

利用 <script>引用 JS 文件,该文件的主要作用是进行 WebSocket 通信、按钮触发函数以及进行数据处理的函数。核心代码如下：

利用 <table> 标签制作一个表格，该表格为数据接受显示表格，共有 3 行，核心代码如下：

① <td colspan = "4" align = "center" style = "font-size: 20px; color: #F00" >温室远程测控系统（刘晓智）</td>，这句代码为表头标题代码，居中显示，横跨四个单元格显示，字体大小为 20px.

② <td width = "25%" height = "28" align = "center" bgcolor = "#CCCCCC" >【温度】</td>，这句代码为数据类型显示代码，居中显示，宽度占 25%。由于本项目的数据采集有 4 大类，所以将本行代码复制 3 次即可，将【温度】改成相应的类型，【湿度】、【CO_2 浓度】、【光照强度】。

③ <td height = "300" width = "25%" > <textarea rows = "1" name = "receive" id = "wendu" > </textarea> </td>，这句代码为显示数据代码，高度宽度可自行设置，其中 <textrea> 中的 rows 类型值该区域可显示的行数。特别需要注意的是，Id 是唯一的，是不可重复的，效果图如图 12.10 所示。

图 12.10　网页设计效果图 1

同理，利用 <table> 标签制作第二个表格，用于控制设备命令的发送和多数据融合算法结果的输出，共有 3 行，核心代码如下：

①设备名称提示。

<td colspan = "2" width = "400" height = "28" align = "center" bgcolor = "#CCCCCC" >【风扇】</td>，这句代码的作用是显示控制设备风扇的名称，除了风扇外，本项目还用到了水泵和灯泡，将这行代码复制 3 次，将【风扇】改成【水泵】和【灯泡】。

②设备开关按钮。

<td> <input height = "200" width = "300" type = "button" name = "打开" value = "打开" onclick = "Control(0)"/> </td>

<td> <input height = "200" width = "300" type = "button" name = "打开" value = "关闭" onclick = "Control(1)"/> </td>，这行代码的作用是控制两个按钮开关，一个是打开按钮，另一个是关闭按钮，分别为风扇开关的按钮，onclick 属性是鼠标按下按钮时所进行的处理，在本两行代码中，当鼠标按下时执行 Control 函数分别向下位机发送 0 和 1。与之类似的，水泵和灯泡的开关按钮只需要将向下位机发送的值改变便可区分开来。

<td colspan = "2" height = "50" width = "400" align = "center" > <span id = "fs" align = "center" > <font size = " +3" color = "#00FFFF" face = "Lucida Sans Unicode, Lucida Grande, sans-serif" > </font> </span> </td>，这句代码是用来显示多数据融合的输出结果的。网页设计效果图如图 12.11 所示。

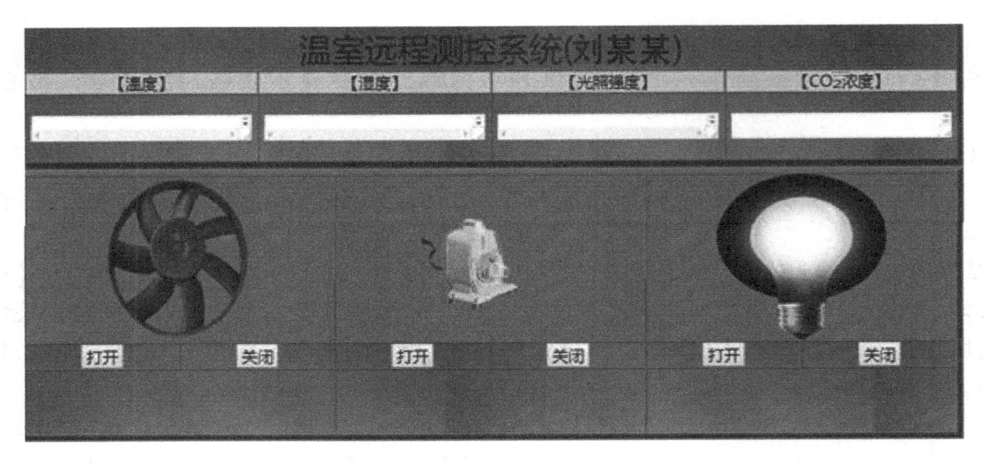

图 12.11　网页设计效果图 2

12.7　多数据融合决策

12.7.1　多数据融合

温室中影响农作物的环境因素很多,但这些因素对农作物的影响不是单独的,而是相互作用、综合影响的,反过来,农作物的生长也会影响温室的环境。比如晚上室温下降会导致湿度上升,中午温度升高会导致湿度下降,中午光照强度的加强往往伴随着温室内温度的上升。所以说温室环境的控制是十分困难的,因此对多源传感器数据进行融合是非常必要的。

多传感器数据的融合有 3 种:数据级融合、特征级融合、决策级融合。本项目重点研究上位机即网页的制作以及利用 WebSocket 和单片机进行通信,对传感器的数据不做详细的处理,只选择决策级的融合,为最终控制方案提供支持。数据融合也可以分为局部融合和全局融合,局部融合是指将同类传感器数据通过概率的算法进行融合。本项目采用全局融合,全局融合是将各个类型的传感器数据进行融合、关联并形成决策控制方案。

12.7.2　专家决策系统

专家决策系统是指对传感器采集到的温室内部的数据按照某农作物的生长习性做出控制方案,提醒使用者控制外围设备改变温室环境以达到适合农作物生长的环境。通过查阅资料,以番茄为例,它的最适温度是 20 ~30 ℃,最适的空气湿度为 65% ~85%,最佳的光照强度为 30 000 ~35 000 lx,CO_2 的浓度最好为 1 500 ~3 000 $\times 10^{-6}$。在温室控制系统中,由于农作物的生长环境复杂,在专家决策系统中环境数据不可进行精确的匹配,所以选择模糊匹配。模糊性体现在环境数据不定的模糊性、测量环境数据存在误差的模糊性、专家根据环境得出环境状态的模糊性、最终结论的模糊性。所以在规则的匹配中,应选择模糊匹配,也就是对象和模板间有一定的阈值。我们制订以下规则来形成简单的专家决策系统。

①如果当前温度高于最高参考温度而且当前湿度低于最低参考湿度,控制方案是打开风机进行通风降温,同时打开水泵加湿系统来降温加湿。

②如果当前光照低于最低参考光照且当前湿度高于最高参考湿度，控制方案为让人工补光系统工作且打开风机工作进行通风降湿。

③如果当前温度正常但湿度较低时，则控制方案是通风系统关闭，加湿系统打开。

12.8　系统调试

12.8.1　硬件调试

硬件调试主要是测试开发板的各个模块能否正常工作，以及所涉及模块的接线。

①测试开发版的工作是否正常。

②接线。在本项目中，由于开发板的 VCC 和 GND 的引出端口不够，故将几个 IO 口设置高低电平来模拟 VCC 和 GND 端口，但高电平的电压为 3.3 V。

单片机的串口 1 向上位机发送数据，串口 1 的 TXD 和 RXD 引脚分别是 PA9、PA10，当进行下载程序时或者是进行下位机软件调试时，接 CH340 的 RXD 脚和 TXD 脚。当与上位机网页进行数据传输时，PA9、PA10 同样要接在 HTML5-NET 的 RXD 和 TXD 端。

③温湿度采集模块，有 3 个引出端口 VCC、GND、DATA 端，在本项目中，5 V 给模块供电，DATA 端为单总线数据端，接单片机 PA7。

CO_2 浓度采集模块，模块有 6 个引出端口，分别是 VCC、GND、SCL、SDA、INT、RST、WAKE。在本项目中，采用 5 V 给模块供电，SCL 和 SDA 分别是 IIC 协议的时钟线和数据线，用 PC11 和 PC12 口来模拟 IIC 协议的接口，INT 和 RST 空载，WAKE 接地。

④光照强度采集模块。该模块有 5 个引出端口，分别是 VCC、GND、SDA、SCL、ADD5 个端口，在本项目中，给模块 5 V 供电，SDA 和 SCL 同样接到 PC11 和 PC12 端口，ADD 接地。

⑤继电器模块。继电器供电为 12 V，反相器芯片供电为 3.3 V，输入控制端接单片机 PC13 端。水泵的火线端断开，分别接继电器模块的输出 COM 和 NC 端，当 PC13 为低电平时，继电器工作吸合，反之断开。

⑥灯泡模块。本项目用到了一个 PWM 调压模块，通过单片机的 IO 口输出信号去调节占空比，从而使灯泡的工作电压达到改变灯泡亮度的目的。

12.8.2　软件调试

下位机软件调试方法是采用串口调试助手和 LED 灯来完成的，由于数据采集部分采集到的数据要上传到网页上，且是通过串口发送的，故在传感器调试部分决定采用串口调试助手来协助调试。而在控制风扇、水泵和灯泡时，由于只需要输出开关量即可，所以在未接设备时，只需要通过 LED 灯的亮灭来模拟即可。

数据采集部分调试在串口调试助手上操作，设备控制部分的模拟方法是由串口调试助手模拟上位机发送数据，单片机接收到后再发出去来验证数据是否被正确接收到。

第13章 心率与血氧检测系统设计

随着生活水平的提高,人们对自身健康状况也越来越重视。对自己身体健康的实时监测也已开始走入千家万户,传统的血氧检测仪采用二波长透射光进行测量,这些检测仪器只能检测血氧或者心率,对于运动状态的监护,存在较大误差。该设计基于 STM32 单片机、MAX30102 光电传感器进行血氧心率检测仪的研制,能独立实现或同时实现血氧与心率的检测,具有很好的应用价值。

13.1 系统总体方案设计

13.1.1 功能要求

整个系统的功能分为下位机和上位机两大功能部分。

下位机主要功能包括:

①实时采集多人心率与血氧数据;

②STM32 单片机处理采集的数据;

③通过串口通信与 HTML5-NET 模块进行数据传输。

上位机主要功能包括:

①根据 HTML5-NET 模块的 IP 建立 TCP 连接;

②使用浏览器访问 HTML5-NET 模块的 IP 地址,进入相关网页;

③使用较直观的方式显示上位机接收到的数据。

13.1.2 设计思路

首先要确定如何采集心率和血氧浓度数据。根据光电容积脉搏波描记法，当使用一定波长的光线照射皮肤的时候，反射光线通过光电传感器接收，由于人体组织的原因，传感器检测到的光线强度有所减弱。检测示意图如图13.1所示。

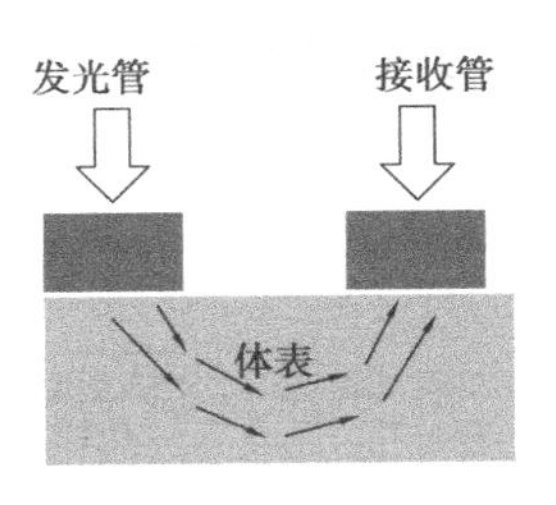

图13.1 检测示意图

光线强度的减弱包括骨骼、肌肉、皮肤等对光线的吸收导致光线强度减弱，还有就是血管及血液等组织对光线的吸收导致的光强减弱。值得注意的是，皮肤血管中血液的体积是随心跳而成周期变化的，根据常识很容易知道，当心脏收缩时，血液流向组织血管，导致皮肤血管中血液体积增大，对光线的吸收也增大，从而导致传感器检测到的反射光强度最小；反之，当心脏舒张时，血管中血液体积减小，吸收能力下降，从而使光电传感器检测到较大的反射光强度信号。根据上述原理，即可实现通过检测皮肤中血液的情况达到检测心率的目的。

其次是血氧浓度（血氧饱和度）的检测。血氧浓度是指血液中的氧合血红蛋白在总的血红蛋白中所占的比值，现在临床医学上一般都是使用动脉的功能血氧饱和度（SpO_2）来表示人体的血氧饱和度状况，其表达式为

$$SpO_2 = \frac{C_{Hbo_2}}{C_{Hbo_2} + C_{Hb}} \times 100\% \tag{13.1}$$

图13.2是氧合血红蛋白（HbO_2）与还原血红蛋白（Hb）的吸收光谱曲线图。

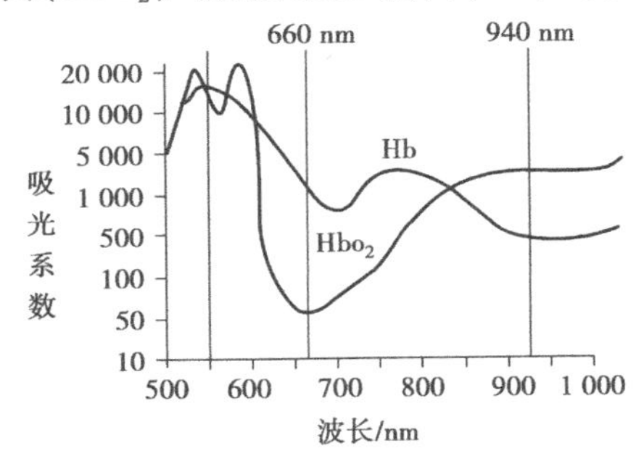

图13.2 吸收光谱曲线图

由图13.2可知，使用红光和红外光即可检测出血液中含氧血红蛋白和还原血红蛋白的含量，从而计算出血氧浓度。

通过MAX30102模块测量到血液中含氧血红蛋白的相关数据后，将数据通过I^2C通信接口传输至STM32单片机，经过STM32单片机的数据处理与相关计算，从而得到心率与血氧值，再将计算结果通过串口通信接口传输至HTML5-NET模块。可使用任意联网设备或者是接入HTML5-NET模块Wi-Fi热点的设备访问该模块的IP地址，打开相关网页查看结果。

13.1.3 系统方案

根据系统设计要求，本设计系统电源（所有模块使用的电源均由此转换得到）由一个12 V-3 A电源适配器提供；采用MAX30102心率血氧传感器检测人体心率与血氧数据，由

STM32F103RCT6 单片机作为控制器,用于处理数据和计算心率与血氧数值,计算结果通过串口通信上传至 HTML5-NET 模块。使用移动设备通过浏览器访问 HTML5-NET 模块的 IP 地址,即可访问上位机网页页面,查看检测结果。系统总体结构框图如图 13.3 所示。

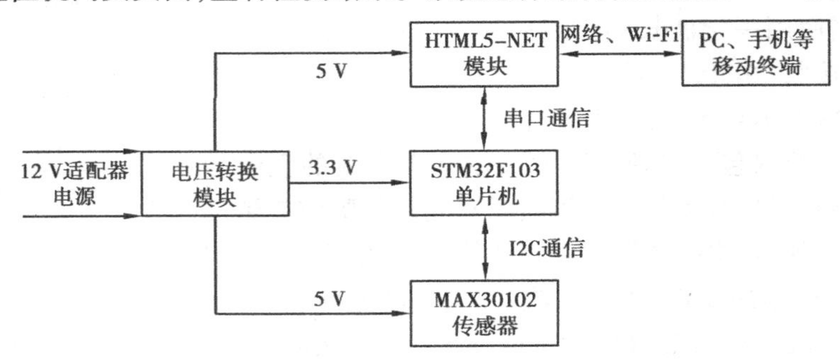

图 13.3 系统总体结构框图

13.2 硬件设计

13.2.1 单片机最小系统

图 13.4 为单片机最小系统。单片机的最小系统一般包括 3 部分:电源、时钟电路和复位电路。本设计单片机的最小系统采用 3.3 V 供电,外接 8 MHz 晶振,复位电路如图 13.5 所示。

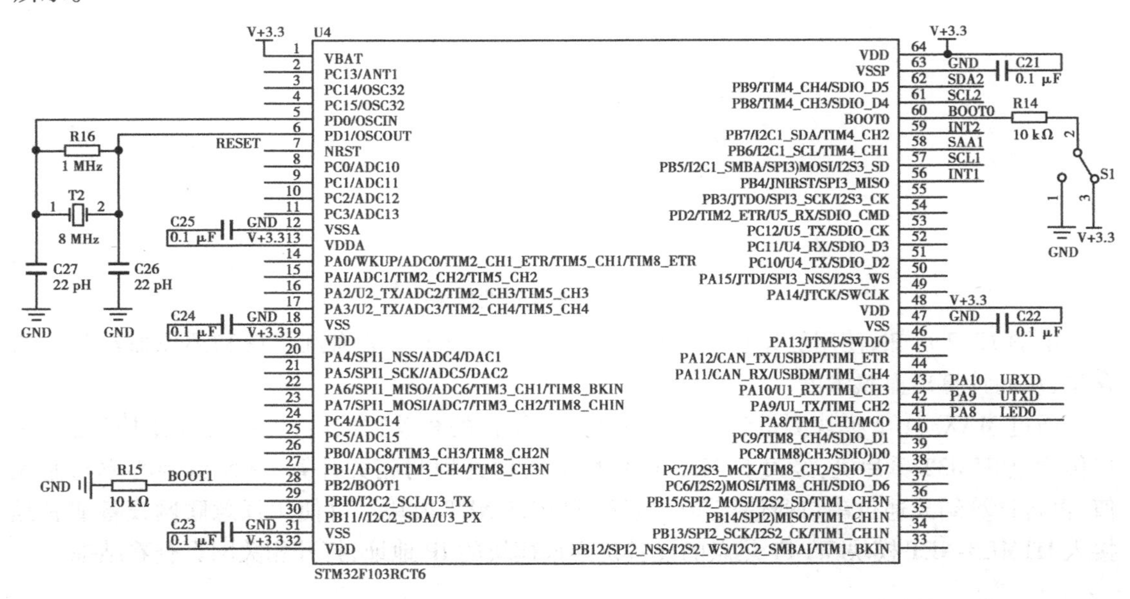

图 13.4 单片机最小系统

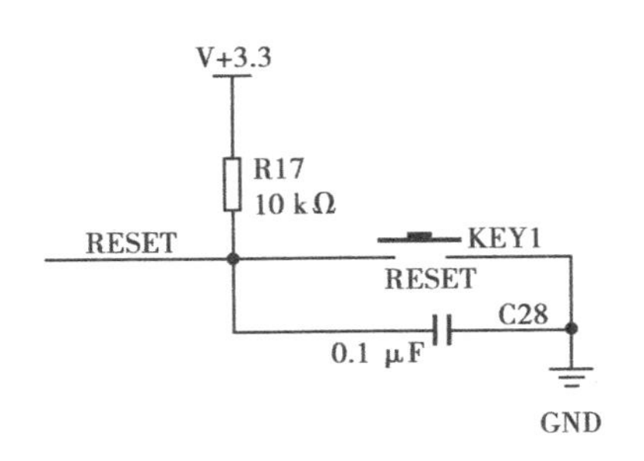

图 13.5　复位电路

13.2.2　串口下载电路

本系统单片机程序下载使用串口下载模式，串口下载电路设计如图 13.6 所示。

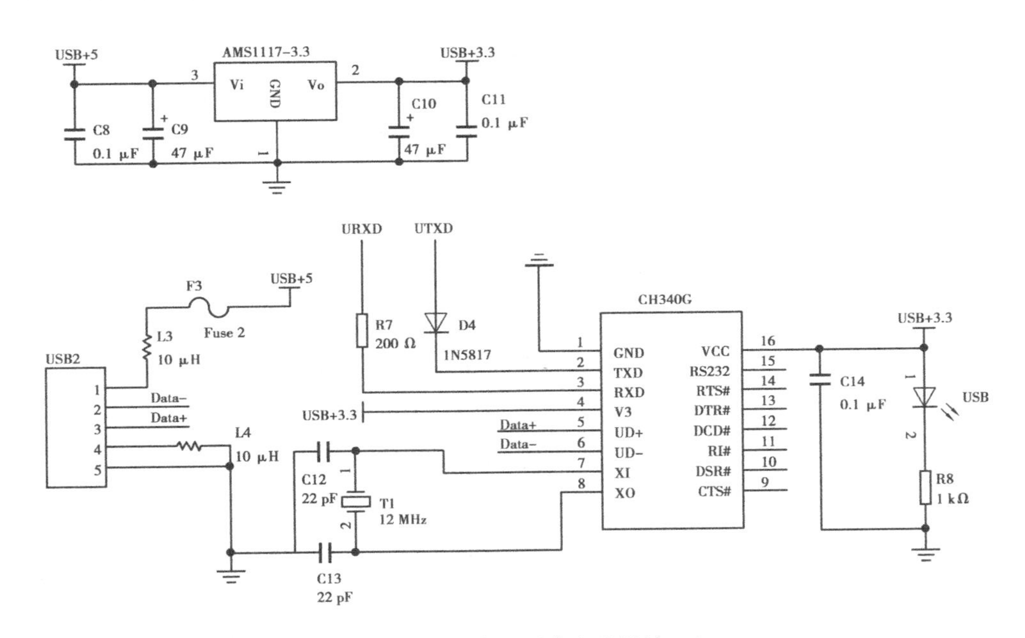

图 13.6　串口下载电路设计

13.2.3　电压转换模块

电压转换模块的电路设计如图 13.7 所示。该模块包含了两次降压过程，首先是电源 12 V电压，通过 LM2576S-ADJ 芯片的降压电路降至 5 V，这里留有 5 V 电源引脚，供系统其他模块使用；接着在 5 V 的基础上，通过 LM1117 芯片的降压电路，将 5 V 电压降至 3.3 V，并留出引脚供其他模块使用。

13.2.4　MAX30102 生物检测模块

MAX30102 是一个集成的脉搏血氧仪和心率监测仪生物传感器的模块，集成了一个红光 LED、一个红外光 LED、光电检测器、光器件，以及带有环境光抑制的低噪声电子电路。该模块具备标准的 I2C 兼容的通信接口，可以将采集到的数值传输给 Arduino、KL25Z、STM32、C52

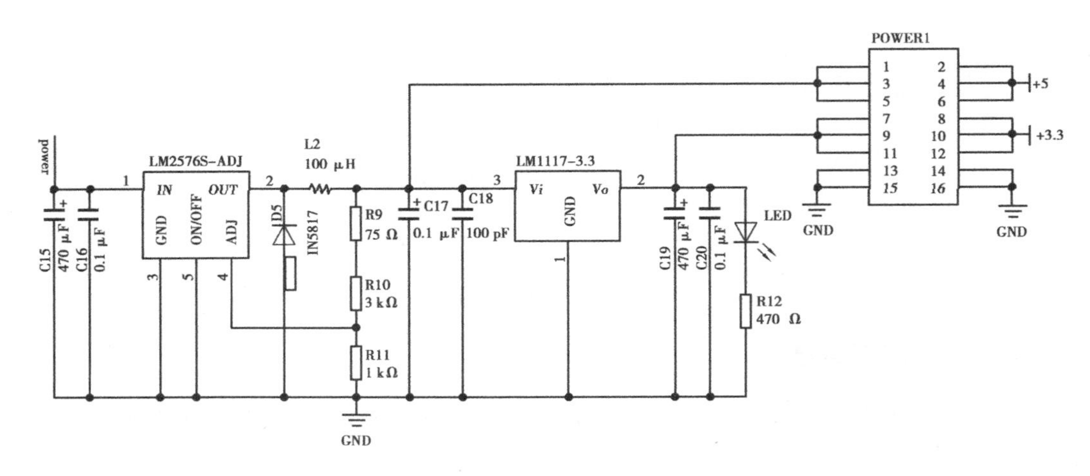

图 13.7　电压转换模块电路设计

等单片机进行心率和血氧计算。此外，该模块还可通过软件关断模块，待机电流接近为零，实现电源始终维持供电状态。因为其优异的性能，该模块被大量应用在三星 Galaxy S7 手机。与前代产品 MAX30100 相比（MAX30100 目前已经停产淘汰），MAX30102 集成了玻璃盖，可以有效排除外界和内部光干扰，拥有最优可靠的性能。MAX30102 内部结构如图 13.8 所示。

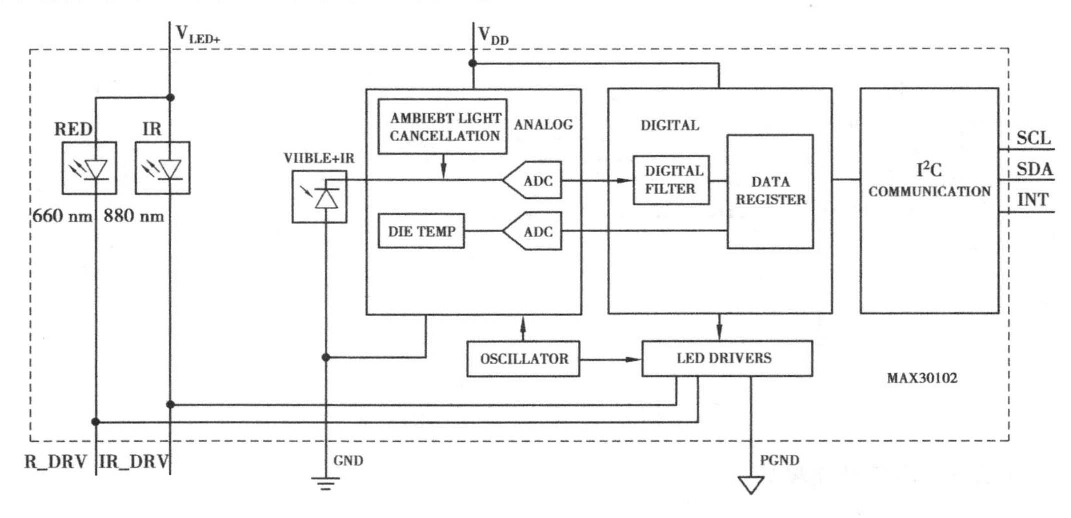

图 13.8　MAX30102 内部结构

MAX30102 模块引脚或连接端口定义与单片机的引脚连接见表 13.1。

表 13.1　MAX30102 模块引脚或连接端口定义与单片机的引脚连接

管脚号	符号	与本系统单片机连接	说明
1	VIN	接 +5 V 电源	电源引脚
2	SCL	接单片机 PB5 引脚	I2C 时钟线
3	SDA	接单片机 PB6 引脚	I2C 数据线

续表

管脚号	符号	与本系统单片机连接	说明
4	INT	接单片机 PB4 引脚	MAX30102 芯片的中断引脚
5	RD	—	芯片的红光 LED 接地端,一般不接
6	IRD	—	芯片的红外光 LED 接地端,一般不接
7	GND	接地	接地

MAX30102 模块的实物如图 13.9 所示。

图 13.9　MAX30102 模块的实物图

本系统使用外部电源降压至 5 V 为 MAX30102 模块供电的方式,将 MAX30102 的 VIN 和 GND 引脚分别与降压电路引出的 5 V 电源引脚和接地引脚连接,同时将 MAX30102 的 SCL 和 SDA 引脚分别连接至单片机的 PB5 和 PB6 引脚,INT 中断引脚与单片机 PB4 引脚连接。

13.3　下位机程序设计

在硬件搭建完成以后,软件的编写就是重中之重了。由于使用的控制器是 STM32 单片机,就可以使用 Keil uVision5 作为开发环境进行程序编写。

13.3.1　主程序

首先主程序 main 函数完成系统初始化,包括模块的初始化配置、参数定义等,然后一直循环子函数,每次循环结束会将 LED 灯的状态取反,提示系统正常运行。下位机的主函数流程框图如图 13.10 所示。

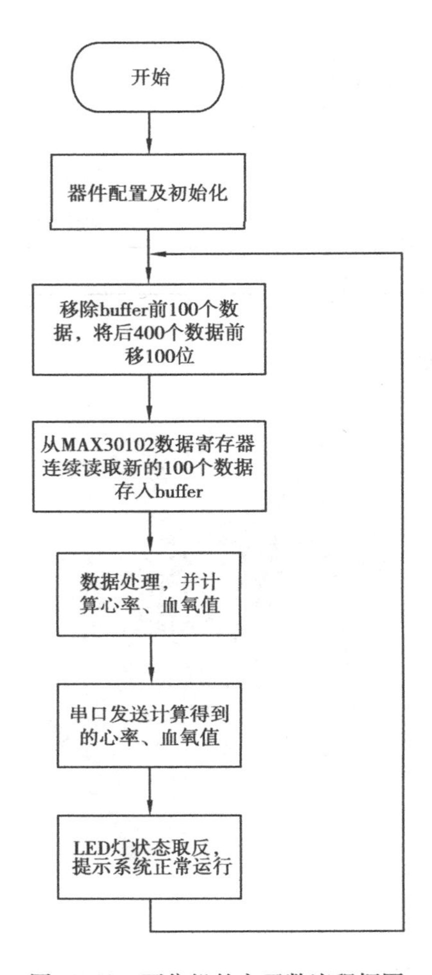

图 13.10　下位机的主函数流程框图

13.3.2　MAX30102 数据读取程序

数据读取函数的作用是从 MAX30102 模块的数据缓存区里将检测到的相关数据读取出来,并用于计算。由于 MAX30102 模块采用 I2C 标准接口通信,故而本函数需要使用到 I2C 的相关程序。如图 13.11 所示为 MAX30102 写命令函数流程框图。如图 13.12 所示为 MAX30102 读字节函数流程框图。

13.3.3　数据处理程序

通过传感器能够采集到血液中 HbO_2 与 Hb 的数据,根据光电容积脉搏波描记法原理,当把光线强度转换成电信号时,正是由于血液对光的吸收有变化而其他静态组织对光的吸收基本不变,故而得到的信号将会是由一部分直流分量和一部分交流分量合成的。提取出信号中的交流信号分量,就能反映出血液流动的特点,从而计算心率。

为了直观地看到数据处理的效果,将数据处理的每一步结果均使用 Matlab 画出曲线图。首先是得到的 500 个原始样本数据,如图 13.13 所示,其中实线是红外光电传感器的数据,即氧合血红蛋白信息;虚线是红光光电传感器的数据,即还原血红蛋白信息。

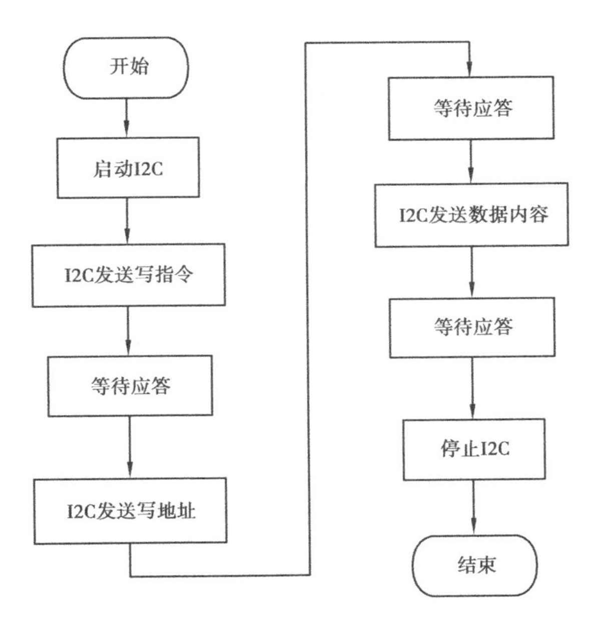

图 13.11　MAX30102 写命令函数流程框图

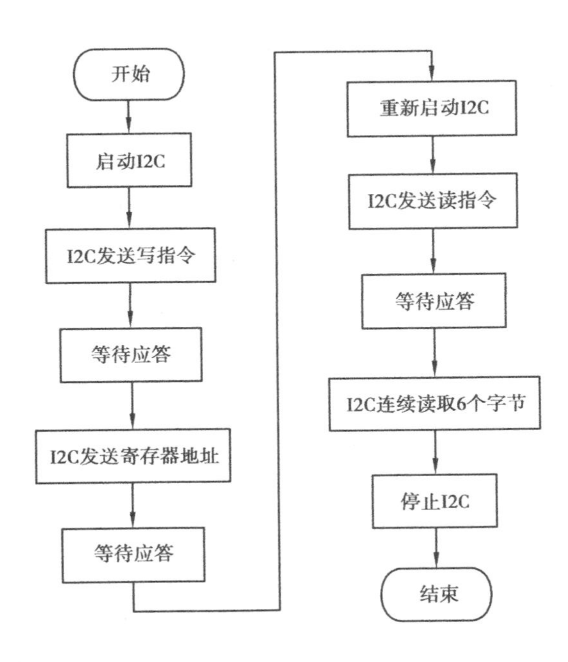

图 13.12　MAX30102 读字节函数流程框图

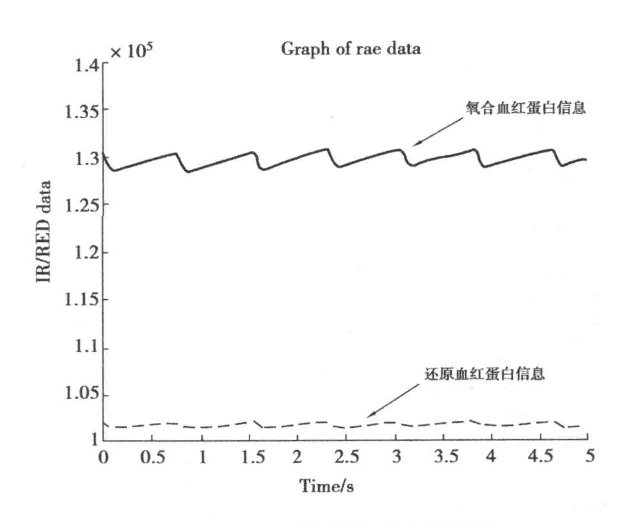

图 13.13　原始样本数据曲线图

接着进行直流分量，将原始数据进行求平均值处理，将得到的平均值近似作为信号的直流分量，而这部分是不需要的，因此将 500 个样本数据依次减去平均值，而得到新的 500 个数据即为信号的交流分量，去直流结果曲线图如图 13.14 所示。

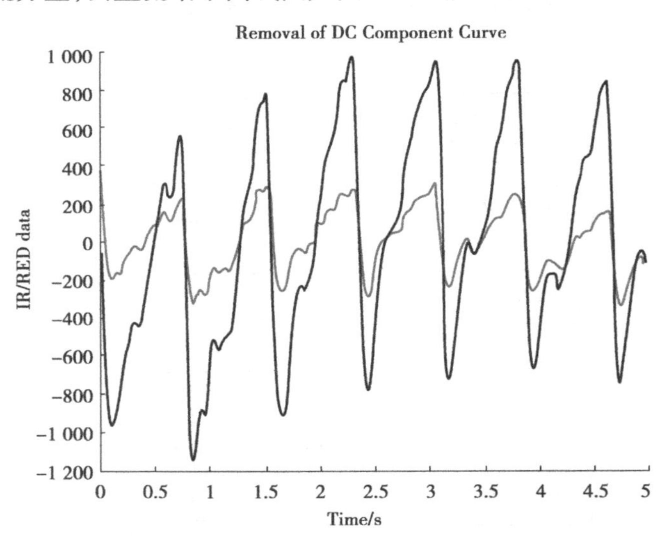

图 13.14　去直流结果曲线图

从曲线图可以看出，信号存在明显的波峰波谷。每一次波谷即光电传感器检测到的反射光束强度最低时刻，表示此时皮肤对光线吸收量最大，不难推测出来此时即为心脏收缩，皮肤血管中血液流量最大时刻；反之每一次波峰则为心脏舒张时刻。到这里其实已经能够得到心跳的数据了，但这样的结果并不是很理想，类比心电图 ECG 信号，我们希望曲线中有一个很尖锐的波形来表示一次心跳。通过对图像分析会发现，信号从波峰到波谷是非常陡峭的一个过程，而从波谷到波峰则是一个相对平缓的过程。其原因是心脏瞬时收缩导致血液流量急速增加，光线吸收能力增加，因此反射光强急速下降；而到了心脏舒张阶段，血液中含氧血红蛋白与组织细胞逐渐发生氧交换而被还原，导致含氧血红蛋白含量逐渐降低，因此检测到的反射光强逐渐增加，这是一个平缓的过程。

为了得到更加尖锐的信号，对交流信号进行一次差分运算和滑动平均滤波处理，其结果如图13.15所示。

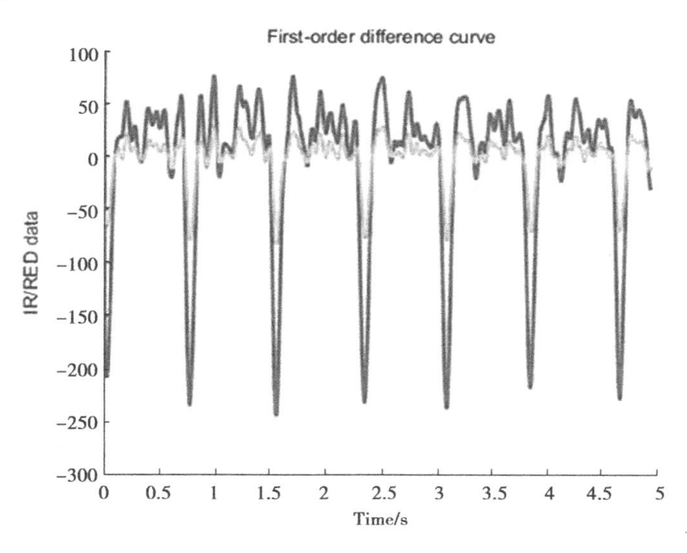

图13.15 差分结果曲线图

相比上一结果，差分过后的信号有着更加明显突出的波谷，这正是我们想要的结果。当然，按照习惯，通常喜欢用波峰表示而不是波谷，因此再做一次反相处理，使波形产生尖锐的波峰而不是波谷，处理结果如图13.16所示。

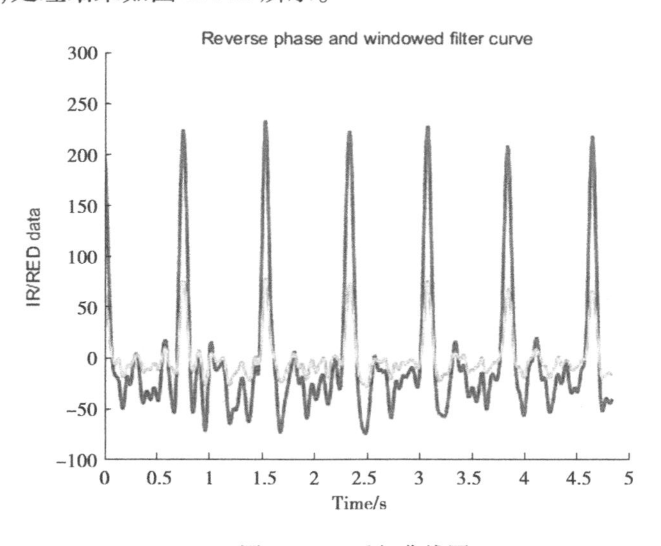

图13.16 反相曲线图

现在再观察曲线，可以看出曲线相对之前变得光滑了许多，且具备明显突出的波峰，这样的结果就是理想的处理结果。

13.3.4 心率与血氧计算函数

由波形图 13.15 可以看出,500 个采样数据中,即 5 s 时间内检测个体出现了几次心跳,然后就可以估算出心率。但对于单片机来说,要想计算出心率,则需要计算出两次心跳之间的间隔时间,才能计算出每分钟内的心跳数。

分析图 13.15 不难看出,需要找到每一个波峰顶点的时刻点,然后就可以知道每个波峰顶点之间的时间间隔,为了数据稳定,需要求这几个时间间隔的平均值,以此作为这 5 s 时间内心跳的平均间隔,然后计算心率值。所以计算的第一步就是寻找波峰顶点,程序流程图如图 13.17 所示。

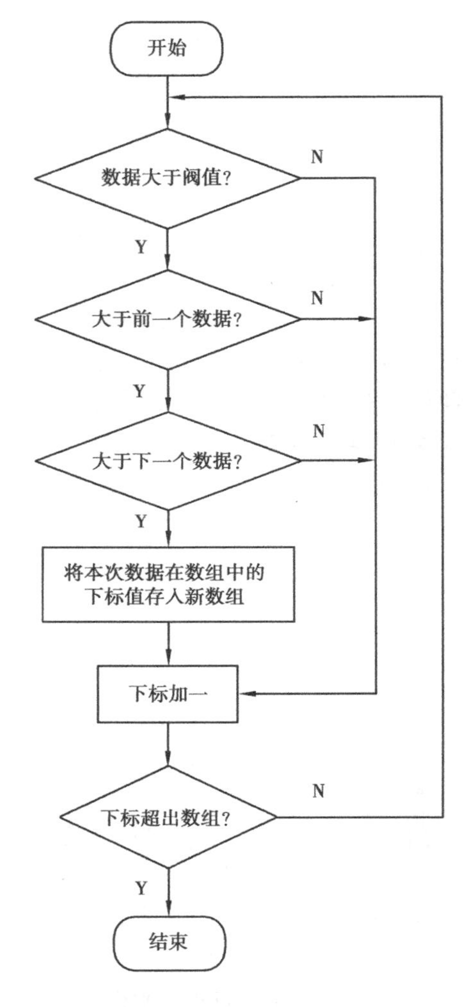

图 13.17 寻找波峰程序流程图

经过寻找波峰程序后,得到了 500 个数据中为波峰顶点的下标值并存储到一个新的数组 peak_locs 里,并统计波峰顶点的个数与变量 peak_num,接下来就是计算两次波峰的间隔时间,程序流程图如图 13.18 所示。

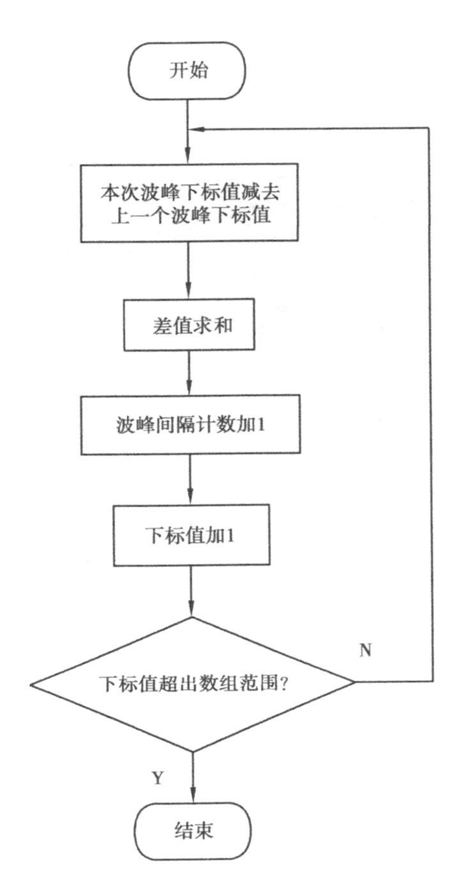

图 13.18　求波峰间隔程序流程图

经过上述过程，得到了所有波峰间隔距离总和，除以波峰间隔计数就得到了每两个波峰间的平均距离，由于 MAX30102 模块采样频率设置为 100 Hz，即每个数据间隔时间为 0.01 s，乘以平均间隔距离就是两次心跳间隔时间，再用 60 除以间隔时间即可计算出心率值。

血氧浓度 SpO_2 的计算，与计算心率前数据处理步骤大致一样，首先分别提取出 IR LED 信号和 RED LED 信号的直流分量与交流分量，将交流分量求平均值后的值取代交流分量，根据式(13.2)求出比值 R。

$$R = \frac{AC_{\mathrm{RED}}/DC_{\mathrm{RED}}}{AC_{\mathrm{IR}}/DC_{\mathrm{IR}}} \tag{13.2}$$

再根据式(13.3)即可求出血氧值 SpO_2。

$$SpO_2 = -45.060R^2 + 30.354R + 94.845 \tag{13.3}$$

13.4　上位机程序设计

本系统的上位机功能主要显示下位机计算得到的心率与血氧浓度值，其界面是由 HTML 5 语言编写设计的网页界面。使用联网设备接入 HTML5-NET 的无线热点后，再用浏览器访问 HTML5-NET 的 IP 地址，即可打开上位机网页界面，查看检测结果。本设计做的上位机网页显示界面如图 13.19 所示。

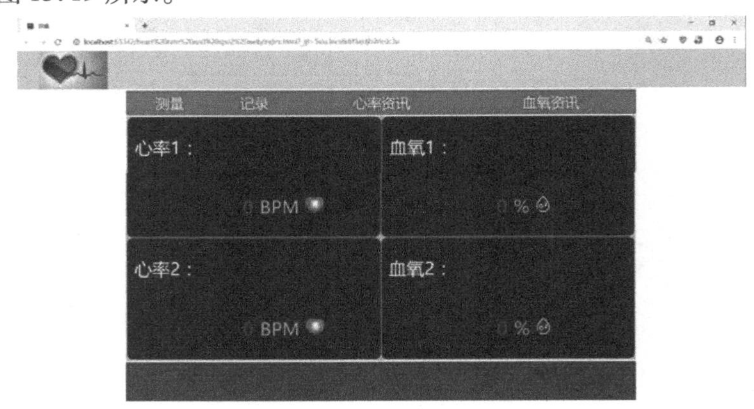

图 13.19　上位机网页显示界面

该界面可显示由下位机计算得到的心率和血氧浓度值。单击记录,可跳转至数据记录显示网页界面;单击资讯,可跳转至心率与血氧相关医学知识网页显示界面;单击帮助,可跳转至帮助网页显示界面。

第14章 水质在线监测系统设计

水资源的质量关乎人类和其他地球生命的生存安危。近年来,人们已经认识到水污染的严重性,开始对各种水污染进行治理,对水资源的保护已经逐渐成为了全球性行动。

本设计是一个基于STM32单片机的水质在线监测系统,能同步实时监测3种水质指标(TDS、pH值和水温),并运用HTML5技术和网络通信技术实现远程监控。在线监测系统主要功能包括基本数据采集功能、水质数据处理、水质数据传输和自动监测及预警功能。本项目在满足实时采集水质数据的同时,还使用了多传感器信息融合技术对水质的等级进行评判。系统整体具备良好的跨平台兼容性,数据可以网络传输,具备良好的稳定性。

14.1 系统总体方案设计

14.1.1 系统功能设计

在线水质检测系统可以实时监测河水、湖水等各种地表水的基本参数,保证水质安全,适用于环境保护、水库监测、水产养殖、污水处理等多种场景,可以实时监测水温、pH值、电导率、浊度等各项水质参数,监测部分采用模块化组装,可以根据监测环境有针对性地选择不同类型的传感器探头,一个下位机模块理论上可以同时采集16个传感器探头的数据,所以可以监测多种不同类型的参数,也可以检测多个同类数据,增加系统的准确性,提高系统的稳定性,采用这样灵活的组块化设计,可以解决传统仪器功能单一、适应性不强的问题。

下位机采集到数据后发送HTML5-NET模块,该模块可以通过网络将数据送入客户端,也就是上位机,通过客户端可以观察到各个检测点的水质情况。数据可以通过局域网发送,适用于小范围的监测;数据也可以通过Internet实现远距离传输,这样凡是联网的设备都可以访问到监控页面,适用于大范围的监测。

主要功能如下：

①数据采集功能：可以采集多种水质参数。

②水质数据传输：系统可以通过无线网、有线网的传输方式与后端监控中心建立链接，并把水质参数实时发送到客户端，及时快捷。

③自动监测及预警功能：系统能够全天不间断、准确地监测水质。

④水质数据处理：下位机部分，对于某些参数（如 pH 值）考虑到温度的影响，加入温度补偿程序，为了提高系统准确度，还加入了滤波算法，对数据进行预处理。上位机部分对数据进行了一个多传感器信息融合，为水质评判提供了有力支持。

14.1.2 系统架构

由于地表水具有范围广、流动性强的特点，因此单一的测量点很难反映出一片水域的整体质量，因此需要对监测水域监测点的数量进行科学的计算和合理的布点，具体可以参照河流采样断面原则和湖泊（水库）采样断面设置要求。

在一片被检测的区域，本系统可放置多个探测节点，每个节点都可以独立检测 pH 值、温度等水质参数。在上位机可以对每个监测点进行独立设置，对每一个检测节点可以记录其地理位置，方便后期人员寻找和维护。每一个节点都可以独立显示其相关的参数，多个界面可以相互切换。

水质在线监测系统总体框图如图 14.1 所示，根据这个方案，笔者将设计一套模块化、智能化、综合化的水质在线监测系统。

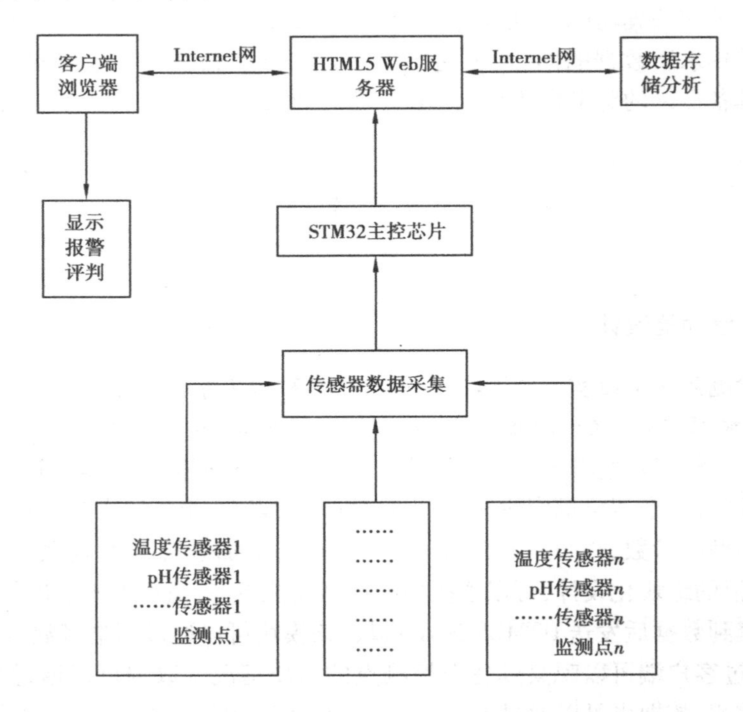

图 14.1 水质在线监测系统总体框图

水质在线监测系统分为上位机和下位机两部分，上位机部分采用 B/S（Browser/ Server）

架构，相比传统的 C/S(Client/Sever)架构，B/S 架构跨平台性更好，系统的可扩展性更高，开发成本更低，维护更加方便。下位机主要由电源模块、传感器模块、控制模块和网络通信模块等组成。系统组成和模块功能见表 14.1。

表 14.1　系统组成和模块功能

序号	名称	功能
1	STM32 单片机	采集数据和发送数据
2	温度采集模块	采集水体的温度值
3	pH 传感器	采集水体的 pH 值
4	TDS 传感器	采集水体的 TDS 值
5	12 V 电源模块	给下位机模块供电
6	HTML5-NET	接收数据，并通过网络将数据发送到客户端
7	网络接口模块	Wi-Fi 无线接口、10 M/100 M 有线网络接口
8	客户端	实时显示水质监测数据

14.2　传感器介绍

传感器相当于人的眼耳口鼻，是获取外界信息的关键，一个系统性能的高低往往与传感器的好坏有着密不可分的联系，因此传感器的选择非常重要，需要知道传感器的准确度、无故障工作时间和适应环境温度的范围等。对于实际的运用来说，还应该考虑耐腐蚀性、能耗情况，本项目设计的系统选取了温度、pH、TDS 3 款传感器测量水质参数。

14.2.1　温度传感器

水温作为最常见的参数，反映了测量水域最基本的物理特征，水体中微生物、细菌的增长繁殖速度直接受到水温，所以对水温进行测量很有必要。本设计采用 DS18B20 型传感器对水质温度进行检测，该传感器具有体积小、精度高、抗干扰能力强的诸多优点，仅需要一个 I/O 就可以实现数据输送。为了对不同深度的水质温度进行检测，可以将多个 DS18B20 并联起来，从而实现水质温度的精密检测。此外 DS18B20 采用的是数字信号输出，在模块内部就不需要添加 A/D 转换，简化了电路设计。DS18B20 能够对 -55 ~ 125 ℃的温度进行检测，上限分辨率可达 0.062 5 ℃，十分适合水下温度检测。该温度传感器都具有单一的地址，可以实现多个温度传感器挂在同一总线上而不会产生冲突。实物如图 14.2 所示。

图 14.2　温度传感器

图 14.2 中红色输出引线接 DC 3.3 V，黄色引线为数据输出，黑色引线接地，银色为温度探头，传感器导线长度可以根据实际安装环境选择。

14.2.2 pH 传感器

pH 值反映水的酸碱度,表示水中氢离子活度的负对数值,可以通过酸碱度变化趋势,推断水中浮游植物的含量,以及是否有酸碱性液体流入。本设计采用上海雷磁公司的"E-201-C"pH 复合电极传感器,测量范围:(0~14)pH,测量温度:(0~60)℃,响应时间:≤2 min。该传感器可对水中的氢离子浓度进行监测以及转换成相应的可用模拟信号输出,整体是一种密封状态,能够很好地防水,而且使用寿命长,适用于长期监测水质的 pH 值。

复合电极的原理就是内外参比电极的电位差,而且它的输出是伪线性,可以当成是线性的变化,根据这个特性,可以测量标准溶液的 pH,记录其输出,通过拟合曲线计算出电压系数,每个传感器的系数可能不同,电压系数与函数变化系数具体还需要进行实际测试。pH 传感器性能参数见表 14.2,实物如图 14.3 所示。

表 14.2 E-201-C 型 pH 传感器性能参数

仪器级别		0.01 级
参量参数		pH、mV
测量范围	pH	0.00~14.00
	mV	-1 999~1 999
分辨率	pH	0.01 pH
	mV	1 mV
基本误差	pH	±0.01 pH
	mV	±0.1% FS
温度补偿		手动(0.0~60.0)℃
稳定性		(±0.01 pH±1 个字)/3 h
电源		5 V

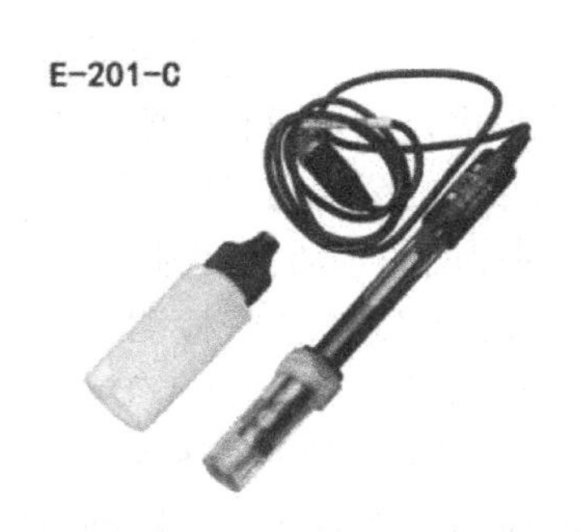

图 14.3 pH 传感器

14.2.3 TDS 传感器

TDS(Total Dissolved Solids)又称为溶解性固体总量,它表示 1 升水中溶有多少毫克溶解性固体物质,单位为 mg/L,ppm 代表为 100 万 mL 溶液中含有溶质的毫升数,表示 1 000 kg 溶液中含有的溶质质量,因此电导率的单位也可以为 ppm,换算关系为 1 mg/L=1 ppm。TDS 值越高,表示水中的溶解物越多,包括有机物与无机物的总含量,国家标准 GB 5749-2006 对自来水的溶解性总固体(TDS)的限量要求为:溶解性总固体不大于 1 000 mg/L。温度的变化会影响 TDS 值的正确性,因此需要进行温度补偿。

另外 TDS 仅能测出水中的可导电物质,无法测出微生物、病毒等物质,所以水质的评判还需要其他的一些参数进行综合判断。TDS 传感器的性能参数见表 14.3。

表 14.3　TDS 传感器的性能参数

输入电压	3.3 ~ 5 V
输出信号	0 ~ 2.3 V
工作电流	3 ~ 6 mA
TDS 测量范围	$0 \sim 1\ 000 \times 10^{-6}$
TDS 测量精度	±10% FS(25 ℃)
探针数量	2
其他	防水探头,可长期浸入水中测量

14.3　下位机程序设计

下位机软件主要包括单片机功能初始化、AD 采集、数据滤波、数据转换、USART 通信、单总线通信等部分。下位机主程序流程如图 14.4 所示。

14.3.1　传感器程序设计

系统使用的传感器为模拟量输出,因此需要利用 STM32 的 ADC 进行模数转化,需要进行 AD 转换的传感器有 2 个,pH 传感器和 TDS 传感器,所以本设计采用 STM32 的 ADC1 进行 2 路通道数据转换。在 AD 转换过后,经过滤波程序,需要将数字量转换为相应的物理量,pH 代表水质的 pH 值,TDS 代表溶解性固体总量,水质参数计算公式见表 14.4。

表 14.4　水质参数计算公式

温度	数字量输出,无须转换
pH	pHV = -5.964 7 * pHV + 22.255;(pHV 为 AD 得到的电压值)
TDS	TDS = (133.42 * Vtds^3 - 255.86 * Vtds^2 + 857.39 * Vtds) * 0.5(Vtds 为 AD 得到的电压值)

最后就可以通过 STM32 的串口将数据发送到 HTML5-NET 模块,即完成了下位机的数据采集。

14.3.2　滤波程序和温度补偿程序设计

TDS 传感器的滤波算法为中值滤波,在连续采集 20 个数据后,取其中位值,这样可以避免因为干扰或者错误而带来的错误结果。计算方法如下:

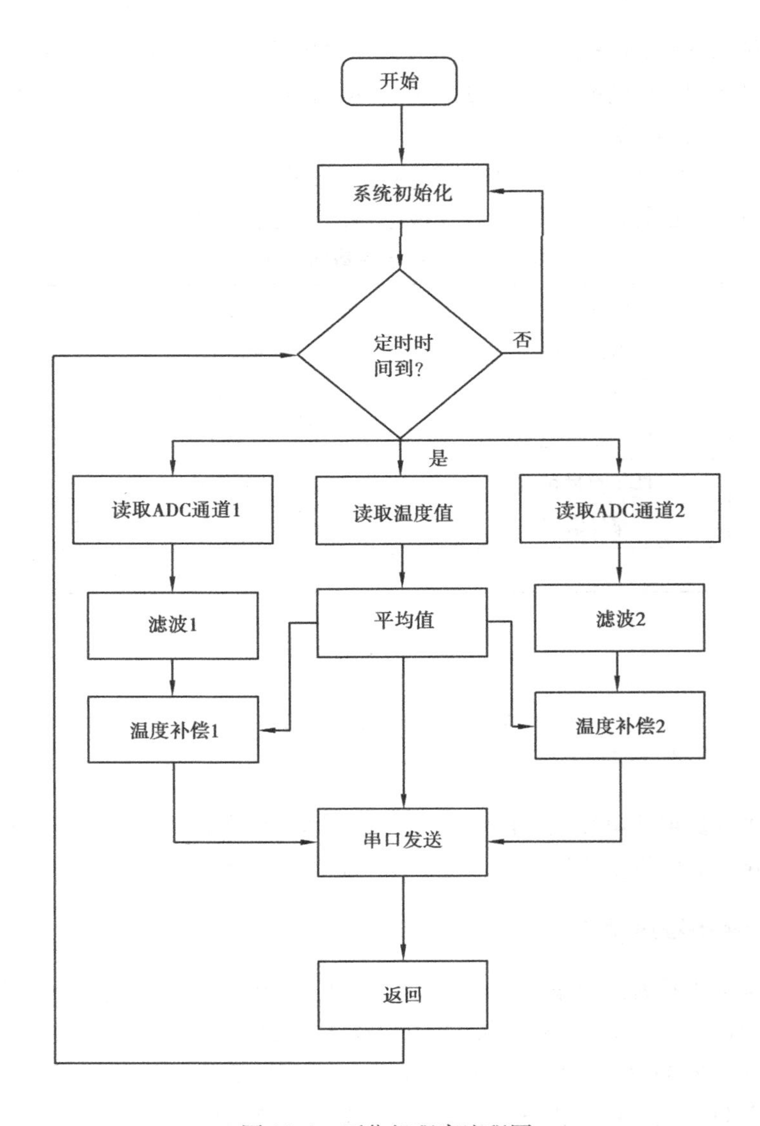

图 14.4　下位机程序流程图

averageVoltage = getMedianNum(TDSV_buffer,SCOUNT) * (float)VREF/4096.0;通过中值滤波算法读取更稳定的模拟值,并转换为电压值。

由于 TDS 受到的温度影响较大,因此需要温度补偿,补偿公式见表 14.5。

表 14.5　TDS 温度补偿公式

tp1 = 1.0 + 0.02 * (temperature - 25.0)	计算温度补偿系数
TDS_V = averageVoltage/tp1	得到温度补偿过后的电压值

最后将滤波和温度补偿过后的电压值按照表 14.4 中的公式计算即得到 TDS 值。

pH 传感器采用平均值滤波,对于 AD 采集到的多组数据求取平均值,由于温度对玻璃电极转换系数有一定影响,根据能特斯方程其变化为 0.198 3 mV/℃, 在不同温度下测同一溶液的 pH 值数据是不相同的,因此 pH 计上都增加了温度补偿用以抵消温度变化引起的误差。

但是温度补偿过程具有局限性，温度影响具有非线性，并不能做到完全补偿，最后将处理值按表 14.4 公式计算得到 pH 值。

14.4　上位机程序设计

上位机即客户端程序设计，需要具有数据显示和人机交互的功能，客户端主要包括通信程序、站点管理界面、数据显示与可视化界面、报警界面、视频显示界面、数据存储与查询程序。这些都将使用 HTML5 和 Javascript 混合开发。

如图 14.5 所示，上位机与 HTML5-NET 通信依然采用 WebSocket 协议，对于 HTML5 人机界面的设计方法前面章节已经全部讲述完毕，这里由于篇幅限制也不再重复，因此笔者在这里只给出设计的流程思路，读者可以自己动手练习，完整的程序代码请参考附录。

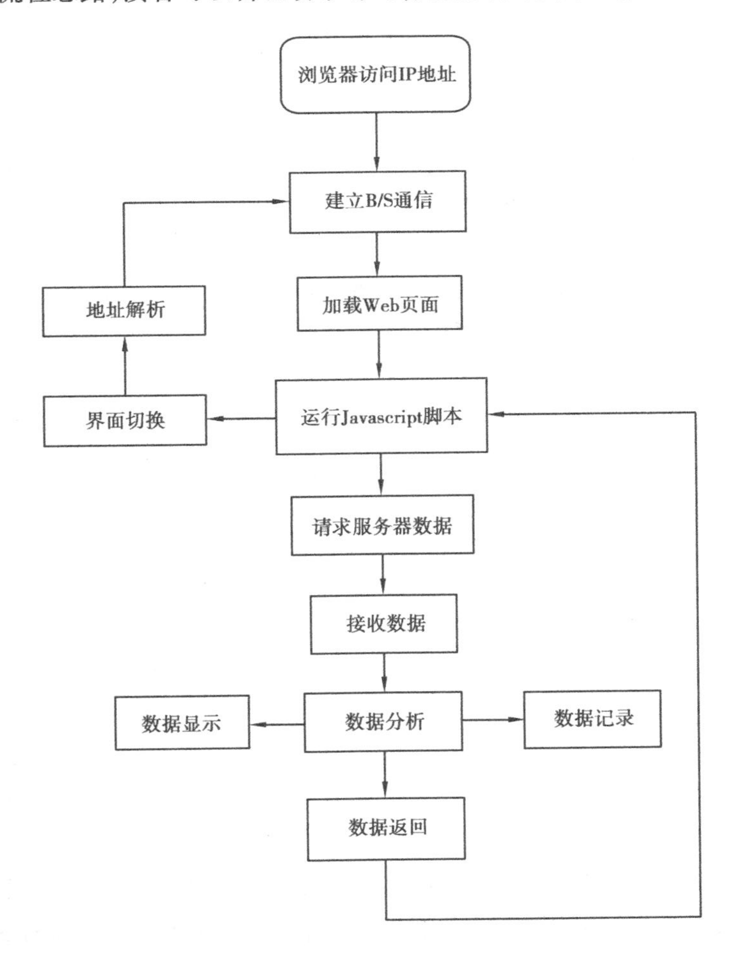

图 14.5　上位机程序流程图

14.5 信息融合程序设计

信息融合技术在前面的章节已经有所介绍，本节将重点介绍信息融合的另外一种方法：D-S证据理论。

14.5.1 D-S 证据理论简介

D-S 证据理论最初由 Dempster 于 20 世纪 60 年代提出，Shafer 在 1967 出版的著作《证据的数学理论》提出该理论。经过了 40 多年的发展，D-S 证据理论基础不断完善，在专家系统、目标识别、人工智能、决策与风险分析等领域得到了广泛的应用。在理论上，对于不确定信息的表达，D-S 证据理论比概率论更有优势。

将概率论中的基本事件空间扩展为一组幂集事件，并在其上建立一个基本的概率分配函数，就成为 D-S 证据理论。

D-S 证据理论的基本概念：

①辨识框架：若 $\theta=\{\theta_1,\theta_2,\cdots,\theta_N\}$ 是由 N 个两两互斥元素组成的有下限的完备集合，则称其为辨识框架(frame of discernment)。

θ 的幂集 2^θ 所构成的 2^N 个元素的集合为：

$$2^\theta=\{\phi,\theta_1,\cdots,\theta_N,\theta_1\cup\theta_2,\cdots,\theta_1\cup\theta_2\cup\theta_3,\cdots,\theta\} \tag{14.1}$$

辨识框架就是所判断的事物的全体集合 θ，辨识框架的子集和命题相对应。

②基本概率指派：设 θ 是辨识框架，θ 的幂集 2^θ 构成的命题集合 2^θ，$\forall A\subseteq\theta$，若函数$m:2^\theta\to[0,1]$满足 $M(\theta)=0$ 和 $\sum M(A)=1$ 则称 M 为基本概率指派(basic probability assignment, BPA)，$M(A)$为命题 A 的基本概率数，等价于准确分配给 A 的信度。

D-S 证据理论中的 BPA 函数具有表达“不确定”和“不知道”的能力，能够很好地处理不确定信息，在不确定信息建模方面具有很大的优势。如何合理地生成 BPA 是 D-S 证据理论在实际应用的关键问题，生成的 BPA 是否合理、是否完整准确地涵盖目标信息将直接影响后续证据融合及决策结果的准确度。

目前常用的 BPA 生成方法：基于可靠性的二元组 BPA 生成方法、基于三角模糊数的 BPA 生成方法、基于高斯分布的 BPA 生成方法、基于分类器混淆矩阵的 BPA 生成方法等。由于 BPA 的生成与实际运用情景紧密相关，所以通常根据具体的应用背景来选择合适的 BPA 生成方法。基于高斯分布的 BPA 生成方法在水质融合处理方面具有较多的运用，所以本文将采取这种方法。

③焦元：将 A 设置为辨识框架的任何一个的子集，若 $M(A)>0$，那么 A 被称为基本概率指派 M 的焦点元素(focal element)，所有构成基本概率分配的所有关键要素称为核(core)。

14.5.2 Dempster 组合规则

为了整合多个独立来源的信息，D-S 证据理论使用 Dempster 组合规则来实现多个证据的融合，Dempster 组合规则本质上是证据的正交和。

Dempster 组合规则定义：设 M_1 和 M_2 为两组基本概率指派，对应的焦元分别为 $A_1, A_2, \cdots, A_k$ 和 $B_1, B_2, \cdots, B_k$，用 M 表示 M_1 和 M_2 组合后的新证据，则 Dempster 组合规则表示如下：

$$\begin{cases} M(\phi) = 0 \\ M(A) = \dfrac{1}{1-k} \sum_{A_i \cap B_j} M_1(A_i) M_2(B_j) \end{cases} \tag{14.2}$$

其中，k 称为冲突系数，

$$k = \sum_{A_i \cap B_j = \phi} M_1(A_i) M_2(B_j) \tag{14.3}$$

用于衡量证据焦元间的冲突程度，k 越大，则冲突越大。当 $k=1$ 时，组合规则无法使用，另外若待融合的证据之间存在相关性，采用 Dempster 组合规则进行融合会导致融合过度。D-S证据理论融合的基本框架如图 14.6 所示。

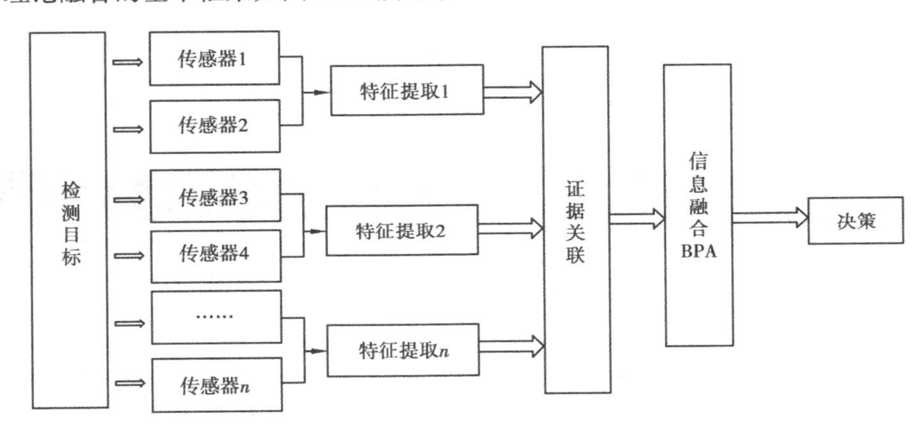

图 14.6　D-S 证据理论融合的基本框架

14.6　系统测试

在对整个系统测试前需要对整个系统进行安全检查，确保各个导线连接正确牢固，由于本系统监测目标为水，所以需做好绝缘处理。检查导线、传感器绝缘层是否完好无损，检查网络是否连接成功，检查电源是否正常供电。

14.6.1　下位机测试

测试单片机是否正常工作，各个传感器是否正常工作，经测试，所有功能均正常，如图 14.7所示，可以发现各个传感器数据采集正常、数据收发正常，上位机测试端能够正常地收到数据。

14.6.2　上位机测试

检查上位机网络是否正常以及每个接口是否可以正常运行。经检查后，上位机的功能均正常。上位机实时监测画面如图 14.8 所示。

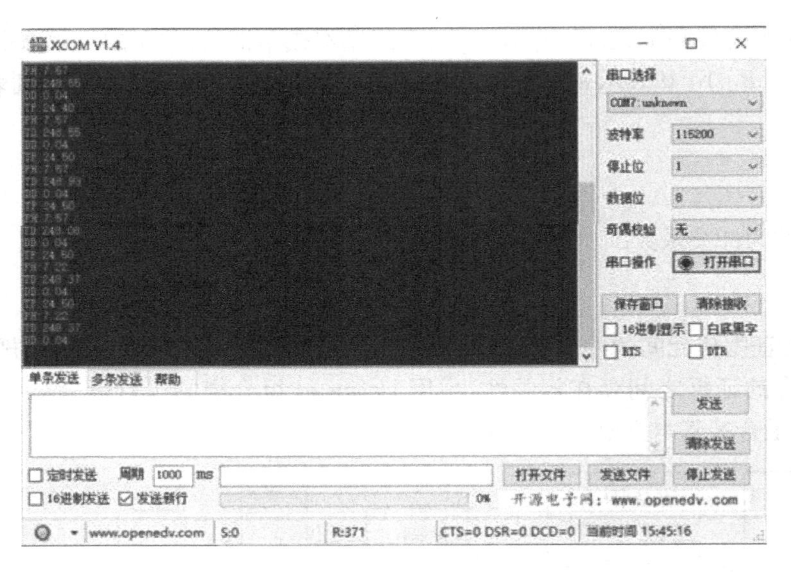

图 14.7　传感器数据采集测试

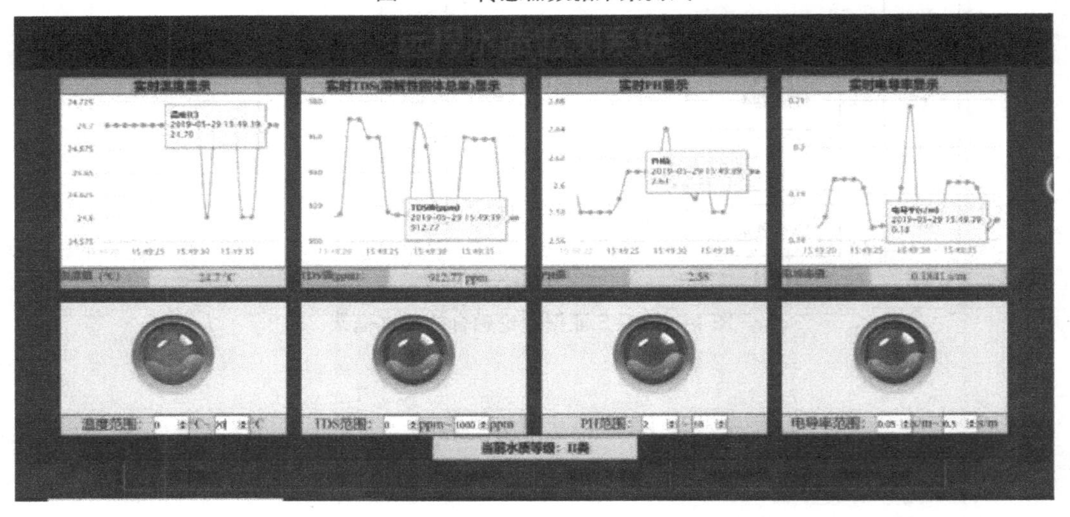

图 14.8　上位机实时监测画面

综合测试结果：上位机界面可以成功打开，数据可以正常接收、显示，报警功能正常，数据检测准确，响应速度合理。

14.6.3　信息融合分析

传感器获得了被测水域的温度、pH 值和 TDS 值，现在需要将数据用 D-S 证据理论进行信息融合处理，以便得到被测水域的整体情况。

根据 D-S 证据理论，本节将利用高斯形式的隶属度函数对标准样本数据和检测数据进行建模，将样本模型和检测模型相匹配得到 BPA，然后通过基于关联系数的加权平均组合方法将得到的 BPA 进行融合，最后根据融合结果做出评价决策。

在不同温度条件下，对Ⅰ类水的 pH 值做 50 组测试，记为 $\vec{x}=(x_1,x_2,\cdots,x_{50})$。

①计算这 50 次观测值的均值 $\bar{X}_{F_{11}}$：

$$\bar{X}_{F_{11}}=\frac{x_1+x_2+\cdots+x_{50}}{50}=7.928\ 0 \tag{14.4}$$

②计算这 50 次观测的标准差 $\bar{\sigma}_{F_{11}}$：

$$\bar{\sigma}_{F_{11}}=\sqrt{\frac{1}{50-1}\sum_{i=1}^{50}(x_i-\bar{X}_{F_{11}})^2}=0.256\ 4 \tag{14.5}$$

③得到Ⅰ类水的 pH 高斯型隶属度函数 F_{11}：

$$F_{11}(x)=\mathrm{e}^{-\frac{(x-\bar{X}_{F_{11}})^2}{2\bar{\sigma}_{F_{11}}^2}}=\mathrm{e}^{-\frac{(x-7.928\ 0)^2}{2*0.256\ 4^2}} \tag{14.6}$$

按照同样的方法建立Ⅰ类水的 TDS 的高斯型隶属度函数，然后再分别建立其他 4 类水的特征隶属度函数，详细见表 14.6。

表 14.6　标准样本特征数据的隶属度函数的均值及标准差

类别	Ⅰ类	Ⅱ类	Ⅲ类	Ⅳ类	Ⅴ类
	均值，标准差	均值，标准差	均值，标准差	均值，标准差	均值，标准差
pH	F_{11}(7.928, 0.256 4)	F_{12}(8.668, 0.203 5)	F_{13}(7.868, 1.366)	F_{14}(7.646, 2.117 4)	F_{15}(6.502, 4.616)
TDS	F_{21}(76.67, 43.955 8)	F_{22}(195.4, 18.755 5)	F_{23}(274.22, 33.316 5)	F_{24}(755.528, 135.109 7)	F_{25}(951.936, 31.741 2)

根据传感器检测的水质参数，建立高斯型检测水域特征参数隶属度函数，按照式(14.4)、(14.5)、(14.6)计算数据的标准差和均值，计算结果见表 14.7，将其作为检测水域特征参数隶属度函数的标准差和均值。

表 14.7　检测数据的标准差和均值

类别	（均值，标准差）
pH	(7.373 7,0.125)
TDS	(254.604 2,0.650 1)

前面计算得到了标准样本数据的隶属度函数和检测水域的隶属度函数，为了得到各个等级下的 BPA，下面将相同特征下的两种隶属度函数相匹配。每个水质等级下的标准样本隶属度函数和检测水域的隶属度函数生成一组 BPA，5 个等级分别匹配得到 5 组 BPA，故水质诊断的识别框架为 $\theta=\{F_1,F_2,F_3,F_4,F_5\}$，分别表示为Ⅰ类水、Ⅱ类水、Ⅲ类水、Ⅳ类水、Ⅴ类水，计算结果见表 14.8。

表 14.8 水质检测参数分别与标准参数匹配后得到的两组证据

类别	BPA				
pH	0.017 5	0.010 5	0.165 1	0.265 1	0.569 7
TDS	0.166 8	0.069 7	0.125 7	0.518 0	0.119 8

下面只需要将 BPA 采用 Dempster 组合规则自身融合两次，便可以得到最终的决策结果。

①根据式 14.3 计算出冲突系数 $k=0.545\ 4$；

②根据式 14.2 融合出新的 BPA，见表 14.9。

表 14.9 融合后的最终 BPA

类别	Ⅰ类	Ⅱ类	Ⅲ类	Ⅳ类	Ⅴ类
BPA	0.000 2	0.001 8	0.002 5	0.658 3	0.335 4

从融合后的最终 BPA 可以看出，概率最大的命题为Ⅳ类水，因此对水质数据的分析结果为被检测的水体属于Ⅳ类水。

D-S 证据理论因具有较好的数学性质，被广泛运用于人工智能、系统决策、模式识别等领域。对于 D-S 证据理论来说，样本模型的准确度是准确评价的关键，因此需要大量的实际数据，并对模型不断地进行修改，尤其对水质、温度的影响很大，一年四季、早晚水温都不一样，因此样本模型需要不断修改或者加上温度补偿，在实际运用的过程中才有比较好的评判结果，本书所用的模型在实验中具有较好的准确度。

附　录

附录1　HTML5 for ARM 开发板电路图

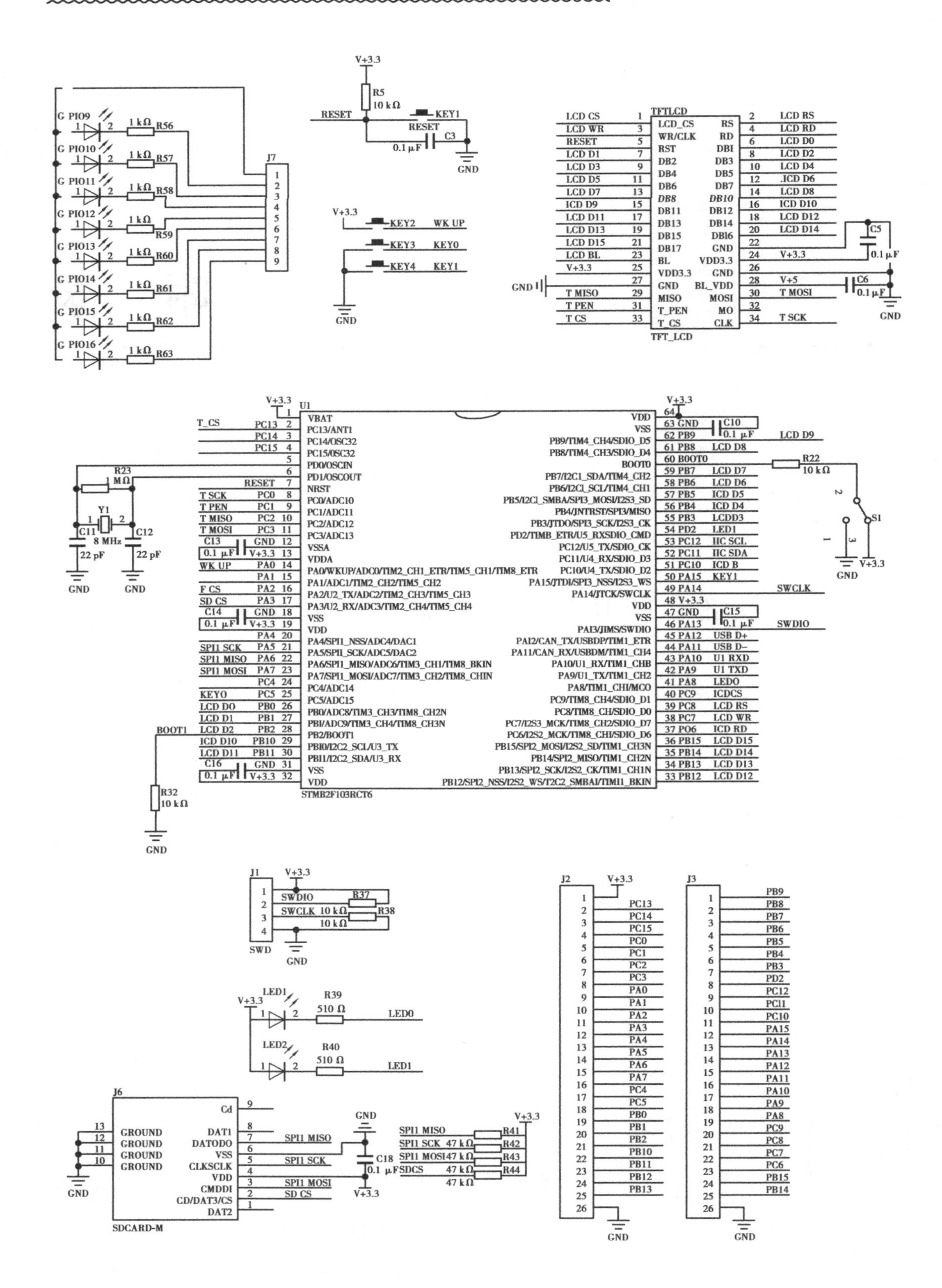
V+3.3
R5
10 kΩ
RESET
KEY1
C3
0.1 μF
GND
V+3.3
KEY2
WK UP
KEY3
KEY0
KEY4
KEY1
GND
G PIO9
G PIO10
G PIO11
G PIO12
G PIO13
G PIO14
G PIO15
G PIO16
1 kΩ
R56
R57
R58
R59
R60
R61
R62
R63
J7
TFTLCD
LCD_CS
WR/CLK
RST
RS
RD
DBI
LCD CS
LCD WR
RESET
LCD D1
LCD D3
LCD D5
LCD D7
ICD D9
LCD D11
LCD D13
LCD D15
LCD BL
V+3.3
T MISO
T PEN
T CS
LCD RS
LCD RD
LCD D0
LCD D2
LCD D4
LCD D6
LCD D8
ICD D10
LCD D12
LCD D14
V+3.3
V+5
T MOSI
T SCK
C5
0.1 μF
C6
0.1 μF
GND
TFT_LCD
V+3.3
U1
VBAT
PC13/ANT1
PC14/OSC32
PC15/OSC32
PD0/OSCIN
PD1/OSCOUT
NRST
PC0/ADC10
PC1/ADC11
PC2/ADC12
PC3/ADC13
VSSA
VDDA
PA0/WKUP/ADC0/TIM2_CH1_ETR/TIM5_CH1/TIM8_ETR
PA1/ADC1/TIM2_CH2/TIM5_CH2
PA2/U2_TX/ADC2/TIM2_CH3/TIM5_CH3
PA3/U2_RX/ADC3/TIM2_CH4/TIM5_CH4
VSS
VDD
PA4/SPI1_NSS/ADC4/DAC1
PA5/SPI1_SCK/ADC5/DAC2
PA6/SPI1_MISO/ADC6/TIM3_CH1/TIM8_BKIN
PA7/SPI1_MOSI/ADC7/TIM3_CH2/TIM8_CHIN
PC4/ADC14
PC5/ADC15
PB0/ADC8/TIM3_CH3/TIM8_CH2N
PB1/ADC9/TIM3_CH4/TIM8_CH3N
PB2/BOOT1
PB10/I2C2_SCL/U3_TX
PB11/I2C2_SDA/U3_RX
VSS
VDD
STMB2F103RCT6
T_CS
R23
1 MΩ
Y1
8 MHz
C11
C12
22 pF
GND
BOOT1
R32
10 kΩ
GND
V+3.3
R22
10 kΩ
S1
V+3.3
GND
SWCLK
SWDIO
LCD D9
J1
SWD
SWDIO
SWCLK
R37
R38
10 kΩ
GND
LED1
LED2
R39
R40
510 Ω
LED0
LED1
J6
SDCARD-M
GROUND
Cd
DAT1
DATODO
VSS
CLKSCLK
VDD
CMDDI
CD/DAT3/CS
DAT2
SPI1 MISO
SPI1 SCK
SPI1 MOSI
SD CS
C18
0.1 μF
R41
R42
R43
R44
47 kΩ
SDCS
J2
J3
GND

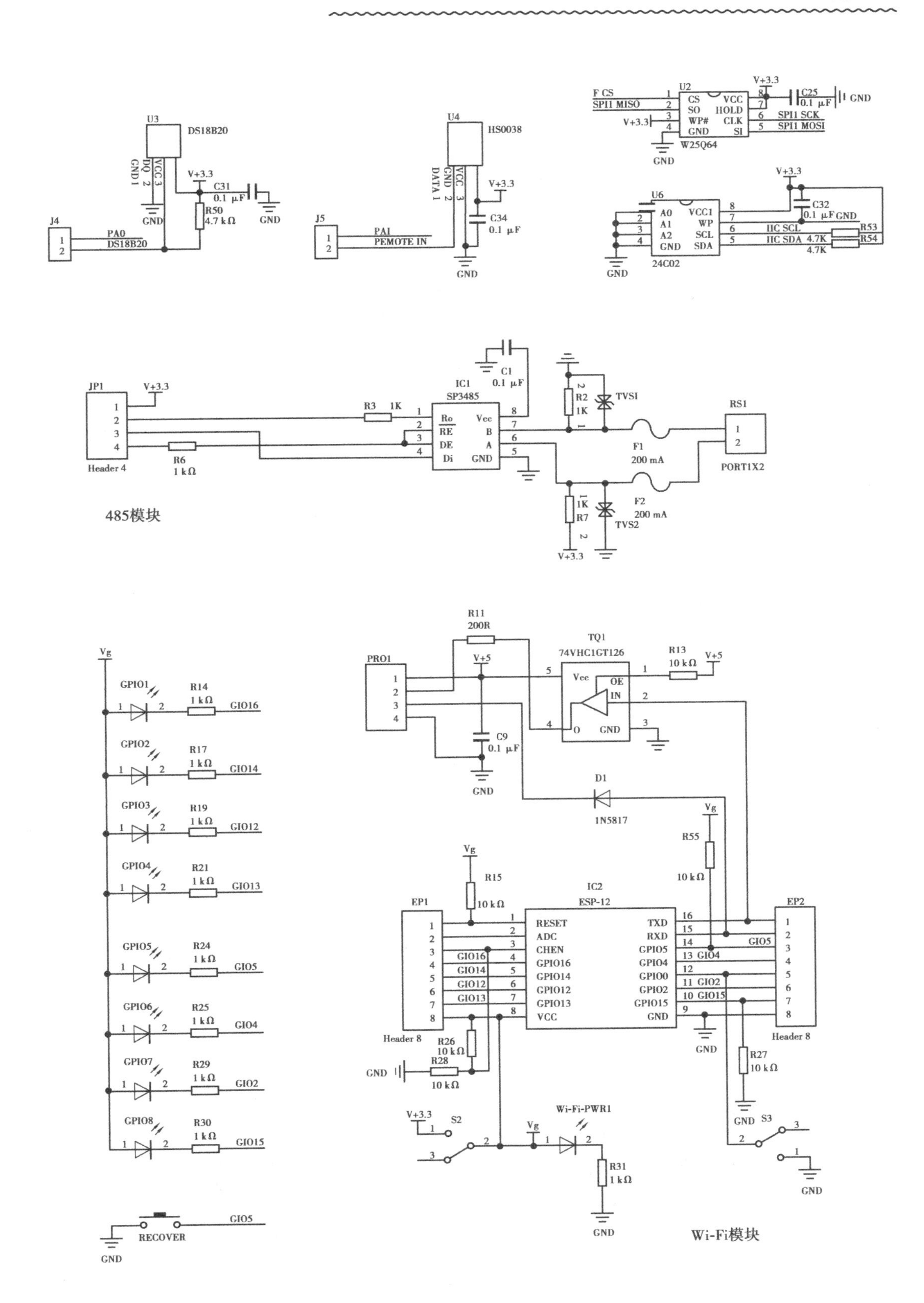

U3
DS18B20
GND 1
DQ 2
VCC 3
V+3.3
C31
0.1 μF
R50
4.7 kΩ
GND
J4
PA0
DS18B20
U4
HS0038
DATA 1
GND 2
VCC 3
C34
0.1 μF
J5
PAI
PEMOTE IN
U2
F CS
SPI1 MISO
CS
SO
WP#
GND
VCC
HOLD
CLK
SI
C25
SPI1 SCK
SPI1 MOSI
W25Q64
U6
A0
A1
A2
VCC1
WP
SCL
SDA
C32
IIC SCL
IIC SDA
R53
R54
4.7K
24C02
JP1
Header 4
R3
1K
R6
1 kΩ
IC1
SP3485
Ro
RE
DE
Di
Vcc
B
A
C1
R2
TVSI
RS1
F1
200 mA
F2
TVS2
R7
PORT1X2
485模块
Vg
GPIO1
R14
GIO16
GPIO2
R17
GIO14
GPIO3
R19
GIO12
GPIO4
R21
GIO13
GPIO5
R24
GIO5
GPIO6
R25
GIO4
GPIO7
R29
GIO2
GPIO8
R30
GIO15
RECOVER
R11
200R
TQ1
74VHC1GT126
PRO1
V+5
R13
10 kΩ
OE
IN
O
C9
D1
1N5817
R55
R15
IC2
ESP-12
EP1
EP2
RESET
ADC
CHEN
GPIO16
GPIO14
GPIO12
GPIO13
VCC
TXD
RXD
GPIO5
GPIO4
GPIO0
GPIO2
GPIO15
Header 8
R26
R28
R27
S2
S3
Wi-Fi-PWR1
R31
Wi-Fi模块

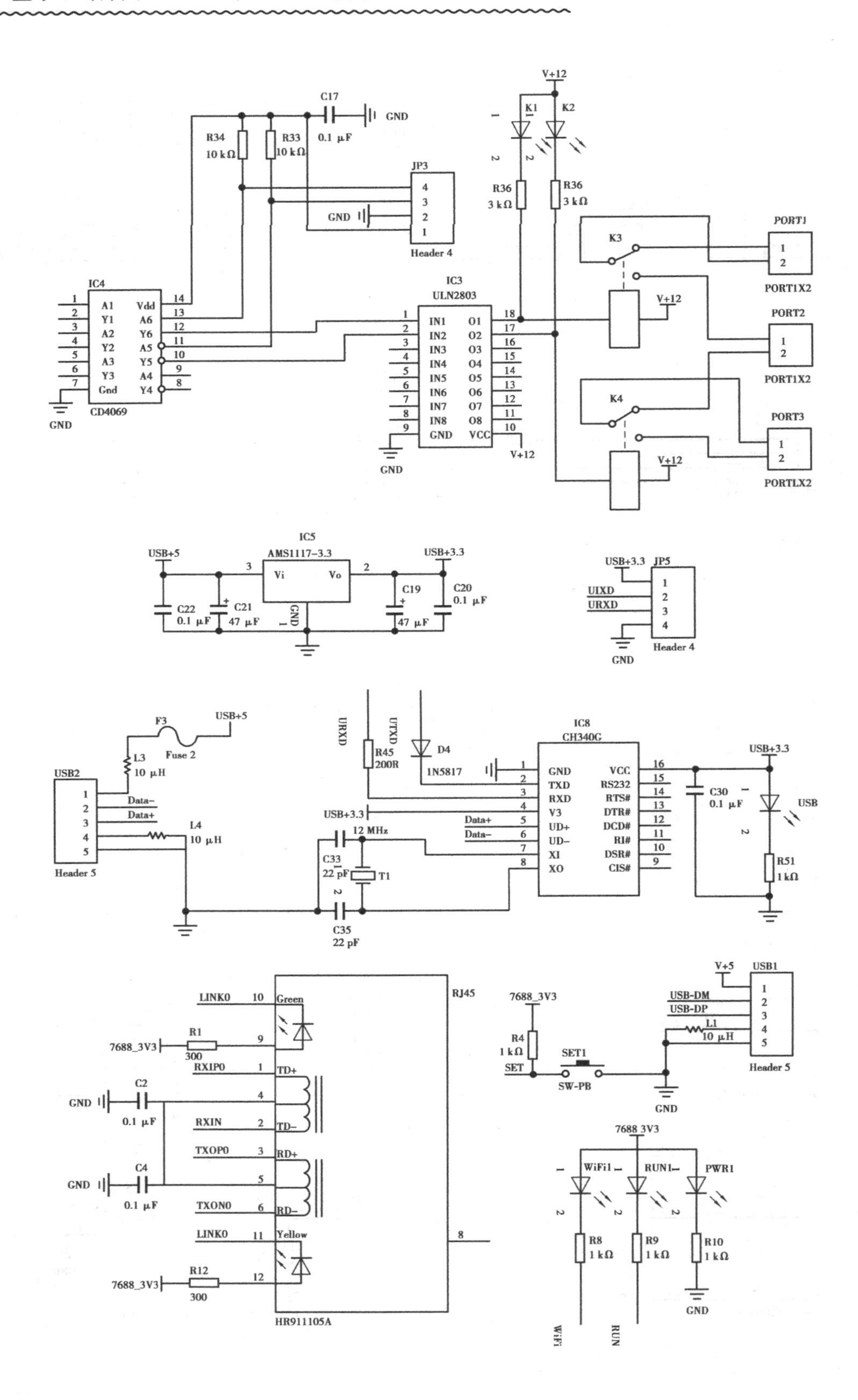
C17
0.1 μF
GND
R34
10 kΩ
R33
10 kΩ
JP3
Header 4
IC4
CD4069
A1
Y1
A2
Y2
A3
Y3
Gnd
Vdd
A6
Y6
A5
Y5
A4
Y4
IC3
ULN2803
IN1
IN2
IN3
IN4
IN5
IN6
IN7
IN8
GND
O1
O2
O3
O4
O5
O6
O7
O8
VCC
V+12
K1
K2
R36
3 kΩ
K3
K4
PORT1
PORT1X2
PORT2
PORT3
PORTLX2
IC5
AMS1117-3.3
Vi
Vo
USB+5
USB+3.3
C22
0.1 μF
C21
47 μF
C19
47 μF
C20
0.1 μF
JP5
UIXD
URXD
Header 4
F3
Fuse 2
L3
10 μH
USB2
Data-
Data+
L4
10 μH
Header 5
URXD
UTXD
R45
200R
D4
1N5817
IC8
CH340G
TXD
RXD
V3
UD+
UD-
XI
XO
VCC
RS232
RTS#
DTR#
DCD#
RI#
DSR#
CIS#
12 MHz
C33
22 pF
T1
C35
22 pF
C30
0.1 μF
USB
R51
1 kΩ
RJ45
LINK0
Green
R1
300
7688_3V3
RX1P0
TD+
C2
0.1 μF
RXIN
TD-
TXOP0
RD+
C4
0.1 μF
TXON0
RD-
LINK0
Yellow
R12
300
HR911105A
R4
1 kΩ
SET
SET1
SW-PB
V+5
USB1
USB-DM
USB-DP
L1
10 μH
Header 5
WiFi1
RUN1
PWR1
R8
1 kΩ
R9
1 kΩ
R10
1 kΩ
WiFi
RUN

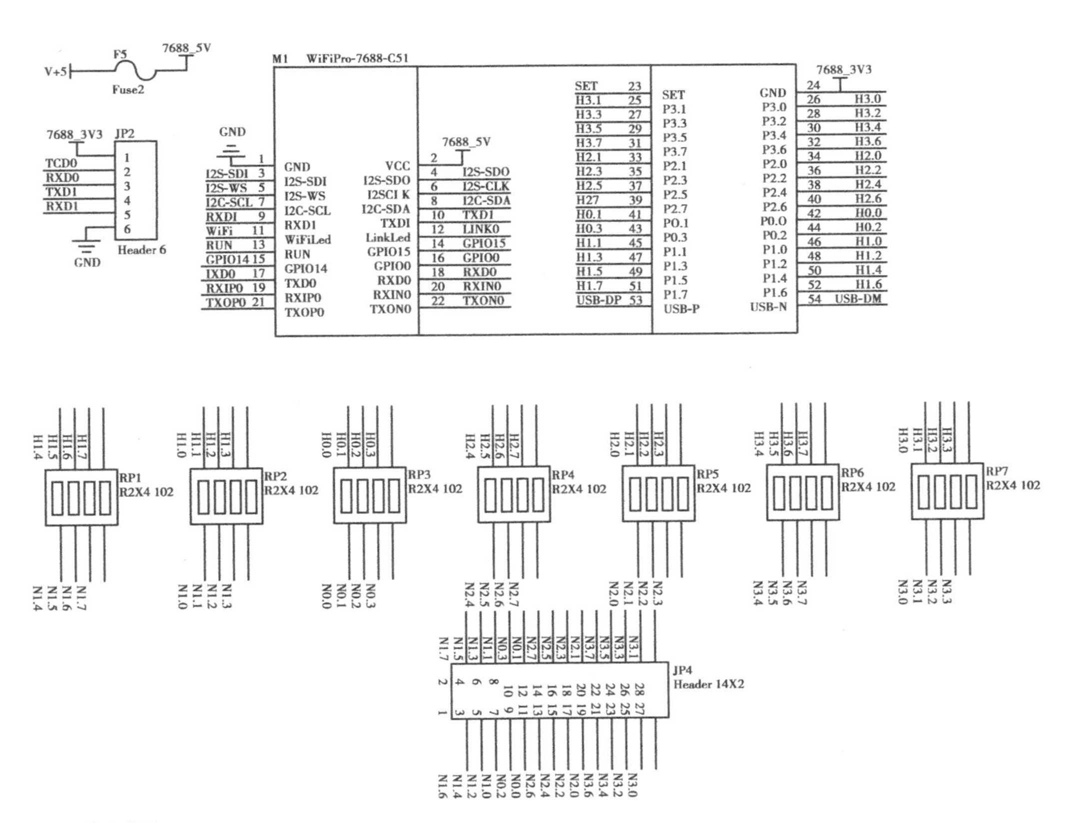

核心模块

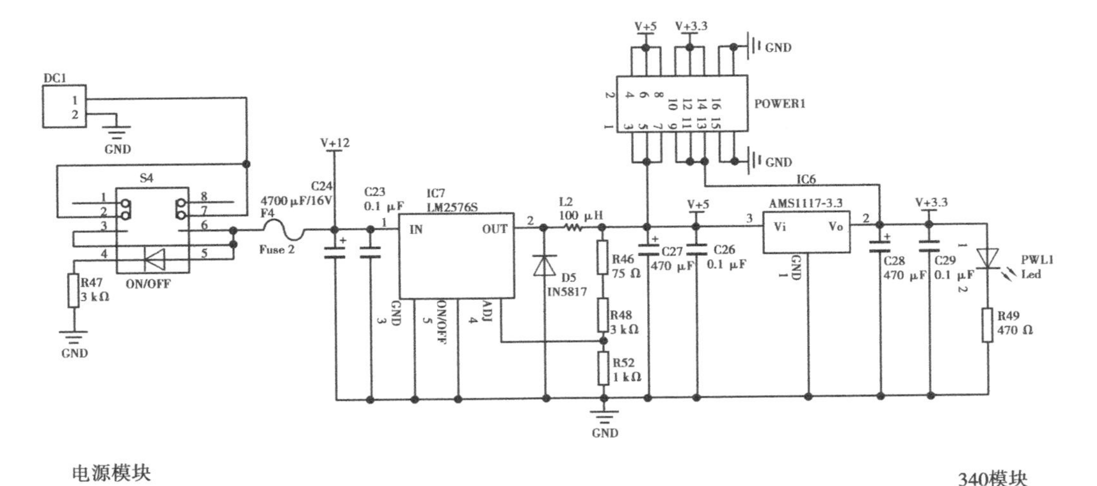

电源模块

340模块

附录 2 户外 PM2.5 监测系统设计参考程序

下位机参考程序

```
//------------------------------------------主程序-----------------------------
#include "led.h"
#include "delay.h"
#include "sys.h"
#include "usart.h"
#include "adc.h"
#include "gp2y.h"
int main(void)
 {
     delay_init();          //延时函数初始化
     uart_init(115200);  //串口初始化为 9600
     LED_Init();            //初始化与 LED 连接的硬件接口
     Adc_Init();            //ADC 初始化
     GP2Yinit();
 while(1)
 {
     GetGP2Y();
     GetGP2Y1();
     GetGP2Y2();
     printf("%lf      ",pm);
     printf("%lf      ",pm1);
     printf("%lf      ",pm2);
     delay_ms(500);
     LED0 = !LED0;
     delay_ms(250);
 }
}
//-------------------------------------------------GP2Y.C--------------------------------
#include "GP2Y.h"
#include "stm32f10x.h"
#include "delay.h"
#include "usart.h"
#include "adc.h"
```

```
#include "led.h"
void GP2Yinit(void)
{
//定义变量
    ADC_InitTypeDef A_InitStructure;
    GPIO_InitTypeDef G_InitStructure;//PA0
    GPIO_InitTypeDef Gpio_InitStructure;//PB1
    RCC_APB2PeriphClockCmd(RCC_APB2Periph_GPIOA |RCC_APB2Periph_ADC1, ENA-
BLE );  //使能 ADC2 通道时钟
    RCC_ADCCLKConfig(RCC_PCLK2_Div6);
    //设置 ADC 分频因子 6 72M/6 = 12,ADC 最大时间不能超过 14 M
    //PA0 作为模拟通道输入引脚
    G_InitStructure.GPIO_Pin = GPIO_Pin_0|GPIO_Pin_1|GPIO_Pin_3;
    G_InitStructure.GPIO_Mode = GPIO_Mode_AIN; //模拟输入引脚
    GPIO_Init(GPIOA, &G_InitStructure);
    ADC_DeInit(ADC1);  //复位 ADC1,将外设 ADC1 的全部寄存器重设为缺省值
    A_InitStructure.ADC_Mode = ADC_Mode_Independent;
    //ADC 工作模式:ADC1 和 ADC2 工作在独立模式
    A_InitStructure.ADC_ScanConvMode = DISABLE; //模数转换工作在单通道模式
    A_InitStructure.ADC_ContinuousConvMode = DISABLE;
    //模数转换工作在单次转换模式
    A_InitStructure.ADC_ExternalTrigConv = ADC_ExternalTrigConv_None;
    //转换由软件而不是外部触发启动
    A_InitStructure.ADC_DataAlign = ADC_DataAlign_Right; //ADC 数据右对齐
    A_InitStructure.ADC_NbrOfChannel = 1; //顺序进行规则转换的 ADC 通道的数目
    ADC_Init(ADC1, &A_InitStructure); //根据 ADC_InitStruct 中指定的参数初始化外设
ADCx 的寄存器
    ADC_Cmd(ADC1, ENABLE);                              //使能指定的 ADC1
    ADC_ResetCalibration(ADC1);                         //使能复位校准
    while(ADC_GetResetCalibrationStatus(ADC1));         //等待复位校准结束
    ADC_StartCalibration(ADC1);                         //开启 AD 校准
    while(ADC_GetCalibrationStatus(ADC1));              //等待校准结束
    Gpio_InitStructure.GPIO_Pin = GPIO_Pin_1;
    Gpio_InitStructure.GPIO_Mode = GPIO_Mode_Out_PP;  //推挽输出
    Gpio_InitStructure.GPIO_Speed = GPIO_Speed_50MHz;
    GPIO_Init(GPIOB, &Gpio_InitStructure);
    GP2Y_High;
}
    float pm,pm1,pm2,p1,p2,p3;
```

```
void GetGP2Y(void)
{
    GP2Y_Low;
    delay_us(280);
    AD_PM = Get_Adc(ADC_Channel_0);//PA0
    delay_us(40);
    GP2Y_High;
    delay_us(9680);
    pm = (0.17 * AD_PM - 0.1)/3.7; //电压-灰尘转换
}
void GetGP2Y1(void)
{
    GP2Y_Low1;
    delay_us(280);
    AD_PM1 = Get_Adc1(ADC_Channel_1);
    delay_us(40);
    GP2Y_High1;
    delay_us(9680);
    pm1 = (0.201 * AD_PM1 - 0.1)/3.7; //电压-灰尘转换
}
void GetGP2Y2(void)
{
    GP2Y_Low2;
    delay_us(280);
    AD_PM2 = Get_Adc2(ADC_Channel_3);
    delay_us(40);
    GP2Y_High2;
    delay_us(9680);
    pm2 = (0.21 * AD_PM2 - 0.1)/3.7; //电压 - 灰尘转换
}
//----------------------------------------------------Delay.c----------------------------------------
#include "delay.h"
//初始化延迟函数
//当使用 OS 的时候,此函数会初始化 OS 的时钟节拍
//SYSTICK 的时钟固定为 HCLK 时钟的 1/8
//SYSCLK:系统时钟
void delay_init()
{
    #if SYSTEM_SUPPORT_OS//如果需要支持 OS
```

```
    u32 reload;
    #endif
    SysTick_CLKSourceConfig(SysTick_CLKSource_HCLK_Div8);
    //选择外部时钟  HCLK/8
    fac_us = SystemCoreClock/8000000;//为系统时钟的 1/8
    reload = SystemCoreClock/8000000;//每秒钟的计数次数 单位为 M
    reload * = 1000000/delay_ostickspersec;//根据 delay_ostickspersec 设定溢出时间
    //reload 为 24 位寄存器,最大值:16777216,在 72 M 下,约合 1.86 s 左右
    fac_ms = 1000/delay_ostickspersec;//代表 OS 可以延时的最小单位
    SysTick - > CTRL| = SysTick_CTRL_TICKINT_Msk;//开启 SYSTICK 中断
    SysTick - > LOAD = reload;//每 1/delay_ostickspersec 秒中断一次
    SysTick - > CTRL| = SysTick_CTRL_ENABLE_Msk;//开启 SYSTICK
    #else
    fac_ms = (u16)fac_us * 1000;//非 OS 下,代表每个 ms 需要的 systick 时钟数
    #endif
}
//延时 nus
//nus 为要延时的 us 数
void delay_us(u32 nus)
{
    u32 ticks;
    u32 told,tnow,tcnt = 0;
    u32 reload = SysTick - > LOAD;//LOAD 的值
    ticks = nus * fac_us;//需要的节拍数
    tcnt = 0;
    delay_osschedlock();//阻止 OS 调度,防止打断 μs 延时
    told = SysTick - > VAL;          //刚进入时的计数器值
while(1)
{
    tnow = SysTick - > VAL;
    if(tnow! = told)
{
if(tnow < told)tcnt + = told - tnow;//注意 SYSTICK 是一个递减的计数器
    else tcnt + = reload - tnow + told;
    told = tnow;
if(tcnt > = ticks)break;//时间超过/等于要延迟的时间,则退出
  }
};
    delay_osschedunlock();//恢复 OS 调度
```

```
}
//延时 nms
//nms:要延时的 ms 数
void delay_ms(u16 nms)
{
  if(delay_osrunning&&delay_osintnesting = =0)
  //如果 OS 已经在跑了,并且不是在中断里面(中断里面不能任务调度)
{
if(nms > =fac_ms)//延时的时间大于 OS 的最少时间周期
{
  delay_ostimedly(nms/fac_ms);//OS 延时
}
  nms% =fac_ms;//OS 已经无法提供如此小的延时了,采用普通方式延时
}
  delay_us((u32)(nms * 1000));//普通方式延时
}
//延时 nus
//nus 为要延时的 us 数
void delay_us(u32 nus)
{
    u32 temp;
    SysTick - >LOAD =nus * fac_us; //时间加载
    SysTick - >VAL =0x00;          //清空计数器
    SysTick - >CTRL| =SysTick_CTRL_ENABLE_Msk ;//开始倒数
do
{
  temp =SysTick - >CTRL;
}while((temp&0x01)&&! (temp&(1 <<16)));//等待时间到达
  SysTick - >CTRL& = ~SysTick_CTRL_ENABLE_Msk;//关闭计数器
  SysTick - >VAL  =0X00;         //清空计数器
}
void delay_ms(u16 nms)
{
    u32 temp;
    SysTick - >LOAD =(u32)nms * fac_ms;//时间加载(SysTick - >LOAD 为 24 bit)
    SysTick - >VAL  =0x00;    //清空计数器
    SysTick - >CTRL| =SysTick_CTRL_ENABLE_Msk ;//开始倒数
do
{
```

```
  temp = SysTick - > CTRL;
} while((temp&0x01)&&! (temp&(1 < <16))); //等待时间到达
    SysTick - > CTRL& = ~SysTick_CTRL_ENABLE_Msk;//关闭计数器
    SysTick - > VAL  =0X00;         //清空计数器
}
#endif
//-----------------------------------------------------Usart. c----------------------------------
#include "sys. h"
#include "usart. h"
#if EN_USART1_RX    //如果使用了接收
//串口 1 中断服务程序
//注意,读取 USARTx - >SR 能避免莫名其妙的错误
u8 USART_RX_BUF[USART_REC_LEN];       //接收缓冲,最大 USART_REC_LEN 个字
节
//接收状态
//bit15,接收完成标志
//bit14,接收到 0x0d
//bit13 ~0,接收到的有效字节数目
u16 USART_RX_STA =0;          //接收状态标记
void uart_init(u32 bound)
{
  //GPIO 端口设置
  GPIO_InitTypeDef GPIO_InitStructure;
  USART_InitTypeDef USART_InitStructure;
  NVIC_InitTypeDef NVIC_InitStructure;
  RCC_APB2PeriphClockCmd(RCC_APB2Periph_USART1|RCC_APB2Periph_GPIOA, EN-
ABLE);
  //使能 USART1,GPIOA 时钟
  //USART1_TX    GPIOA. 9
  GPIO_InitStructure. GPIO_Pin  =  GPIO_Pin_9; //PA. 9
  GPIO_InitStructure. GPIO_Speed  =  GPIO_Speed_50MHz;
  GPIO_InitStructure. GPIO_Mode  =  GPIO_Mode_AF_PP;//复用推挽输出
  GPIO_Init(GPIOA, &GPIO_InitStructure);//初始化 GPIOA. 9

  //USART1_RX   GPIOA. 10 初始化
  GPIO_InitStructure. GPIO_Pin  =  GPIO_Pin_10;//PA10
  GPIO_InitStructure. GPIO_Mode  =  GPIO_Mode_IN_FLOATING;//浮空输入
  GPIO_Init(GPIOA, &GPIO_InitStructure);//初始化 GPIOA. 10
```

```
//Usart1 NVIC 配置
NVIC_InitStructure. NVIC_IRQChannel  =  USART1_IRQn;
NVIC_InitStructure. NVIC_IRQChannelPreemptionPriority =3 ;      //抢占优先级 3
NVIC_InitStructure. NVIC_IRQChannelSubPriority  =  3;           //子优先级 3
NVIC_InitStructure. NVIC_IRQChannelCmd  =  ENABLE;              //IRQ 通道使能
NVIC_Init(&NVIC_InitStructure);//根据指定的参数初始化 VIC 寄存器

//USART 初始化设置
USART_InitStructure. USART_BaudRate  =  bound;//串口波特率
USART_InitStructure. USART_WordLength  =  USART_WordLength_8b;
//字长为 8 位数据格式
USART_InitStructure. USART_StopBits  =  USART_StopBits_1;      //一个停止位
USART_InitStructure. USART_Parity  =  USART_Parity_No;         //无奇偶校验位
USART_InitStructure. USART_HardwareFlowControl  =  USART_HardwareFlowControl_None;
//无硬件数据流控制
USART_InitStructure. USART_Mode  =  USART_Mode_Rx | USART_Mode_Tx;//收发模式

  USART_Init(USART1, &USART_InitStructure);                   //初始化串口 1
  USART_ITConfig(USART1, USART_IT_RXNE, ENABLE);              //开启串口接受中断
  USART_Cmd(USART1, ENABLE);                                  //使能串口 1
}
void USART1_IRQHandler(void)                                  //串口 1 中断服务程序
{
u8 Res;
#if SYSTEM_SUPPORT_OS
//如果 SYSTEM_SUPPORT_OS 为真,则需要支持 OS
OSIntEnter();
#endif
if(USART_GetITStatus(USART1, USART_IT_RXNE) !  =  RESET)
//接收中断(接收到的数据必须是 0x0d 0x0a 结尾)
{
    Res  =USART_ReceiveData(USART1);//读取接收到的数据

if((USART_RX_STA&0x8000) = =0)//接收未完成
{
    if(USART_RX_STA&0x4000)//接收到了 0x0d
{
    if(Res!  =0x0a)USART_RX_STA =0;//接收错误,重新开始
    else USART_RX_STA| =0x8000;//接收完成
```

```
}
else //还没收到0X0D
{
  if(Res = =0x0d)USART_RX_STA| =0x4000;
  else
  {
    USART_RX_BUF[USART_RX_STA&0X3FFF] =Res ;
    USART_RX_STA + + ;
  if(USART_RX_STA > (USART_REC_LEN - 1))USART_RX_STA =0;
  //接收数据错误,重新开始接收
  }
}
}
      }
#if SYSTEM_SUPPORT_OS//如果 SYSTEM_SUPPORT_OS 为真,则需要支持 OS
OSIntExit();
#endif
} #endif
```

上位机参考程序

```
//------------------------------------------------------HTML5---------------------------------------------
<! DOCTYPE html PUBLIC " -//WAPFORUM//DTD XHTML Mobile 1.0//EN" "http://www.wapforum.org/DTD/xhtml - mobile10.dtd" >
<html >
<head >
<meta http-equiv = "content-type" content = "text/html" / >
<meta name = "viewport" content = "width = device-width,initial-scale = 1.0,maximum-scale =1.0,user-scalable =0" charset = "utf-8"/ >
<title > </title >
</head >
<link rel = "stylesheet" href = "css/style.css" type = "text/css" >
<script src = "js/websocket.js" > </script >
<script src = "js/Control.js" > </script >
<body >
<h1 >PM2.5 在线监测系统 </h1 >
<hr > <hr > <hr > <hr >
<div class = "nav" >
  <ul >
```

```
        < li > < a href = " https://baike. baidu. com/item/细颗粒物/804913? fromtitle =
PM2. 5&fromid = 353332&fr = aladdin" > PM2. 5 介绍 </a > </li >
        <li > <a href = "#" >历史数据 </a > </li >
        <li > <a href = "#" >实时资讯 </a > </li >
        <li class = "last" > <a href = "#" >全国 PM2. 5 </a > </li >
        </ul >
          </div >
         <div class = "box" >
         <div >
          <table width = "1000" height = "300" border = "3" bordercolor = "#f000"   style =
"margin:auto; font-size:28px;" > <! --居中表格-- >
          <tr >
          <td >          </td >
          <td align = "center" >监测点 1 </td >
          <td align = "center" >监测点 2 </td >
          <td align = "center" >监测点 3 </td >
          </tr >
              <tr >
          <td align = "center" >实时浓度 </td >
         <td align = "center" > <div id = "Temp1" >00.00 <i >ug/m3 </i > </div > </td >
          < td align = " center" > < div id = " Temp2" > 00. 00 < i > ug/m3 </i > </div >
</td >
          <td a align = "center" > <div id = "Temp3" >00.00 <i >ug/m3 </i > </div > </td >
          </tr >
          </table >
          </div >
          </div >
      </div >
      </body >
      </html >
     //------------------------------------------Websocket 网络通信协议-----------------------------
     //定义全局变量
     var FrunWeb_IP,FrunWeb_PORT;//定义变量存储 IP 地址和端口号
     var websocket_Connected;            //端口的网络连接标志位,0—断开,1—连接
     var websocket;                      //端口连接的句柄
     //-------------------------------------------------------------------
     function SocketConnect(){           //websocket 连接函数
     var Uri;  //websocket 链接地址
```

```
        var nPort; //待链接端口号
        GetIP(); //获取服务器的 IP 地址和起始端口号
        nPort = parseInt(FrunWeb_PORT) +2; //获取 HTML5 Web 单片机模块的端口 2

        Uri = "ws://" + FrunWeb_IP + ":" + nPort.toString();    //获得链接地址
        if (! ("WebSocket" in window)){  //判断浏览器是否支持 websocket 协议
          window.alert("提示:该浏览器不支持 HTML5 Websocket,建议选择 Google,FireFox
浏览器!");
    return;
    }
    try{
    websocket_Connected =0;
    websocket  =  new WebSocket(Uri); //创建 websocket 对象赋给变量"websocket"
    websocket.onopen      = function (evt) { websocket_Open(evt)    };
    //监听网络连接成功事件
            websocket.onclose     = function (evt) { websocket_Close(evt)    };
    //监听网络连接关闭事件
            websocket.onmessage  = function (evt) { websocket_Message(evt)};
    //监听网络返回数据事件
            websocket.onerror     = function (evt) { websocket_Error(evt)    };
    //监听网络连接异常事件
    }
    catch (err){
    window.alert("提示:连接错误,请重新连接!");
    }
    }
    //------------------------------------------------------------
    function CloseWebSocket(){//关闭 Websocket 连接
    websocket.close;
    }
    //------------------------------------------------------------
    function websocket_Open(evt)//网络连接成功
    {
      websocket_Connected =1;
      onConnect();  //调用函数执行网络连接成功后
    }
    //------------------------------------------------------------
    function websocket_Close(evt)//网络连接断开
    {
```

```
        websocket_Connected = 0;
        Disconnect(1);
    }
    //-----------------------------------------------------------------
    function websocket_Error(evt)//连接错误
    {
        Disconnect(2);
    }
    //-----------------------------------------------------------------
    function websocket_Message(evt)//接收到来自网络的数据
    {
        var str = evt.data;
        onReceive_str(str);
    }
    //-----------------------------------------------------------------
    function WebSocket_Send(data){//数据发送
    try{
    if(websocket.readyState = = 1){
    websocket.send(data);//调用 websocket 的 send()函数发送数据
    }
    }
    catch (err){window.alert("提示:数据发送错误,请重新发送!");}
    }
    //-----------------------------------------------------------------
    function ASCII_TO_String(bytebuf){//ASCII 码转字符串
    var str = "";
    for(var i = 0;i < bytebuf.length;i + +){
    str + = String.fromCharCode(bytebuf[i]);
    }
    return str;
    }
    //-----------------------------------------------------------------
    function GetIP(){//IP 和端口号
    //获取 HTML5-NET 服务器的本地 IP 和起始端口号,这部分指令当需要将界面下载到服务器时使用
          /*var str,ip;
          str = window.location.href;
          str = str.split("/",10);
          ip = str[2].split(":",2);
```

```
        FrunWeb_IP = ip[0];
        FrunWeb_PORT = ip[1]; */
    //设定固定的 IP 地址和起始端口号,这部分指令通常用于界面开发调试阶段
        FrunWeb_IP = "192.168.1.254";
        FrunWeb_PORT = "5000";
    }
    window.onload = function(){//监听界面加载完成的事件,
    SocketConnect();//调用联网函数创建 websocket 链接
    }
    //----------------------------------------------CSS3 参考程序--------------------------------
    *{
    margin:0;padding:0;
    }
    h1{
    height:100px;background:#0ff;text-align:center;
    line-height:100px;margin:0 auto;font-size:50px;
    }
    ul li{list-style:none;font-size:10px;}
    .nav{height:60px; width:650px; background:#000;}
      .nav ul{width:960px;margin:0 auto;overflow:hidden;}
    .nav ul li {float:left;border-right:3px #eee solid;}
      .nav ul li a{display:block; width:160px; height:60px; color:#fff; text-decoration:none;
text-align:center; line-height:60px; }
    .nav ul li a:hover{background:#f00;}
    .nav ul li.last{border-right:none;}
    html{font-size:62.5%; }
    img{width:100%};
    body{font-size:12px;font-size:1.2rem ; }
    p{font-size:14px;font-size:1.4rem;}
    .box{
        background:url(../img/5.jpg);
        background-position:center center;
        background-size: cover;
        margin-left:auto;
        margin-top:auto;
        margin-right:auto;
        margin:auto;width:100%;
        width-max:1280px;height:770px;
    }
```

```
#left{
    margin-top:5px;
    float:left;
    width:32%;
    height:100px;
    border:1px #66CCFF solid;
    margin:3px;
    border-radius:8px;
    background: rgba(176,176,176,0.2);
}
.Tem_1
{
    width:95%;
    height:40px;
    background:#fff;
    text-align:center;
    border:1px solid #000;
    font-size:2em;
    overflow:hidden;
    text-align:center;
    line-height:40px;
    moz-user-select: -moz-none;
    -moz-user-select: none;
    -o-user-select:none;
    -khtml-user-select:none;
    -webkit-user-select:none;
    -ms-user-select:none;
    user-select:none;
}
#zhong
{
    margin-top:5px;
    float:left;
    width:32%;
    height:100px;
    border:1px #66CCFF solid;
    margin:3px;
    border-radius:8px;
    background: rgba(176,176,176,0.2);
```

```
}
#right
{
    margin-top:5px;
    float:left;
    width:32%;
    height:100px;
    border:1px #66CCFF solid;
    margin:3px;
    border-radius:8px;
    background: rgba(176,176,176,0.2);
}
//---------------------------------------------------Conter.js----------------------------------------
function OnTime()//判断网络是否断开
{
    if(websocket.readyState = =3) //断开自动连接
    {
        Disconnect(1);
    }
}
function onReceive_Hex(blob)//数据接收处理函数(十六进制数据)
{
    var str;
    var bytebuf;
    var reader = new FileReader();//创建 FileReader 对象用于解析数据流中的数据
    reader.readAsArrayBuffer(blob);//将数据流解析成二进制数数组
    reader.onload = function(evt){
    bytebuf = new Uint8Array(reader.result);//将数据转换成十六进制数数组
    str = HexToStr(bytebuf);//将十六进制数据转换成对应的字符串
    };
}
function onReceive_str(blob)
{
  //字符串 数据接收处理函数
  var str;
  var reader = new FileReader();
  reader.readAsText(blob,'utf-8');//将数据流解析成文本
  reader.onload = function(evt)
  {
```

```
        str = reader. result;//获取字符串时使用
        console. log(12);
        var Num1 = str. substr(0,6);
        var Num2 = str. substr(13,5);
        var Num3 = str. substr(26,5);
        document. getElementById("Temp1"). innerHTML = Num1 + "ug/m3";
        document. getElementById("Temp2"). innerHTML = Num2 + "ug/m3";
        document. getElementById("Temp3"). innerHTML = Num3 + "ug/m3";.
    };
}
function   Send_Data_Str(str)//字符串 数据发送函数
{
    if(websocket_Connected = =1)
      {
        WebSocket_Send(str);
      }
}
function   Send_Data_HEX(str)//十六进制数据发送函数 str 为字符串形式十六进制数的
{
        var buff,i,tstr;
        str = str. toUpperCase();//将字符串中的小写字母变成大写字母
        str = str. replace(/\s +/g,""); //去掉所有的空格
        buff = new Uint8Array(str. length/2);
        //创建长度只有字符串长度一半的十六进制数数组
        for(i =0;i < buff. length;i + +)
        {
        tstr = str. substr(2 * i,2); //每隔两个字符截取两个字符
        buff[i] = parseInt(tstr,16);//将字符串转为十六进制字节
        }
        if(websocket_Connected = =1)
        {
          WebSocket_Send(buff);//十六进制数据发送
        }
}
//------------------------------------------------------------------------
function HexToStr(buf){//将十六进制数据转换成对应的字符
    var str;
    str = "";
    for(var i =0;i < buf. length;i + +)
```

```
        {
            if(buf[i] <16)
            {
                str = str + "0" + buf[i].toString(16) + " ";
                //将数字按十六进制格式转换成字符串,例如 n=20    n.toString(16) = "14";
            }
            else
            {
                str = str + buf[i].toString(16) + " ";
            }
        }
        str = str.toUpperCase() + "\r\n"    //将全部小写字母转成大写字母,并增加回车换
行符
        return str;
    }
    //-----------------------------------------------------------------
    function StrToHex(str)
    {
        //字符串转十六进制数
        var buff,i,tstr;
        buff = new Uint8Array(str.length/2);
        for(i=0;i<buff.length;i++)
        {
            tstr = str.substr(2*i,2);
            buff[i] = parseInt(tstr,16);//将字符串转为十六进制字节
        }
     return buff;
    }
  //--------------------------------------------------HTML5--------------------------------------------
  <!DOCTYPE html>
  <html>
        <head lang="en">
                <meta charset="UTF-8">
                <title>浓度实时记录</title>
                <meta name="viewport" content="width=device-width,initial-scale=1">
                <link rel="stylesheet" href="http://code.jquery.com/mobile/1.4.5/jquery.
mobile-1.4.5.min.css" />
                <script src="http://code.jquery.com/jquery-1.11.1.min.js"></script>
```

```
            <script src="http://code.jquery.com/mobile/1.4.5/jquery.mobile-1.4.5.min.js"></script>
        </head>
        <script src="js/connect.js"></script>
        <body onload="init()">
            <div data-role="page" id="pageone">
                <div data-role="header" data-position="fixed">
                    <h1>浓度实时记录</h1>
                </div>
                <div data-role="main" class="ui-content">

                    <table data-role="table" class="ui-responsive">
                        <thead>
                            <tr>   <th>浓度:</th>  </tr>
                        </thead>
                        <tbody>
                            <tr>
                                <td><input type="text" id="memo"></td>
                            </tr>
                        </tbody>
                    </table>
                <button type="submit" onclick="saveData()">保存</button>
              <table data-role="table" data-mode="666" class="ui-responsive" id="datatable">
                    <!--这里是留言板的显示区域-->
          </table>
        </body>
    </html>

    //---------------------------------------- -conntent.js--------------------------------------------
    var datatable = null;
    var db = openDatabase("MyData", "", "My Database", 1024 * 100);
    //初始化函数方法
    function init() {
        datatable = document.getElementById("datatable");
        showAllData();
    }
    function removeAllData() {
        for(var i = datatable.childNodes.length - 1; i >= 0; i--)
```

```
        {
            datatable.removeChild(datatable.childNodes[i]);
        }
        var tr = document.createElement("tr");
        var th2 = document.createElement("th");
        var th3 = document.createElement("th");
        th2.innerHTML = "浓度";
        th3.innerHTML = "时间";
        tr.appendChild(th2);
        tr.appendChild(th3);
        datatable.appendChild(tr);
    }
    //显示 WebSQL 中的数据
    function showData(row) {
        var tr = document.createElement("tr");
        var td2 = document.createElement("td");
        td2.innerHTML = row.message;
        var td3 = document.createElement("td");
        var t = new Date();
        t.setTime(row.time);
        td3.innerHTML = t.toLocaleDateString() + " " + t.toLocaleTimeString();
        tr.appendChild(td2);
        tr.appendChild(td3);
        datatable.appendChild(tr);
    }
    //显示所有的数据
    function showAllData() {
        db.transaction(function(tx) {
            tx.executeSql("CREATE TABLE IF NOT EXISTS MsgData(name TEXT,message
TEXT,time INTEGER)", []);
            tx.executeSql("SELECT * FROM MsgData", [], function(tx, rs) {
                removeAllData();
                for(var i = 0; i < rs.rows.length; i++) {
                    showData(rs.rows.item(i))
                }
            })
        })
    }
    //添加数据
```

```
function addData(name, message, time) {
    db.transaction(function(tx) {
        tx.executeSql("INSERT INTO MsgData VALUES (?,?,?)", [name, message,
time], function(tx, rs) {
                alert("留言成功!");
            },
            function(tx, error) {
                alert(error.source + "::" + error.message);
            }
    )
    })
}
//调用
function saveData() {
    var memo = document.getElementById("memo").value;
    var time = new Date().getTime();
    addData(name, memo, time);
    showAllData();
}
```

附录3　智能火灾预警与防盗监控系统设计参考程序

下位机参考程序

```
//------------------主程序----------------
#include "led. h"
#include "delay. h"
#include "sys. h"
#include "usart. h"
 int main(void)
 {
     u8 t,a=0,b=0;
     u8 len;
     u16 times=0;
     u8 fangdao_flag=0;
     delay_init();
     NVIC_Configuration();
     uart_init(115200);
     LED_Init();
     fangdao_flag=0;
while(1)
{
if(USART_RX_STA&0x8000)
{
   len=USART_RX_STA&0x3fff;

   for(t=0;t<len;t++)
{
     if(USART_RX_BUF[t]=='1')
     {
        LED0=0;
        printf("\r\n Power Open! \r\n");
     }
     else if(USART_RX_BUF[t]=='2')
     {
        LED0=1;
        printf("\r\n Power Close! \r\n");
```

```
        }
        else if(USART_RX_BUF[t] = ='3')
        {
          fangdao_flag =1;
          printf(" \r\n Alarm Open!  \r\n");
        }
        else if(USART_RX_BUF[t] = ='4')
        {
          fangdao_flag =0;
          printf(" \r\nAlarm Close!  \r\n");
        }
    }
          USART_RX_STA =0;
      }
    if(fangdao_flag = =1)
    {
    if(Hong_wai = =1)
    {
        BEEP =0;
        a =a +1;
        delay_ms(100);
        if(a = =3)
        {
          printf(" \r\Warning:Intrusion Event!  \r\n");
        }
        else if(Hong_wai = =0)
        {
          BEEP =1;
          a =0;
        }
      }
    }
    if(Yan_wu = =1)
    {
        BEEP =0;
        b =b +1;
        delay_ms(100);
        if(b = =3)
        {
```

```
            printf("\r\Warning:Fire Event! \r\n");
        }
    }
    else if(Yan_wu = =0)
    {
        BEEP =1;
        b =0;
    }
    }
    }
    //----------------其他程序--------------
    #include "led.h"
    void LED_Init(void)
    {
      GPIO_InitTypeDef   GPIO_InitStructure;
      RCC_APB2PeriphClockCmd(RCC_APB2Periph_GPIOA|RCC_APB2Periph_GPIOB, ENA-
BLE);
      GPIO_InitStructure.GPIO_Pin  =  GPIO_Pin_8;
      GPIO_InitStructure.GPIO_Mode  =  GPIO_Mode_Out_PP;
      GPIO_InitStructure.GPIO_Speed  =  GPIO_Speed_50MHz;
      GPIO_Init(GPIOA, &GPIO_InitStructure);
      GPIO_SetBits(GPIOA,GPIO_Pin_8);
      GPIO_InitStructure.GPIO_Pin  =  GPIO_Pin_2;
      GPIO_Init(GPIOB, &GPIO_InitStructure);
      GPIO_SetBits(GPIOB,GPIO_Pin_2);
    }
     void KEY_Init(void)
     {
       GPIO_InitTypeDef GPIO_InitStructure;
       RCC_APB2PeriphClockCmd(RCC_APB2Periph_GPIOA,ENABLE);
       GPIO_InitStructure.GPIO_Pin =  GPIO_Pin_4;
       GPIO_InitStructure.GPIO_Mode  =  GPIO_Mode_IPD;
       GPIO_Init(GPIOA, &GPIO_InitStructure);
       GPIO_InitStructure.GPIO_Pin    =  GPIO_Pin_5;
       GPIO_InitStructure.GPIO_Mode  =  GPIO_Mode_IPD;
       GPIO_Init(GPIOA, &GPIO_InitStructure);
       GPIO_InitStructure.GPIO_Pin    =  GPIO_Pin_6;
       GPIO_InitStructure.GPIO_Mode  =  GPIO_Mode_IPD;
       GPIO_Init(GPIOA, &GPIO_InitStructure);
```

```
}
//-----------------------------------------------
#include "delay.h"
#include "sys.h"
#if SYSTEM_SUPPORT_UCOS
#include "includes.h"
#endif
static u8   fac_us=0;
static u16 fac_ms=0;
#ifdef OS_CRITICAL_METHOD
void SysTick_Handler(void)
{
    OSIntEnter();
    OSTimeTick();
    OSIntExit();
}
#endif
void delay_init()
{
  #ifdef OS_CRITICAL_METHOD
  u32 reload;
  #endif
  SysTick_CLKSourceConfig(SysTick_CLKSource_HCLK_Div8);
  fac_us=SystemCoreClock/8000000;
  #ifdef OS_CRITICAL_METHOD
  reload=SystemCoreClock/8000000;
  reload*=1000000/OS_TICKS_PER_SEC;
  fac_ms=1000/OS_TICKS_PER_SEC;
  SysTick->CTRL|=SysTick_CTRL_TICKINT_Msk;
  SysTick->LOAD=reload;
  SysTick->CTRL|=SysTick_CTRL_ENABLE_Msk;
  #else
      fac_ms=(u16)fac_us*1000;
  #endif
}
#ifdef OS_CRITICAL_METHOD
void delay_us(u32 nus)
{
    u32 ticks;
```

```
    u32 told,tnow,tcnt =0;
    u32 reload = SysTick - > LOAD;
    ticks = nus * fac_us;
    tcnt =0;
    told = SysTick - > VAL;
    while(1)
    {
        tnow = SysTick - > VAL;
        if(tnow!  =told)
        {
            if(tnow < told) tcnt + = told-tnow;
            else tcnt + = reload-tnow + told;
              told = tnow;
            if(tcnt > = ticks) break;
        }
    };
}
void delay_ms(u16 nms)
{
  if(OSRunning = = TRUE)
  {
    if(nms > = fac_ms)
    {
      OSTimeDly(nms/fac_ms);
    }
    nms% = fac_ms;
  }
delay_us((u32)(nms * 1000));
}
#else
void delay_us(u32 nus)
{
    u32 temp;
    SysTick - > LOAD = nus * fac_us;
    SysTick - > VAL =0x00;
    SysTick - > CTRL| = SysTick_CTRL_ENABLE_Msk ;
do
{
    temp = SysTick - > CTRL;
```

```
}
while(temp&0x01&&!(temp&(1<<16)));
SysTick->CTRL&=~SysTick_CTRL_ENABLE_Msk;
SysTick->VAL =0X00;
}
void delay_ms(u16 nms)
{
    u32 temp;
    SysTick->LOAD=(u32)nms*fac_ms;
    SysTick->VAL =0x00;
    SysTick->CTRL|=SysTick_CTRL_ENABLE_Msk ;
do
{
    temp=SysTick->CTRL;
}
while(temp&0x01&&!(temp&(1<<16)));
SysTick->CTRL&=~SysTick_CTRL_ENABLE_Msk;
SysTick->VAL =0X00;
}
#endif
//------------------------------------------------------------------
#include "sys.h"
#include "usart.h"
#if SYSTEM_SUPPORT_UCOS
#include "includes.h"
#endif
#if 1
#pragma import(__use_no_semihosting)
struct __FILE
{
    int handle;
};
FILE __stdout;
_sys_exit(int x)
{
      x = x;
}
int fputc(int ch, FILE *f)
{
```

```
        while((USART1 - >SR&0X40) = =0);
        USART1 - >DR = (u8) ch;
      return ch;
    }
    #endif
    int fputc(int ch, FILE *f)
    {
        USART_SendData(USART1, (uint8_t) ch);
        while (USART_GetFlagStatus(USART1, USART_FLAG_TC) = = RESET) {}
        return ch;
    }
    int GetKey (void)
    {
        while (! (USART1 - >SR & USART_FLAG_RXNE));
        return ((int)(USART1 - >DR & 0x1FF));
    }
    u8 USART_RX_BUF[USART_REC_LEN];
    u16 USART_RX_STA =0;
    void uart_init(u32 bound){
        GPIO_InitTypeDef GPIO_InitStructure;
        USART_InitTypeDef USART_InitStructure;
        NVIC_InitTypeDef NVIC_InitStructure;
        RCC_APB2PeriphClockCmd(RCC_APB2Periph_USART1 | RCC_APB2Periph_GPIOA,
ENABLE);
        USART_DeInit(USART1);
        GPIO_InitStructure.GPIO_Pin = GPIO_Pin_9; //PA.9
        GPIO_InitStructure.GPIO_Speed = GPIO_Speed_50MHz;
        GPIO_InitStructure.GPIO_Mode = GPIO_Mode_AF_PP;
        GPIO_Init(GPIOA, &GPIO_InitStructure);
        GPIO_InitStructure.GPIO_Pin = GPIO_Pin_10;
        GPIO_InitStructure.GPIO_Mode = GPIO_Mode_IN_FLOATING;
        GPIO_Init(GPIOA, &GPIO_InitStructure);
        NVIC_InitStructure.NVIC_IRQChannel = USART1_IRQn;
        NVIC_InitStructure.NVIC_IRQChannelPreemptionPriority =3 ;
        NVIC_InitStructure.NVIC_IRQChannelSubPriority = 3;
        NVIC_InitStructure.NVIC_IRQChannelCmd = ENABLE;
        NVIC_Init(&NVIC_InitStructure);

        USART_InitStructure.USART_BaudRate = bound;
```

```
        USART_InitStructure. USART_WordLength = USART_WordLength_8b;
        USART_InitStructure. USART_StopBits = USART_StopBits_1;
        USART_InitStructure. USART_Parity = USART_Parity_No;
        USART_InitStructure. USART_HardwareFlowControl = USART_HardwareFlowControl_
None;
        USART_InitStructure. USART_Mode = USART_Mode_Rx | USART_Mode_Tx;
        USART_Init(USART1, &USART_InitStructure);
        USART_ITConfig(USART1, USART_IT_RXNE, ENABLE);
        USART_Cmd(USART1, ENABLE);
    }
    #if EN_USART1_RX    //Èç¹ûÊ¹ÄÜÁËÊ¹½ÓÊÕ
    void USART1_IRQHandler(void)
    {
        u8 Res;
        #ifdef OS_TICKS_PER_SEC
        OSIntEnter();
        #endif
    if(USART_GetITStatus(USART1, USART_IT_RXNE) ! = RESET)
    {
        Res =USART_ReceiveData(USART1);
        if((USART_RX_STA&0x8000) = =0)
        {
          if(USART_RX_STA&0x4000)
        {
            if(Res! =0x0a)USART_RX_STA=0;
            else USART_RX_STA| =0x8000;
        }
        else
        {
            if(Res= =0x0d)USART_RX_STA| =0x4000;
            else
            {
            USART_RX_BUF[USART_RX_STA&0X3FFF] =Res ;
            USART_RX_STA++;
            if(USART_RX_STA>(USART_REC_LEN-1))USART_RX_STA=0;
          }
        }
      }
    }
```

```
#ifdef OS_TICKS_PER_SEC
    OSIntExit( );
#endif
}
#endif
```

上位机参考程序

```
//------------HTML5 + CSS3 程序----------------
<! DOCTYPE html PUBLIC "123" >
<head>
<meta http-equiv = "Content-Type"  content = "text/html; charset = utf-8"  / >
<title>家庭防火防盗系统 </title>
<script src = "uart. js" > </script>
<style>
#tb1
{
  text-align:center;
}
. button_type1
{
  width:80px;
  height:30px;
  font-size:12px;
}
 </style>
 </head>
 <body onload = "SocketConnect( )" >
 <div class = "div1"  style = "left:100px" >
      <table id = "tb1"  width = "700"  border = "4"   >
            <tr>
              <td   height = "70"    bgcolor = "#000000"  style = "font-size: 20px; color:
#F00" >家庭防火防盗系统 </td>
             </tr>
            <tr>
              <td width = "700"  height = "28"  align = "left"    bgcolor = "#CCCCCC" >
【报警数据显示区】</td>
            </tr>
            <tr>
```

```
            <td height="160">
            <textarea name="receive" id="receive" cols="100" rows="15" >
</textarea> </td>
          </tr>
          <tr>
          <tr>

          </tr>
          <tr>
            <td height="50" bgcolor="#CCCCCC">
            <input type="button" name="sendButton" id="sendButton" class="but-
ton_type1"  value="打开电源" onClick="Send()"/> </td>
          </tr>
          <td height="50" bgcolor="#CCCCCC">
            <input type="button" name="sendButton1" id="sendButton1" class=
"button_type1"  value="关闭电源" onClick="Send1()"/> </td>
            </tr>
          <td height="50" bgcolor="#CCCCCC">
            <input type="button" name="sendButton2" id="sendButton2" class=
"button_type2"  value="防盗开" onClick="Send2()"/> </td>
            </tr>
          <td height="50" bgcolor="#CCCCCC">
            <input type="button" name="sendButton3" id="sendButton3" class=
"button_type3"  value="防盗关" onClick="Send3()"/> </td>
        </table>
      </div>
  </body>
  </html>
//-----------JavaScript 程序----------------------
var websocket1;                   //端口连接的句柄
var recdata;                      //接收显示数据
var dataline;                     //显示行数
//--------------------------------------------------------------
function SocketConnect()   //websocket 连接函数
{
  var Uri1 = "ws://192.168.1.254:5002";

  if(! ("WebSocket" in window))
  {
```

```
        window.alert("提示:该浏览器不支持 HTML5,建议选择 Google,FireFox 浏览器!");
      return;
      }
      try
      {
          websocket1              = new WebSocket(Uri1);
          websocket1.onopen       = function (evt) { websocket1_Open(evt)  };
          websocket1.onclose     = function (evt) { websocket1_Close(evt) };
          websocket1.onmessage  = function (evt) { websocket1_Message(evt)};
      }
      catch (err){window.alert("提示:连接错误,请重新连接!");}
    }
    //------------------------------------------------------------
    function websocket1_Open(evt)
    {
      recdata = "网络连接成功\r\n";
      document.getElementById("receive").value = recdata;
      dataline = 0;
    }
    //------------------------------------------------------------
    function websocket1_Close(evt)
    {
      recdata = "网络断开\r\n";
      document.getElementById("receive").value = recdata;
      dataline = 0;
    }
    //------------------------------------------------------------
    function websocket1_Message(evt)
    {

      var blob  = evt.data;
      var reader  = new FileReader();
      reader.readAsText(blob, 'utf-8');
      reader.onload  = function (e)
      {
          var str  = reader.result;
          ShowMessage(str);
      }
```

```
}
//-------------------------------------------------------------------
function Send( )
{
//    var str = document. getElementById( "sender" ). value;
    try
    {
        websocket1. send( '1 \r\n') ;
    }
    catch ( err) { window. alert( "提示:数据发送错误,请重新发送!" ) ;}
}
function Send1( )
{
  // var str = document. getElementById( "sender" ). value;
    try
    {
        websocket1. send( '2 \r\n') ;
    }
    catch ( err) { window. alert( "提示:数据发送错误,请重新发送!" ) ;}
}
function Send2( )
{
  // var str = document. getElementById( "sender" ). value;
    try
    {
        websocket1. send( '3 \r\n') ;
    }
    catch ( err) { window. alert( "提示:数据发送错误,请重新发送!" ) ;}
}
function Send3( )
{
  // var str = document. getElementById( "sender" ). value;
    try
    {
        websocket1. send( '4 \r\n') ;
    }
    catch ( err) { window. alert( "提示:数据发送错误,请重新发送!" ) ;}
}
//-------------------------------------------------------------------
```

```
function ShowMessage(str)
{
   var msgbox = document.getElementById("receive");
   recdata = recdata + str;
   dataline++;
   msgbox.value = recdata;
   if(dataline > 10)
   {
         dataline = 0;
         recdata = "";
   }
}
//------------------------------------------------------------------
```

附录 4　温室远程测控系统设计参考程序

下位机参考程序

```
//-----------------------主程序--------------------
int main(void)
 {
        u8 t =0;
        unsigned int dht;
        u16 wendu =0;
        u16 shidu =0;
        float datalx;
        unsigned char outbuf[50];
        double temp;
        IIC_Init();
        delay_init();                     //延时函数初始化
        NVIC_Configuration();             //设置中断优先级分组
        uart_init(115200);                //串口初始化为 9600
        LED_Init();                       //初始化与 LED 连接的硬件接口
        LED_Init11();
        I2C_Config();
        if(CCS811_Init(0x5A) = =false){
          Usart1_Send("CCS811 initialize error. \r\n");
          while(! CCS811_DataReady());
          temp = CCS811_Temperature();
          CCS811_tempoffset = temp - 25.0;
          delay_ms(200);
          bh_data_send(0x01);             //发送启动命令
          bh_data_send(0x07);             //清除寄存器内容
          bh_data_send(0x11);             //设置高精度为模式 2
          delay_ms(180);
           //设置完成后要有一段延迟,手册上说最大 180 ms 就可以了
         //GPIO_SetBits(GPIOC,GPIO_Pin_0);
          while(1)
          {
             if(t%15 = =0)
          {
```

```
            datalx  =bh_data_read( )/1.2;
            //根据手册读取的数据除以 1.2 就得到光强度检测值
            dht = dht11_read( ) ;
            wendu = dht > >8;
            shidu = dht > >24;
          if( CCS811_DataReady( ) )
          {
              float temperature;
              bool error;
              uint16_t eCO2,TVOC;

              error = CCS811_ReadResult( &eCO2,&TVOC) ;
              temperature = CCS811_Temperature( ) ;
        if( error = =false)
          Usart1_Send( " Error. \r\n" ) ;
         else
         {
             printf( " % d, % d, % d, % . 2f" ,wendu,shidu,eCO2,datalx) ;
         }
       }
    }
      delay_ms(100) ;
        t + +;
    }
}
//---------------串口中断函数----------------
void USART1_IRQHandler( )
{
    static u8 temp =1;
    if( USART_GetITStatus( USART1,USART_IT_RXNE) !  = RESET)
    {
        USART_ClearITPendingBit( USART1, USART_IT_RXNE) ;
        temp = USART_ReceiveData( USART1) ;  //接收数据
        if( temp = =0 ×30)
             GPIO_SetBits( GPIOC,GPIO_Pin_15) ;
        else if( temp = =0 ×31)
             GPIO_ResetBits( GPIOC,GPIO_Pin_15) ;
        else if( temp = =0 ×32)
             GPIO_SetBits( GPIOC,GPIO_Pin_13) ;
```

```
        else if(temp = =0 x33)
            GPIO_ResetBits(GPIOC,GPIO_Pin_13);
        else if(temp = =0 x34)
            GPIO_SetBits(GPIOC,GPIO_Pin_0);
        else
            GPIO_ResetBits(GPIOC,GPIO_Pin_0);
    }
}
//-----------------温湿度检测------------------------
#include "dht11.h"
#define delay_us(X)    delay(X * 72/6)
void delay(unsigned int n)
{
  while (n--);
}
void dht11_init(void)
{
   GPIO_InitTypeDef GPIO_initstructure;
   RCC_APB2PeriphClockCmd(RCC_APB2Periph_GPIOA,ENABLE);
   GPIO_initstructure.GPIO_Pin = GPIO_Pin_7;
   GPIO_initstructure.GPIO_Speed = GPIO_Speed_2MHz;
   GPIO_initstructure.GPIO_Mode = GPIO_Mode_Out_PP;
   GPIO_Init(GPIOA,&GPIO_initstructure);
   GPIO_SetBits( GPIOA, GPIO_Pin_7);


}
void mode_input(void)
{
  GPIO_InitTypeDef GPIO_initstructure;
  GPIO_initstructure.GPIO_Pin = GPIO_Pin_7;
  GPIO_initstructure.GPIO_Speed = GPIO_Speed_2MHz;
  GPIO_initstructure.GPIO_Mode = GPIO_Mode_IPU;
  GPIO_Init(GPIOA,&GPIO_initstructure);
}
void mode_output(void)
{
  GPIO_InitTypeDef GPIO_initstructure;
  GPIO_initstructure.GPIO_Pin = GPIO_Pin_7;
  GPIO_initstructure.GPIO_Speed = GPIO_Speed_2MHz;
```

```
    GPIO_initstructure. GPIO_Mode = GPIO_Mode_Out_PP;
    GPIO_Init(GPIOA,&GPIO_initstructure);
}
unsigned int dht11_read(void)
{
    unsigned char i;
    unsigned int time =0;
    unsigned long long val;
    GPIO_ResetBits(GPIOA, GPIO_Pin_7);
    delay_us(18000);
    GPIO_SetBits( GPIOA, GPIO_Pin_7);
    delay_us(20);
    mode_input();
    time =5000;
    while((! GPIO_ReadInputDataBit( GPIOA, GPIO_Pin_7))&&(time >0)) time--;
    time =5000;
    while(GPIO_ReadInputDataBit( GPIOA, GPIO_Pin_7)&&(time >0)) time--;
    for(i =0;i <40;i + +)
    {
        time =5000;
        while((! GPIO_ReadInputDataBit( GPIOA, GPIO_Pin_7))&&(time >0)) time--;
        delay_us(28);
        if(GPIO_ReadInputDataBit( GPIOA, GPIO_Pin_7))
        {
            val = (val < <1) +1;
        }
        else
        {
            val < < =1;
        }
        time =5000;
        while(GPIO_ReadInputDataBit( GPIOA, GPIO_Pin_7)&&(time >0))
            time--;
    }
    mode_output();
    GPIO_SetBits(GPIOA, GPIO_Pin_7);
    if (((val > >32) +(val > >24) +(val > >16) +(val > >8) -val ) & 0xff  )
        return 0;
        return val > >8;
```

```
    }
//----------------CO2 浓度检测---------------------
#include "ccs811.h"
#include <stdlib.h>
#include <stdio.h>
#include <math.h>
#include "stm32f10x.h"
uint8_t CCS811_I2CADDR;
uint8_t CCS811_tempoffset;
bool CCS811_Init(uint8_t i2c_addr)
{
      uint8_t buf[1];
      CCS811_I2CADDR = i2c_addr;
      //soft reset
      CCS811_SoftRest();
      delay_ms(1);
      //Read HW ID
      IIC_ReadData(CCS811_I2CADDR, CCS811_HW_ID,buf,1);
      if( buf[0]! = CCS811_HW_ID_CODE)
            return false;
      //Start application mode
      IIC_WriteReg(CCS811_I2CADDR,CCS811_APP_START,NULL,0);
            delay_ms(1);
            buf[0] =0;
      IIC_ReadData(CCS811_I2CADDR,CCS811_STATUS,buf,1);
      if(! CCS811_STATUS_FW_MODE(buf[0]))
            return false;
       //Set MEAS mode:1 second mode| disable interrupt | normally
         buf[0] = CCS811_MEAS_DRIVEMODE_1SEC;
         IIC_WriteReg(CCS811_I2CADDR, CCS811_MEAS_MODE, buf, 1);
         Usart1_Send("CCS811 initialize register finished. \r\n");
         CCS811_tempoffset =0;
      return true;
}
void CCS811_SoftRest(void)
{
      uint8_t buf[4] = {0x11, 0xE5, 0x72, 0x8A};
      IIC_WriteReg(CCS811_I2CADDR, CCS811_SW_RESET, buf, 4);
}
```

```
uint8_t CCS811_DataReady(void)
{
    uint8_t buf[1];
    IIC_ReadData(CCS811_I2CADDR,CCS811_STATUS,buf,1);
    return CCS811_STATUS_DATA_READY(buf[0]);
}
double CCS811_Temperature(void)
{
    uint8_t buf[4];
    uint16_t vref;
    uint16_t vntc;
    uint32_t rntc;
    double temp;
    IIC_ReadData(CCS811_I2CADDR,CCS811_NTC,buf,4);
    vref = (uint16_t)buf[0] < <8|buf[1];
    vntc = (uint16_t)buf[2] < <8|buf[3];
    //RNTC = VNTC * RREF(10KO) / VREF
    rntc = vntc * 100000 / vref;
    temp = log((double)rntc / 100000);
    //temp / = 3380;
    temp / = 3950;
    temp + = 1.0 / (25 + 273.15);
    temp = 1.0 / temp;
    temp - = 273.15;
    return temp-CCS811_tempoffset;
}
bool CCS811_ReadResult(uint16_t * eCO2, uint16_t * TVOC)
{
    uint8_t buf[4];
      if(! CCS811_DataReady())
            return false;
      IIC_ReadData(CCS811_I2CADDR,CCS811_ALG_RESULT_DATA,buf,4);
       * eCO2 = ((uint16_t)buf[0]) < <8|buf[1];
       * TVOC = (uint16_t)buf[2] < <8|buf[3];
  return true;
}
void CCS811_SetInterrupts( bool flag )
{
    uint8_t buf[1];
```

```
        IIC_ReadData(CCS811_I2CADDR,CCS811_MEAS_MODE,buf,1);
        if(flag = =true)
          buf[0]  =  buf[0] | CCS811_MEAS_INTERRUPT_ENABLE;
        if(flag = =false)
          buf[0]  =  buf[0] & CCS811_MEAS_INTERRUPT_DISABLE;
        IIC_WriteReg(CCS811_I2CADDR, CCS811_MEAS_MODE, buf, 1);
    }
      CCS811 Set Thresh mode
      {
          uint8_t buf[1];
          IIC_ReadData(CCS811_I2CADDR,CCS811_MEAS_MODE,buf,1);
        if(flag = =true)
        {
            uint8_t tmp[5];
            tmp[0] =(uint8_t)((low > > 8) & 0xF);
            tmp[1] =(uint8_t)(low & 0xF);
            tmp[2] =(uint8_t)((high > > 8) & 0xF);
            tmp[3] =(uint8_t)(high & 0xF);
            tmp[4] =hysteresis;
            buf[0]  =  buf[0] | CCS811_MEAS_THRESH_ENABLE;
            IIC_WriteReg(CCS811_I2CADDR, CCS811_MEAS_MODE, buf, 1);
            IIC_WriteReg(CCS811_I2CADDR, CCS811_THRESHOLDS, tmp, 5);
        }
        if(flag = =false)
        {
         buf[0]  =  buf[0] & CCS811_MEAS_THRESH_DISABLE;
         IIC_WriteReg(CCS811_I2CADDR, CCS811_MEAS_MODE, buf, 1);
        }
    }
    CCS811 Set Environmental
    bool CCS811_SetEnvironmental(float temperature, float humidity)
    {
        uint32_t hum;
        uint32_t temp;
        uint8_t buf[4];
        if((temperature  <  -25)||(temperature  >  50))
              return false;
        if((humidity  <  0)||(humidity  >  100))
```

```
        return false;
    hum = humidity * 1000;
    temp = temperature * 1000;
    if(((hum%1000)/100) >7)
      buf[0] =(hum / 1000 + 1) < < 1;
    else
      buf[0] =(hum / 1000) < < 1;
      buf[1] =0;
    if (((hum % 1000) / 100) > 2 && (((hum % 1000) / 100) < 8))
      buf[0] | = 1;
      temp + = 25000;
    if(((temp%100)/100) >7)
      buf[2] =(hum / 1000 + 1) < < 1;
    else
      buf[0] =(hum / 1000) < < 1;
      buf[3] =0;
    if (((temp % 1000) / 100) > 2 && (((temp % 1000) / 100) < 8))
      buf[2] | = 1;
    IIC_WriteReg(CCS811_I2CADDR, CCS811_ENV_DATA, buf, 4);
  return true;
}
//----------------------光照检测-----------------
#include "stm32f10x.h"
#include "guangzhao.h"
#include "iic.h"
void bh_data_send(u8 command)
{
      do{
      IIC_Start();                          //iic 起始信号
      IIC_Send_Byte(BHAddWrite);            //发送器件地址
      }while(IIC_Wait_Ack());               //等待从机应答
      IIC_Send_Byte(command);               //发送指令
      IIC_Wait_Ack();                       //等待从机应答
      IIC_Stop();                           //iic 停止信号
}
u16 bh_data_read(void)
{
      u16 buf;
      IIC_Start();                          //iic 起始信号
```

```
        IIC_Send_Byte(BHAddRead);              //发送器件地址 + 读标志位
        IIC_Wait_Ack();                        //等待从机应答
        buf = IIC_Read_Byte(1);                //读取数据
        buf = buf < <8;                        //读取并保存高八位数据
        buf + =0x00ff&IIC_Read_Byte(0);        //读取并保存第八位数据
        IIC_Stop();                            //发送停止信号
        return buf;
    }
```

上位机参考程序

```
//------------------------HTML + CSS3 程序-------------------------
<! DOCTYPE html PUBLIC " -//W3C//DTD XHTML 1.0 Transitional//EN" "http://www.w3.org/TR/xhtml1/DTD/xhtml1-transitional.dtd">
<html xmlns = "http://www.w3.org/1999/xhtml">
<head>
    <meta http-equiv = "Content-Type" content = "text/html; charset = utf-8" />
    <title>测控 设计</title>
    <script src = "uart.js"> </script>
    <style>
      #tb1
      {
        text-align:center;
      }
      .button_type1
      {
        width:80px;
        height:30px;
        font-size:12px;
      }
      .box{
        background:url(6.jpg);
        margin-left:auto;
        margin-top:auto;
        margin-right:auto;
        margin:auto;
        width:100%;
        width-max:1280px;
        height:720px;
        position:relative;
```

```
        }
        #wendu
        {
          font-size:30px;
        }
        #shidu
        {
          font-size:30px;
        }
        #guangzhao
        {
          font-size:30px;
        }
        #co2
        {
          font-size:30px;
        }
        #anniu
        {
          font-size:24px;
        }
        #fs
        {
          font-size:24px;
        }
        #sb
        {
          font-size:24px
        }
        #dp
        {
          font-size:24px;
        }
</style>
</head>
<body onload="SocketConnect()">
  <div class="box">
    <table id="tb1" width="100%" border="10" >
    <tr>
```

```
        <td  colspan="4" align="center" style="font-size: 50px; color="black" >
        温室远程测控系统(刘晓智) </td>
        </tr>
      <tr>
        <td width="25%" height="28" align="center"  bgcolor="#CCCCCC" > <font size=" +2" >【温度】</font> </td>
        <td width="25%" height="28" align="center"  bgcolor="#CCCCCC" > <font size=" +2" >【湿度】</font> </td>
        <td width="25%" height="28" align="center"  bgcolor="#CCCCCC" > <font size=" +2" >【光照强度】</font> </td>
        <td width="25%" height="28" align="center"  bgcolor="#CCCCCC" > <font size=" +2" >【CO2 浓度】</font> </td>
      </tr>
     <tr>
        <td height="100" width="25%" >
        <textarea rows="1"  name="receive" id="wendu"  > </textarea> </td>
        <td height="100" width="25%" >
        <textarea rows="1" name="receive" id="shidu"   > </textarea> </td>
        <td height="100" width="25%" >
        <textarea rows="1" name="receive" id="guangzhao"  > </textarea> </td>
        <td height="100" width="25%" >
        <textarea rows="1"  name="receive" id="co2"   > </textarea> </td>
     </tr>
    <table id="tb1" width="100%" border="10" >
       <tr>
      <td  colspan="2" width="400" height="200" align="center" bgcolor="#9C6386" > <img src="17.png" height="258" width="258"/>   </td>
        <td colspan="2" width="400" height="200" align="center"  bgcolor="#9C6386" > <img src="16.png" height="258" width="258" />     </td>
          <td colspan="2" width="400" height="200" align="center" bgcolor="#9C6386" > <img src="10.png" height="258" width="258" > </td>
       </tr>
     <tr>
     <td> <input height="300" width="300" type="button" name="打开" value="打开" id="anniu" onclick="Control(0)"/> </td>
     <td> <input height="300" width="300" type="button" name="打开" value="关闭" id="anniu" onclick="Control(1)"/> </td>
     <td> <input height="300" width="300" type="button" name="打开" value="打开" id="anniu" onclick="Control(2)"/> </td>
```

```
        <td> <input height="300" width="300" type="button" name="打开" value="关闭"id="anniu" onclick="Control(3)"/> </td>
        <td> <input height="300" width="300" type="button" name="打开" value="打开"id="anniu" onclick="Control(4)"/> </td>
        <td> <input height="300" width="300" type="button" name="打开" value="关闭"id="anniu" onclick="Control(5)"/> </td>
        </tr>
        <tr>
        <td colspan="2" height="100" width="400" align="center" ><span id="fs" align="center" ><font size=" +3" color="#00FFFF" face="Lucida Sans Unicode, Lucida Grande, sans-serif" > </font></span></td>
        <td colspan="2" height="100" width="400" align="center" ><span id="sb" align="center" ><font size=" +3" color="#00FF33" face="Lucida Sans Unicode, Lucida Grande, sans-serif" > </font></span></td>
        <td colspan="2" height="100" width="400" align="center" ><span id="dp" align="center" ><font size=" +3" color="#00FF33" face="Lucida Sans Unicode, Lucida Grande, sans-serif" > </font></span></td>
            </tr>
          </table>
    </div>
    </body>
    </html>
    //------------------------------------JS 程序---------------------------------
    var websocket1;                       //端口连接的句柄
    var recdata;                          //接收显示数据
    var bian=[0,0,0,0];
    var dataline;                         //显示行数
    //-----------------------------------------------------------------
    function SocketConnect()    //websocket 连接函数
    {
      var Uri1="ws://192.168.1.254:5002";
      if(!("WebSocket" in window))
      {
       window.alert("提示:该浏览器不支持HTML5,建议选择 Google,FireFox 浏览器!");
       return;
      }
      try
      {
          websocket1 = new WebSocket(Uri1);
```

```
            websocket1.onopen = function (evt) { websocket1_Open(evt)  };
            websocket1.onclose = function (evt) { websocket1_Close(evt) };
            websocket1.onmessage = function (evt) { websocket1_Message(evt)};
        }
        catch (err){window.alert("提示:连接错误,请重新连接!");}
    }
    //--------------------------------------------------------------
    function websocket1_Open(evt)
    {
        recdata ="网络连接成功\r\n";
        console.log("OK");
      // document.getElementById("receive").value=recdata;
        dataline =0;
    }
    //--------------------------------------------------------------
    function websocket1_Close(evt)
    {
        recdata ="网络断开\r\n";
      // document.getElementById("receive").value=recdata;
        dataline =0;
    }
    //--------------------------------------------------------------
    function websocket1_Message(evt)
    {
        var blob = evt.data;
        var reader = new FileReader();
        reader.readAsText(blob, 'utf-8');
        reader.onload = function (e)
        {
            var str = reader.result;
            ShowMessage(str);
        }
      //onReceive_str(blob);
    }
    function Send()
    {
        var str =document.getElementById("sender").value;
        try
        {
```

```
        websocket1.send(str);
    }
    catch (err){window.alert("提示:数据发送错误,请重新发送!");}
}
function Control(statu)
{
            console.log(statu);
            websocket1.send(statu);
}
function ShowMessage(str)
{
        var ID = ["wendu","shidu","co2","guangzhao"];
        var buff;
        var Arr = new Array();
        var danwei = ["°C","%","ppm","lx"];
        Arr = str.split(",");
        for(var i =0;i<4;i++){
        document.getElementById(ID[i]).value = Arr[i] +danwei[i];
        bian[i] = Arr[i];
        console.log(bian[i]);
}
//var msgbox = document.getElementById("guangzhao");
        recdata = recdata + str;
        dataline++;
/*msgbox.value = recdata;
if(dataline =1)
{
        dataline =0;
    recdata = "";
}*/
tishi();
}
//温度 bian[0]湿度 bian[1]CO2bian[2]光照 bian[3]
function tishi()
{
/*if(25000<bian[3]<35000&&bian[0]>38&&bian[1]<65)
    {
        document.getElementById("sb").innerHTML ='请打开水泵';
        document.getElementById("fs").innerHTML ='请打开风扇';
```

```
        document.getElementById("dp").innerHTML = '请关闭灯泡';
    }
    else if(bian[3]<25000&&bian[2]<1000)
    {
        document.getElementById("dp").innerHTML = '请打开灯泡';
        document.getElementById("sb").innerHTML = '请关闭水泵';
        document.getElementById("fs").innerHTML = '请关闭风扇';
    }
    else if(25000<bian[3]<35000)
    {
        document.getElementById("dp").innerHTML = '请关闭灯泡';
        document.getElementById("sb").innerHTML = '请关闭水泵';
        document.getElementById("fs").innerHTML = '请关闭风扇';
    }
    else if(bian[0]>38&&bian[1]<65)
    {
        document.getElementById("sb").innerHTML = '请打开水泵';
        document.getElementById("dp").innerHTML = '请关闭灯泡';
        document.getElementById("fs").innerHTML = '请打开风扇';
    }
     else if (bian[3]<25000&&bian[2]>1000)
    {
        document.getElementById("sb").innerHTML = '请关闭水泵';
        document.getElementById("dp").innerHTML = '请打开灯泡';
        document.getElementById("fs").innerHTML = '请打开风扇';
    }
    else
    {
        document.getElementById("sb").innerHTML = '请关闭水泵';
        document.getElementById("dp").innerHTML = '请关闭灯泡';
        document.getElementById("fs").innerHTML = '请关闭风扇';
    } */
    if(bian[3]<10000&&bian[2]>2000)
    {
        document.getElementById("dp").innerHTML = '请打开灯泡';
        document.getElementById("sb").innerHTML = '请关闭水泵';
        document.getElementById("fs").innerHTML = '请打开风扇';
    }
    else if(bian[3]<10000&&bian[2]<2000)
```

```
{
    document.getElementById("dp").innerHTML='请打开灯泡';
    document.getElementById("sb").innerHTML='请关闭水泵';
    document.getElementById("fs").innerHTML='请关闭风扇'
}
else
{
    document.getElementById("sb").innerHTML='请关闭水泵';
    document.getElementById("dp").innerHTML='请关闭灯泡';
    document.getElementById("fs").innerHTML='请关闭风扇'
}
}
//------------------------------------------------------------
function onReceive_str(blob)
{
    //字符串 数据接收处理函数
    var str;
    var reader = new FileReader();
    reader.readAsText(blob,'utf-8');//将数据流解析成文本
    reader.onload = function(evt){
    str=reader.result;//获取字符串时使用
    //var Num=parseInt(str.substr(0,4),10);
    //var DivId_=Num+"";
    ShowMessage(str);
    //document.getElementById("co2").innerHTML=DivId_;

  };
}
```

附录 5　心率与血氧检测系统设计参考程序

下位机参考程序

```
#include "led. h"
#include "i2c. h"
#include "usart. h"
#include "delay. h"
#include "max30102. h"
#include "function. h"
const uint16_t hamm[31] = { 41,276,512,276,41 };
static  float  IR[500],RED[500];
static  float dx_buffer1[496],dx_buffer2[495],dx_buffer3[491];
u8  temp1[6],temp2[6];
int8_t  spo2_1,spo2_2;
int32_theart_rate1,heart_rate2,buffer_length = 500;
uint32_t  ir_buffer1[500],ir_buffer2[500],red_buffer1[500],red_buffer2[500];

int main(void)
{
  LED_Init();
  IIC_Init();
  delay_init();
  max30102_init();
  uart_init(115200);
  while(1)
  {
    for(int i = 100;i < 500;i + +)
  {
    red_buffer1[i - 100] = red_buffer1[i];
    red_buffer2[i - 100] = red_buffer2[i];
    ir_buffer1[i - 100] = ir_buffer1[i];
    ir_buffer2[i - 100] = ir_buffer2[i];
  }
  for(int i = 400;i < 500;i + +)
  {
    while(MAX30102_INT1 = = 1);
```

```
            max30102_FIFO_ReadBytes(REG_FIFO_DATA,temp1,1);
            red_buffer1[i] = (long)((long)(temp1[0]&0x03)<<16|(long)temp1[1]<<8|(long)temp1[2]);
            ir_buffer1[i] = (long)((long)(temp1[3]&0x03)<<16|(long)temp1[4]<<8|(long)temp1[5]);
            while(MAX30102_INT2 == 1);
            max30102_FIFO_ReadBytes(REG_FIFO_DATA,temp2,2);
            red_buffer2[i] = (long)((long)(temp2[0]&0x03)<<16|(long)temp2[1]<<8|(long)temp2[2]);
            ir_buffer2[i] = (long)((long)(temp2[3]&0x03)<<16|(long)temp2[4]<<8|(long)temp2[5]);
        }
        heartRate_spo2_Calculation(ir_buffer1, red_buffer1, &spo2_1, &heart_rate1);
        heartRate_spo2_Calculation(ir_buffer2, red_buffer2, &spo2_2, &heart_rate2);
        printf("HR1 = %3dbpm SpO2_1 = %3d%% HR2 = %3dbpm SpO2_2 = %3d%% \r\n", heart_rate1,spo2_1,heart_rate2,spo2_2);
        LED0 = ! LED0;
        }
    }

    void heartRate_spo2_Calculation(uint32_t *ir_buffer, uint32_t *red_buffer,int8_t *spo2,int32_t *heart_rate)
    {
        int32_t k, i, m, min, nume, denom, first_flag,ratio[5];
        int32_t exact_ir_valley_locs_count,middle_id;
        float threshold = 0.0,peak_locs[15] = {0},peak_num;
        int32_t ir_valley_locs[15] = {0}, exact_ir_valley_locs[15] = {0};
        int32_t ac_red, ac_ir, dc_red_max, dc_ir_max, peak_sum = 0;
        int32_t dc_red_max_idx, dc_ir_max_idx, ratio_average, ratio_count;
        float ir_sum = 0.0,red_sum = 0.0,ir_Average = 0.0,red_Average = 0.0,s =0.0;

        for (k =0 ; k <500 ; k ++ )
        {
            ir_sum += (float) ir_buffer[k];
            red_sum += (float)red_buffer[k];
        }
        ir_Average = ir_sum/500.0;
        red_Average = red_sum/500.0;
        if(ir_Average <90000||red_Average <90000)
```

```
{
   * spo2 = 0;
   * heart_rate = 0;
  return;
}
for (k =0 ; k <500 ; k + + )
{
    IR[k] =  (float) ir_buffer[k] -  ir_Average;
  RED[k] =  (float)red_buffer[k] - red_Average;
}
ir_sum = 0.0;red_sum = 0.0;
for(k =0; k < 497; k + +)
{
  ir_sum = (  IR[k] +  IR[k +1] +  IR[k +2] +  IR[k +3]);
  red_sum = ( RED[k] + RED[k +1] + RED[k +2] + RED[k +3]);
  IR[k] =  ir_sum/4.0; RED[k] =  red_sum/4.0;
}
for(k =0; k <496;  k + +)
    dx_buffer1[k] = (IR[k +1] - IR[k]);
for(k =0; k <495; k + +)
    dx_buffer2[k] =  ( dx_buffer1[k] +dx_buffer1[k +1])/2.0 ;
for(i =0; i <491; i + +)
{
    s = 0.0;
    for(k =i; k <i + 5 ;k + +)
        s - = dx_buffer2[k] * (float)hamm[k-i];
        dx_buffer3[i] = s/1146.0;
        }
for(k =0; k <491 ;k + +)
    threshold + = ((dx_buffer3[k] >0)? dx_buffer3[k] : (0-dx_buffer3[k]));
    threshold = threshold/491.0;
    peaks_above_min_height( peak_locs, &peak_num, dx_buffer3, 491, threshold );
    remove_close_peaks( peak_locs, &peak_num, dx_buffer3, 10);
  if (peak_num > =2)
  {
    for (k =1; k <peak_num; k + +)
        peak_sum + = (peak_locs[k]-peak_locs[k -1]);
        peak_sum = (float)peak_sum/(peak_num-1);
     * heart_rate = (int32_t)(6000 / peak_sum);
```

```
  }
  else
     * heart_rate  =  0;
for(  k =0  ;  k < peak_num  ;k + + )
     ir_valley_locs[ k ]  =  peak_locs[ k ]  +  5/2;
for  ( k =0  ;  k <500  ;  k + +  )
{
      IR[ k ]   =    ir_buffer[ k ];
     RED[ k ]  =  red_buffer[ k ];
}
exact_ir_valley_locs_count  =  0;
for( k =0  ;  k < peak_num  ;k + + )
{
     first_flag  =  1;
     m  =  ir_valley_locs[ k ];
     min  =  16777215;
     if( m +5  <  495    && m -5  >0)
     {
          for( i =  m -5;i < m +5;  i + + )
               if( IR[ i ] < min)
                 {
                    if( first_flag  >0)
                      first_flag  =0;min =  IR[ i ];
                      exact_ir_valley_locs[ k ] = i;
                 }
                    if( first_flag  =  =0)
                    exact_ir_valley_locs_count  + +  ;
     }
}
if( exact_ir_valley_locs_count  <  2)
{
   * spo2 =0;
  return;
}
for( k =0;  k <  496;  k + + )
{
  IR[ k ]  =  (    IR[ k ]  +    IR[ k +1 ]  +    IR[ k +2 ]  +    IR[ k +3 ])  /  (int32_t)4;
  RED[ k ]  =  (  RED[ k ]  +  RED[ k +1 ]  +  RED[ k +2 ]  +  RED[ k +3 ])  /  (int32_t)4;
```

```
        }
        ratio_average  = 0;
        ratio_count    = 0;
        for(k =0; k< 5; k++)
          ratio[k] =0;
        for (k =0; k< exact_ir_valley_locs_count; k++)
        {
          if (exact_ir_valley_locs[k]  > 500 )
          {
              * spo2 = 0; return;
          }
        }
        for (k =0; k< exact_ir_valley_locs_count -1; k++)
        {
          dc_red_max  =  -16777215; dc_ir_max  =  -16777215;
          if (exact_ir_valley_locs[k +1] -exact_ir_valley_locs[k]  >10)
          {
            for (i =exact_ir_valley_locs[k]; i< exact_ir_valley_locs[k +1]; i++)
            {
                if (IR[i] > dc_ir_max)
                {
                  dc_ir_max  = IR[i];
                  dc_ir_max_idx  =i;
                }
                if (RED[i] > dc_red_max)
                {
                  dc_red_max  = RED[i];
                  dc_red_max_idx =i;
                }
            }
          ac_red  = RED[dc_red_max_idx]  - RED[exact_ir_valley_locs[k +1]];
          ac_ir  = IR[dc_red_max_idx]  - IR[exact_ir_valley_locs[k +1]];
          nume  = ( ac_red * dc_ir_max)   >> 7;
          denom  = ( ac_ir   * dc_red_max) >> 7;
          if (denom >0  && ratio_count <5 &&  nume !  = 0)
          ratio[ratio_count++]  = (nume * 100)/denom;
        }
    }
        ascend_sort(ratio, ratio_count);
```

```
        middle_id  =  ratio_count/2;
        if (middle_id  >  1)
            ratio_average  =  (ratio[middle_id - 1]  +  ratio[middle_id])/2;
        else
            ratio_average  =  ratio[middle_id ];
        if( ratio_average >2 && ratio_average <184)
            * spo2  =  -45.060 * ratio_average * ratio_average + 30.354 * ratio_average +
94.845;
        else
            * spo2  =  0;
    }
    void peaks_above_min_height(float   * peak_locs,float   * peak_num,float   * peak_buffer,
int32_t  size,int32_t  min_height)
    {
      int32_t i  =  1, width =0;
      * peak_num  =  0;
      while (i  <  size - 1)
      {
        if (peak_buffer[i]  >  min_height && peak_buffer[i]  >  peak_buffer[i-1])
        {
          width  =  1;
          while (i + width  <  size && peak_buffer[i + width]  = =  peak_buffer[i])
          width + + ;
          if (peak_buffer[i + width]  <  peak_buffer[i] && ( * peak_num)  <  15 )
          {
              peak_locs[(int)( * peak_num) + + ]  =  i;
              i  + =  width + 1;
          }
          else
                i  + =  width;
          }
        else
            i + + ;
        }
    }
    void remove_close_peaks(float   * peak_locs,float   * peak_num,float   * peak_buffer,
int32_t  min_distance)
    {
        int32_t  j, old_num, dist, num =0;
```

```
        old_num  =  * peak_num;
        for ( j  =  1; j  <  old_num; j + +  )
        {
          dist  =  peak_locs[ j ]  -    peak_locs[ j - 1 ];
          if (  dist  >  min_distance)
            peak_locs[ num + + ]  =  peak_locs[ j - 1 ];
        }
        * peak_num     =  num + 1;
    }
    void ascend_sort( int32_t  * peak_buffer,  int32_t size)
    {
       int32_t i,  j,  temp;
          for (i  =  1;  i  <  size;  i + + )
          {
            temp  =  peak_buffer[ i ];
            for (j  =  i;  j  >  0 && temp  <  peak_buffer[ j - 1 ];  j--)
           {
                 peak_buffer[ j ]   =  peak_buffer[ j - 1 ];
                 peak_buffer[ j ]   =  temp;
             }
        }
    }
```

上位机参考程序

```
//--------------------------------------------HTML5--------------------------------------------
 <! DOCTYPE html >
 < html lang = " en" >
 < head >
        < meta charset = " UTF-8"  name = " viewport" content = " width = device-width,
initial-scale = 0.5, maximum-scale = 2.0, user-scalable = yes" >
        < title > 测量 </title >
        < link type = " text/css"  href = " CSS/style. css"  rel = " stylesheet" >
        < script type = " text/javascript"  src = " JS/data. js" > </script >
        < script type = " text/javascript"  src = " JS/WebSocket. js" > </script >
        < script type = " text/javascript"  src = " Chartjs/Chart. bundle. min. js" > </script >
        < script > setInterval( getdata, 1000) ; </script >
 </head >
 < body >
 < div class = " head_top" >
```

```
        < div class = "head_logo" >
            < img src = "IMG/1. jpg"  alt = "logo"  style = "height: 100% " >
        </div >
    </div >
    < div class = "navigation" >
        < table class = "table_navigation"  style = "width: 100% ;height: 100% " >
          < tr >
              < td align = "center" > < a href = "#"  id = "measure" >测量 </a > </td >
              < td align = "center" > < a href = "record. html"  id = "record" >记录 </a >
</td >
              < td align = "center" > < a
    href = " https://baike. baidu. com/item/% E5% BF% 83% E7% 8E% 87/9517637? fr =
aladdin"
    id = "information" >心率资讯 </a > </td >
              < td align = "center" > < a href = "https://baike. baidu. com/item/
    % E8% A1% 80% E6% B0% A7% E9% A5% B1% E5% 92% 8C% E5% BA% A6/65677? fr =
aladdin"  id = "help" >血氧资讯 </a > </td >
          </tr >
        </table >
    </div >
    < div class = "body_top" >
        < table style = "width: 100% ; height: 100% " >
          < tr >
              < td width = "50% " >
                  < div class = "body_box" >
                      < table style = "width: 100% ; height: 100% " >
                          < tr >
                              < td width = "50% "  style = "color: white;font-size: 30px;
    padding-left: 10px" >心率 1: </td >
                              < td width = "50% " > </td >
                          </tr >
                          < tr >
                              < td id = "hr1"  align = "right"  style = "color: green;
    font-size: 30px" >---  </td >
                              < td style = "color: orange;font-size: 30px" > BPM 
    < img src = "IMG/4. jpg"  style = "height: 30px" > </td >
                          </tr >
                      </table >
                  </div >
```

```
            </td>
            <td width="50%">
                <div class="body_box">
                    <table style="width: 100%; height: 100%">
                        <tr>
                            <td width="50%" style="color: white;font-size: 30px;
padding-left: 10px">血氧 1:</td>
                            <td width="50%"></td>
                        </tr>
                        <tr>
                            <td id="sp1" align="right" style="color: green;
font-size: 30px">--- </td>
                            <td style="color: orange;font-size: 30px"> % 
<img src="IMG/2.jpg" style="height: 30px"></td>
                        </tr>
                    </table>
                </div>
            </td>
        </tr>
        <tr>
            <td>
                <div class="body_box">
                    <table style="width: 100%; height: 100%">
                        <tr>
                            <td width="50%" style="color: white;font-size: 30px;
padding-left: 10px">心率 2:</td>
                            <td width="50%"></td>
                        </tr>
                        <tr>
                            <td id="hr2" align="right" style="color: green;
font-size: 30px">--- </td>
                            <td style="color: orange;font-size: 30px"> BPM 
<img src="IMG/4.jpg" style="height: 30px"></td>
                        </tr>
                    </table>
                </div>
            </td>
            <td>
                <div class="body_box">
```

```
                <table style="width: 100%; height: 100%">
                    <tr>
                        <td width="50%" style="color: white;font-size: 30px;
padding-left: 10px">血氧2:</td>
                        <td width="50%"></td>
                    </tr>
                    <tr>
                        <td id="sp2" align="right" style="color: green;
font-size: 30px">--- </td>
                        <td style="color: orange;font-size: 30px"> % 
<img src="IMG/2.jpg" style="height: 30px"></td>
                    </tr>
                </table>
            </div>
        </td>
       </tr>
    </table>
</div>
<div class="foot_top"></div>
</body>
</html>
//---------------------------------------CSS样式---------------------------------------

* {
    margin: 0;
    padding: 0;
}
html, body {
    width: 100%;
    height: 100%;
}
a {
    text-decoration: none;
    font-size: 150%;
    color: white;
}
a:hover {
    color: black;
}
```

```
canvas {
    background-color: white;
    border: 1px solid black;
    border-radius: 10px;
}
.head_top {
    width: 100%;
    height: 11%;
    position: relative;
    background-color: #cbcbcb;
}
.head_logo {
    height: 100%;
    margin-left: 3%;
    position: relative;
}

.navigation {
    width: 70%;
    height: 7%;
    margin: 0.2% auto;
    position: relative;
    background-color: red;
}
.body_top {
    height: 69.6%;
    width: 70%;
    margin: 0.2% auto;
    background-color: darkgray;
}
.body_box {
    width: 100%;
    height: 100%;
    border-radius: 10px;
    background-color: black;
}
.body_diagram_box {
    width: 90%;
    margin: auto;
```

```
    position: relative;
    border-radius: 10px;
    clear: both;
    background-color: black;
}
.foot_top {
    margin: 0 auto;
    width: 70%;
    height: 11%;
    background-color: darkred;
}

//----------------------------------------JS 脚本程序 ----------------------------------------
var data1 =0;
var data2 =0;
var data3 =0;
var data4 =0;
var HR_data1 = new Array(500);
var hr_data1 = new Array(500);
var HR_data2 = new Array(500);
var hr_data2 = new Array(500);
var spo2_data1 = new Array(500);
var spo2_data2 = new Array(500);
var xarr_data  = new Array(500);

function onReceive_str(blob){//字符串 数据接收处理函数
    var str;
    var reader = new FileReader();
    for (var i =1;i <500;i++)
    {
        hr_data1[i-1] = hr_data1[i];
        HR_data1[i-1] = HR_data1[i];
        hr_data2[i-1] = hr_data2[i];
        HR_data2[i-1] = HR_data2[i];
        spo2_data1[i-1] = spo2_data1[i];
        spo2_data2[i-1] = spo2_data2[i];
    }
    reader.readAsText(blob,'utf-8');//将数据流解析成文本
    reader.onload = function(evt){
```

```
            str = reader. result;//获取字符串时使用
            console. log( str) ;
            data1  =  str. substr(4,3) ;
            data2  =  str. substr(18,3) ;
            data3  =  str. substr(27,3) ;
            data4  =  str. substr(41,3) ;
            hr_data1[499]  =  data1;
            hr_data2[499]  =  data3;
            spo2_data1[499]  =  data2;
            spo2_data2[499]  =  data4;
        };
    }
    //-----------------------------------------------------------------
    function Drawing( ) {
        console. log( "曲线图数据更新!" ) ;
        var ctx  =  document. getElementById( 'myChart'). getContext( '2d') ;
        var myChart  =  new Chart( ctx, {
            type: 'line',
            data: {
                labels:xarr_data,
                datasets: [
                    {
                        label: 'HR_1',
                        data: hr_data1,
                        backgroundColor: ['rgba(0, 0, 0, 0)'],
                        borderColor: ['rgba(255, 99, 132, 1)'],
                        borderWidth: 1
                    },
                    {
                        label: 'SPO2_1',
                        data: hr_data2,
                        backgroundColor: ['rgba(0, 0, 0, 0)'],
                        borderColor: ['rgba(50, 205, 50, 1)'],
                        borderWidth: 1
                    },
                    {
                        label: 'HR_2',
                        data: spo2_data1,
                        backgroundColor: ['rgba(0, 0, 0, 0)'],
```

```
                borderColor: ['rgba(0, 0, 0, 1)'],
                borderWidth: 1
            },
            {
                label: 'SPO2_2',
                data: spo2_data2,
                backgroundColor: ['rgba(0, 0, 0, 0)'
                ],
                borderColor: ['rgba(0, 0, 255, 1)'
                ],
                borderWidth: 1
            }
        ]
    },
    options: {
        animation: {
            duration: 0
        },
        hover: {
            animationDuration: 0
        },
        responsiveAnimationDuration: 0,
        layout: {
            padding: {
                right: 20
            }
        },
        elements: {
            line: {
                tension: 0
            },
            point:{
                radius:0
            }
        },
        scales: {
            yAxes: [{
                ticks: {
                    beginAtZero: true,
```

```
                                max:150,
                                min:0,
                                stepSize:10
                            }
                        }]
                    }
                }
            });
        }
        //------------------------------------------------------------
        function getdata(){
            document.getElementById("hr1").innerHTML = data1 + "";
            document.getElementById("sp1").innerHTML = data2 + "";
            document.getElementById("hr2").innerHTML = data3 + "";
            document.getElementById("sp2").innerHTML = data4 + "";
        }
        //------------------------------------------------------------
        window.onload = function () {
            SocketConnect();
            for (var i =0;i<500;i++)
            {
                hr_data1[i] = 0;
                HR_data1[i] = 0;
                hr_data2[i] = 0;
                HR_data2[i] = 0;
                spo2_data1[i] = 0;
                spo2_data2[i] = 0;
                xarr_data[i] = i;
            }
        }
        //------------------------------------Websocket 网络通信协议------------------------------------
        var FrunWeb_IP,FrunWeb_PORT;        //定义变量存储 IP 地址和端口号
        var websocket_Connected;            //端口的网络连接标志位,0 表示断开,1 表示连接
        var websocket;                      //端口连接的句柄
        //------------------------------------------------------------
        function SocketConnect(){           //websocket 连接函数
            var Uri;                        //websocket 链接地址
            var nPort;                      //待链接端口号
            GetIP();                        //获取服务器的 IP 地址和起始端口号
```

```
    nPort = parseInt(FrunWeb_PORT) +2;  //获取 HTML5 Web 单片机模块的端口 2
    Uri = "ws://" + FrunWeb_IP + ":" + nPort.toString();  //获得链接地址
    if (! ("WebSocket" in window)){          //判断浏览器是否支持 websocket 协议
        window.alert("提示:该浏览器不支持 HTML5 Websocket,建议选择 Google,Fire-
Fox 浏览器!");
        return;
    }
    try{
        websocket_Connected =0;
        websocket = new WebSocket(Uri); //创建 websocket 对象赋给变量"websocket"
        websocket.onopen    = function (evt) { websocket_Open(evt)  };//监听网
络连接成功事件
        websocket.onclose   = function (evt) { websocket_Close(evt)  };//监听网络
连接关闭事件
        websocket.onmessage = function (evt) { websocket_Message(evt)};//监听网络
返回数据事件
        websocket.onerror   = function (evt) { websocket_Error(evt)  };//监听网络
连接异常事件
    }
    catch (err){
        window.alert("提示:连接错误,请重新连接!");
    }
}
//-------------------------------------------------------------
function GetIP(){                    //获得 IP 和端口号函数
    FrunWeb_IP = "192.168.1.254";
    FrunWeb_PORT = "5000";
}
//-------------------------------------------------------------
function websocket_Open(evt){              //网络连接成功事件响应函数
    websocket_Connected =1;
    console.log("网络连接成功!");
}
//-------------------------------------------------------------
function websocket_Close(evt){             //网络连接断开事件响应函数
    websocket_Connected =0;
    console.log("网络连接断开,正在重新连接!");
    SocketConnect();
}
```

```
//-----------------------------------------------------------------
function websocket_Error(evt) {                //连接错误事件响应函数
    console.log("网络连接错误,正在重新连接!");
    SocketConnect();
}
//-----------------------------------------------------------------
function websocket_Message(evt) {              //接收到来自网络的数据响应函数
    var blob = evt.data;
    onReceive_str(blob);
}
```

附录6　水质在线监测系统设计参考程序

下位机参考程序

```
//------------------主程序--------
#include "led.h"
#include "delay.h"
#include "sys.h"
#include "usart.h"
#include "ds18b20.h"
#include "adc.h"
#include "timer.h"
#include "tds.h"
#include "ph.h"

#define key PCin(5)
float   TP =0;
float   PH =0;
float   TDS =0;
float   DD =0;
 int main(void)
 {
     short temp =0;
     delay_init();                //延时函数初始化
     LED_Init();                  //初始化与 LED 连接的硬件接口
     uart_init(115200);           //初始化串口
     DS18B20_Init();              //初始化温度传感器
     adc_StartInit();             //初始化 ADC
     TIM2_Init();                 //定时器 2 初始化
while(1)
{
//运行指示灯
     GPIO_ResetBits(GPIOC,GPIO_Pin_13|GPIO_Pin_14);     //LED0 输出低
     GPIO_SetBits(GPIOC,GPIO_Pin_1|GPIO_Pin_2);         //LED1 输出高
     delay_ms(300);
     GPIO_SetBits(GPIOC,GPIO_Pin_13|GPIO_Pin_14);       //LED0 输出高
     GPIO_ResetBits(GPIOC,GPIO_Pin_1|GPIO_Pin_2);       //LED1 输出低
```

```
        delay_ms(300);
        //测试按键
        if(key = =0)
      {
         GPIO_ResetBits(GPIOC,GPIO_Pin_15);
      }
      else
      {
         GPIO_SetBits(GPIOC,GPIO_Pin_15);
      }
      //温度---------------------------
        temp = DS18B20_Get_Temp();
        TP = temp/10.0;
        delay_ms(100);
        //ph----------------------------
        PH = get_ph_valve();
        delay_ms(200);
        //tds----------------------------
        TDS = get_tds_average();
        delay_ms(200);
      }
    }
    //------------定时器中断函数-----------
    void TIM2_IRQHandler(void)
     {
          static int tim =0;
      if(TIM_GetITStatus(TIM2, TIM_IT_Update) = =1)
      {
       TIM_ClearITPendingBit(TIM2,TIM_IT_Update); //清除标志
       tim + +;
         if(tim%5 = =0)//运行指示灯
         {
              LED1 =! LED1;
         }
       if(tim = =3)
        {
              printf("TP:%.2f\r\n",TP);
         }
       if(tim = =6)
```

```
    {
        printf("PH:%.2f\r\n",PH);
    }
    if(tim = =9)
    {
        printf("TD:%.2f\r\n",TDS);
    }
    if(tim = =9)
    {
      tim =0;
    }
  }
}

//----------------温度传感器程序------------------
//复位 DS18B20
void DS18B20_Rst(void)
{
    DS18B20_IO_OUT();           //SET PA0 OUTPUT
    DS18B20_DQ_OUT =0;          //拉低 DQ
    delay_us(750);              //拉低 750us
    DS18B20_DQ_OUT =1;          //DQ =1
    delay_us(15);               //15US
}
//等待 DS18B20 的回应
//返回 1:未检测到 DS18B20 的存在
//返回 0:存在
u8 DS18B20_Check(void)
{
    u8 retry =0;
    DS18B20_IO_IN();
    while (DS18B20_DQ_IN&&retry <200)
   {
      retry + +;
      delay_us(1);
   };
    if(retry > =200)
      return 1;
      else retry =0;
```

```
    while (! DS18B20_DQ_IN&&retry<240)
    {
        retry++;
        delay_us(1);
    };
        if(retry>=240)
        return 1;
        return 0;
}
//从 DS18B20 读取一个位
//返回值:1/0
u8 DS18B20_Read_Bit(void)
{
      u8 data;
      DS18B20_IO_OUT();
      DS18B20_DQ_OUT=0;
      delay_us(2);
      DS18B20_DQ_OUT=1;
      DS18B20_IO_IN();
      delay_us(12);
      if(DS18B20_DQ_IN)
        data=1;
        else data=0;
        delay_us(50);
        return data;
}
  //从 DS18B20 读取一个字节
  //返回值:读到的数据
u8 DS18B20_Read_Byte(void)      // read one byte
{
        u8 i,j,dat;
        dat=0;
        for (i=1;i<=8;i++)
        {
          j=DS18B20_Read_Bit();
          dat=(j<<7)|(dat>>1);
        }
      return dat;
    }
```

```
  //写一个字节到 DS18B20
  //dat:要写入的字节
void DS18B20_Write_Byte(u8 dat)
 {
     u8 j;
     u8 testb;
     DS18B20_IO_OUT();
     for (j=1;j<=8;j++)
     {
          testb=dat&0x01;
          dat=dat>>1;
          if (testb)
          {
               DS18B20_DQ_OUT=0;
               delay_us(2);
               DS18B20_DQ_OUT=1;
               delay_us(60);
          }
          else
          {
               DS18B20_DQ_OUT=0;
               delay_us(60);
               DS18B20_DQ_OUT=1;
               delay_us(2);
          }
     }
}
//开始温度转换
void DS18B20_Start(void)
{
     DS18B20_Rst();
     DS18B20_Check();
     DS18B20_Write_Byte(0xcc);
     DS18B20_Write_Byte(0x44);
}
//初始化 DS18B20 的 IO 口 DQ 同时检测 DS 的存在
//返回 1:不存在
//返回 0:存在
u8 DS18B20_Init(void)
```

```
{
  GPIO_InitTypeDef   GPIO_InitStructure;
  RCC_APB2PeriphClockCmd(RCC_APB2Periph_GPIOA, ENABLE);
  GPIO_InitStructure.GPIO_Pin  =  GPIO_Pin_0;          //PORTA0 推挽输出
  GPIO_InitStructure.GPIO_Mode  =  GPIO_Mode_Out_PP;
  GPIO_InitStructure.GPIO_Speed  =  GPIO_Speed_50MHz;
  GPIO_Init(GPIOA, &GPIO_InitStructure);
  GPIO_SetBits(GPIOA,GPIO_Pin_0);                      //输出 1
  DS18B20_Rst();
  return DS18B20_Check();
}
//从 ds18b20 得到温度值
//精度:0.1C
//返回值:温度值 ( -550 ~ 1250)
short DS18B20_Get_Temp(void)
{
    u8 temp;
    u8 TL,TH;
    short tem;
    DS18B20_Start ();
    DS18B20_Rst();
    DS18B20_Check();
    DS18B20_Write_Byte(0xcc);
    DS18B20_Write_Byte(0xbe);
    TL = DS18B20_Read_Byte();
    TH = DS18B20_Read_Byte();
    if(TH >7)
    {
        TH = ~TH;
        TL = ~TL;
        temp =0;//温度为负
    }
    else temp =1;//温度为正
    tem = TH; //获得高八位
    tem < < =8;
    tem + =TL;//获得底八位
    tem = (float)tem * 0.625;//转换
    if(temp)return tem; //返回温度值
    else return -tem;
```

```
}
float Get_Temp_Average(void)
{
    float tp =0;
    short temp_val =0;
    u8 t;
    for(t =0;t <10;t + + )
    {
      temp_val + = DS18B20_Get_Temp( );
      delay_ms(5);
    }
    temp_val = temp_val/10; //求取平均值
    tp = temp_val/10.0;  //转化为浮点型
  return tp;
}
//--------------------TDS 传感器程序------------
#include "tds.h"
#define VREF 3.3                        // ADC 参考电压 3.3 V
#define SCOUNT   20                     //采样数组大小
int TDSV_buffer[SCOUNT];                //将 ADC 模拟值存储在数组中,从 AD 中读取
int Other_TDSV_Temp[SCOUNT];            //初始化另一个数组
int Index1 =0,copyIndex  =  0;          //数组下标
float averageVoltage =0;                //滤波后的电压值
float tdsValue =0;
floattemperature =25;                   //温度值,用于温度补偿
float get_tds_average(void)
{
    u8 i =0;
    float tp1 =0,TdsV =0;
    for(i =0;i <SCOUNT;i + + )
    {
        TDSV_buffer[Index1] = Get_AdcValue(ADC_Channel_9);
        //读取模拟值并存储到数组中
        Index1 + + ;                //下标加一
        if(Index1 = =SCOUNT)        //下标加一
        Index1 =0;
    };
    averageVoltage  =  getMedianNum(TDSV_buffer,SCOUNT) * (float)VREF/4096.0;
    //12 位 ADC,通过中值滤波算法读取更稳定的模拟值,并转换为电压值
```

```
        temperature = Get_Temp_Average( );          //获取实时温度
        tp1 = 1.0 + 0.02 * (temperature-25.0);      //计算温度补偿系数
        //温度补偿公式: ffinalresult (25 ^ c) = ffinalresult (current)/(1.0 + 0.02 *
(ftp-25.0));
        TdsV = averageVoltage/tp1;   //温度补偿过后的电压值
        tdsValue = (133.42 * TdsV * TdsV * TdsV - 255.86 * TdsV * TdsV + 857.39 *
TdsV) * 0.5;
        //将电压值转换为 Tds 值   tds = (133.42 * Vtds^3 - 255.86 * Vtds^2 + 857.39 *
Vtds) * 0.5
       return   tdsValue;
    }
    float get_tds_value(void)
    {
         float tds = 0;
         u16 adc2 = 0;
         adc2 = Get_AdcValue(ADC_Channel_9);
         tds = (float)adc2 * 3.3/4096;
        return tds;
    }
    //中值滤波函数
     int getMedianNum(int bArray[ ], int iFilterLen)
    {
          int i,j,t,bTemp = 0;
          int bTab[30];
          for(t = 0;t < iFilterLen; t++)
               bTab[t] = bArray[t];                        //数据传递
          for(j = 0;j < iFilterLen - 1;j++)
          {
               for(i = 0;i < iFilterLen - j - 1;i++)
                {
                    if(bTab[i] > bTab[i + 1])
                    {
                      bTemp = bTab[i];
                      bTab[i] = bTab[i + 1];
                      bTab[i + 1] = bTemp;
                    }
               }
          }
          if ((iFilterLen & 1) > 0)
```

```
        {
            bTemp = bTab[(iFilterLen - 1)/2];
        }
        else
        {
            bTemp = (bTab[iFilterLen/2] + bTab[iFilterLen/2 - 1])/2;
        }
    return bTemp;
}
//--------------PH 传感器程序-----------------
#include "ph.h"
//---------------获取 ADC8 的电压值-------------------
float get_phV_value(void)
{
    u16 adc1 =0;
    float phV =0;
    adc1 = Get_AdcValue(ADC_Channel_8);
    phV = (float)adc1 * 3.3/4096;
  return phV;
}
//-----------------平均值滤波得到 PH 值----------------
float get_ph_average(void)
{
    u16 ph1 =0;
    ph1 = Get_Adc_Average(ADC_Channel_8,10);
    ph1 = (float)ph1 * 3.3/4096;
    ph1 = -5.9647 * ph1 +22.255;
  return ph1;
}
//-------------USART 串口通信程序----------
#include "sys.h"
#include "usart.h"
//////////////////////////////////////////////////
//如果使用 ucos,则包括下面的头文件即可
#if SYSTEM_SUPPORT_UCOS
#include "includes.h"//ucos 使用
#endif
//////////////////////////////////////////////////
//串口 1 初始化
```

```
//加入以下代码,支持 printf 函数,而不需要选择 use MicroLIB
#if 1
#pragma import(__use_no_semihosting)
//标准库需要的支持函数
struct __FILE
{
   int handle;
};
FILE __stdout;
//定义_sys_exit()以避免使用半主机模式
void _sys_exit(int x)
{
   x = x;
}
//重定义 fputc 函数
int fputc(int ch, FILE *f)
{
     while((USART1->SR&0X40)==0);//循环发送,直到发送完毕
     USART1->DR = (u8) ch;
  return ch;
}
#endif
//串口 1 中断服务程序
//注意,读取 USARTx->SR 能避免莫名其妙的错误
u8 USART_RX_BUF[USART_REC_LEN];
//接收缓冲,最大 USART_REC_LEN 个字节
//接收状态
//bit15,接收完成标志
//bit14,接收到 0x0d
//bit13~0,接收到的有效字节数目
     u16 USART_RX_STA=0;          //接收状态标记
     //初始化 IO 串口 1
   //bound:波特率
   void uart_init(u32 bound)
   {
         //GPIO 端口设置
         GPIO_InitTypeDef GPIO_InitStructure;
         USART_InitTypeDef USART_InitStructure;
         NVIC_InitTypeDef NVIC_InitStructure;
```

```
    RCC_APB2PeriphClockCmd(RCC_APB2Periph_USART1|RCC_APB2Periph_GPIOA, ENA-
BLE);
        //使能 USART1,GPIOA 时钟
        USART_DeInit(USART1);  //复位串口 1
        //USART1_TX   PA.9
        GPIO_InitStructure.GPIO_Pin = GPIO_Pin_9; //PA.9
        GPIO_InitStructure.GPIO_Speed = GPIO_Speed_50MHz;
        GPIO_InitStructure.GPIO_Mode = GPIO_Mode_AF_PP;//复用推挽输出
        GPIO_Init(GPIOA, &GPIO_InitStructure); //初始化 PA9
        //USART1_RX   PA.10
        GPIO_InitStructure.GPIO_Pin = GPIO_Pin_10;
        GPIO_InitStructure.GPIO_Mode = GPIO_Mode_IN_FLOATING;//浮空输入
        GPIO_Init(GPIOA, &GPIO_InitStructure);  //初始化 PA10
        //Usart1 NVIC 配置
        NVIC_InitStructure.NVIC_IRQChannel = USART1_IRQn;
        NVIC_InitStructure.NVIC_IRQChannelPreemptionPriority=3 ;//抢占优先级 3
        NVIC_InitStructure.NVIC_IRQChannelSubPriority = 3;//子优先级 3
        NVIC_InitStructure.NVIC_IRQChannelCmd = ENABLE;//IRQ 通道使能
        NVIC_Init(&NVIC_InitStructure);//根据指定的参数初始化 VIC 寄存器
        //USART 初始化设置
        USART_InitStructure.USART_BaudRate = bound;//一般设置为 9600;
        USART_InitStructure.USART_WordLength = USART_WordLength_8b;
        //字长为 8 位数据格式
        USART_InitStructure.USART_StopBits = USART_StopBits_1;//一个停止位
        USART_InitStructure.USART_Parity = USART_Parity_No;//无奇偶校验位
        USART_InitStructure.USART_HardwareFlowControl = USART_HardwareFlowControl
_None;
        //无硬件数据流控制
        USART_InitStructure.USART_Mode = USART_Mode_Rx | USART_Mode_Tx;
        //收发模式
        USART_Init(USART1, &USART_InitStructure); //初始化串口
        USART_ITConfig(USART1, USART_IT_RXNE, ENABLE);//开启中断
        USART_Cmd(USART1, ENABLE);                    //使能串口
    }
    #if EN_USART1_RX   //如果使能了接收
    void USART1_IRQHandler(void)          //串口 1 中断服务程序
    {
        u8 Res;
        #ifdef OS_TICKS_PER_SEC //如果时钟节拍数定义了,说明要使用 ucosII 了
```

```
    OSIntEnter( ) ;
     #endif
if( USART_GetITStatus( USART1 , USART_IT_RXNE) ! = RESET)
 //接收中断(接收到的数据必须是 0x0d 0x0a 结尾)
{
  Res  = USART_ReceiveData( USART1) ;//( USART1 - > DR) ;//读取接收到的数据
  if( ( USART_RX_STA&0x8000) = =0)//接收未完成
  {
    if( USART_RX_STA&0x4000)//接收到了 0x0d
    {
      if( Res!  =0x0a) USART_RX_STA =0;//接收错误,重新开始
      else USART_RX_STA| =0x8000;//接收完成了
    }
    else //还没收到 0X0D
    {
  if( Res = =0x0d) USART_RX_STA| =0x4000;
  else
  {
      USART_RX_BUF[ USART_RX_STA&0X3FFF] =Res;
      USART_RX_STA + +;
      if( USART_RX_STA > ( USART_REC_LEN -1) ) USART_RX_STA =0;
    //接收数据错误,重新开始接收
      }
    }
  }
}
#ifdef OS_TICKS_PER_SEC //如果时钟节拍数定义了,说明要使用 ucosII 了
OSIntExit( ) ;
#endif
}
#endif
```

上位机参考程序

```
//------------------------------------------HTML5-------------------------------------
 <! doctype html >
 < html lang = " en" >
  < head >
    < meta charset = " UTF -8" >
```

```
    <meta name="Author" content="GEM">
    <meta name="Keywords" content="">
    <meta name="Description" content="">
    <title>数据显示页面</title>
    <link href="css/deom01.css" rel="stylesheet" type="text/css">
    <script type="text/javascript" src="js/websocket.js"></script>
    <script type="text/javascript" src="js/system.js"></script>
</head>
<body>
     <div id="box">
        <div id="title">
        <p>远程水质监测系统</p>
     </div>
     <div id="box1">
        <div id="temperature">
           <h3>实时温度显示</h3>
           <div id="tu1">图</div>
           <div id="value1">
              <p>温度值(&deg;C):</p>
              <div id="Tvalue1">显示区 1</div>
           </div>
     </div>
<div id="tds">
     <h3>实时 TDS(溶解性固体总量)显示</h3>
     <div id="tu2">图</div>
     <div id="value2">
          <p>TDS 值(ppm):</p>
          <div id="Tvalue2">显示区 2</div>
     </div>
</div>
<div id="ph">
     <h3>实时 PH 显示</h3>
     <div id="tu3">图</div>
     <div id="value3">
        <p>PH 值:</p>
        <div id="Tvalue3">显示区 3</div>
     </div>
</div>
<div id="conduct">
```

```
          <h3 >实时电导率(可自行更换数据) </h3 >
          <div id = "tu4" >图 </div >
          <div id = "value4" >
            <p >电导率值: </p >
            <div id = "Tvalue4" >显示区 4 </div >
          </div >
      </div >
      </div >
      <div id = "box2" >
        <div id = "WTP" >
          <div id = "image01" >
             < img id = " led01 " src = " image/image01. png " width = " 120px " height =
"120px"/ >
             < img id = " led02 " src = " image/image02. png " width = " 120px " height =
"120px"/ >
          </div >
          <div id = "tpv" >
          <p >温度范围:
          <font color = "#0033ff" >0&ordm;C ~40&deg;C </font > </p >
            </div >
          </div >
        <div id = "WTD" >
            <div id = "image02" >
             < img id = " led03 " src = " image/image01. png " width = " 120px " height =
"120px"/ >
             < img id = " led04 " src = " image/image02. png " width = " 120px " height =
"120px"/ >
            </div >
        <div id = "tdv" >
            <p >TDS 范围:
            <font color = "#0033ff" >0ppm ~1000ppm </font > </p >
            </div >
            </div >
        <div id = "WPH" >
            <div id = "image03" >
             < img id = " led05 " src = " image/image01. png " width = " 120px " height =
"120px"/ >
             < img id = " led06 " src = " image/image02. png " width = " 120px " height =
"120px"/ >
```

```
        </div>
    <div id="phv">
        <p>PH 范围:
        <font  color="#0033ff">6~9</font></p>
        </div>
        </div>
    <div id="WDD">
        <div id="image04">
         <img id="led07" src="image/image01.png"  width="120px" height=
"120px"/>
         <img id="led08" src="image/image02.png"  width="120px" height=
"120px"/>
        </div>
    <div id="ddv">
        <p>电导率范围:
        <font  color="#0033ff">0.05s/m~0.5s/m</font></p>
        </div>
        </div>
    <div id="mssage">
    <p>当前水质等级:II 类</p>
    </div>
    </div>
    <div id="boot">
     <ul id="alink">
         <li><a href="#">返回首页</a></li>
         <li><a href="#">上一页</a></li>
         <li><a href="#">历史数据查询</a></li>
         <li><a href="#">现场监测画面</a></li>
         <li><a href="#">国家水利部</a></li>
            <li style="border:none"><a href="#">重庆科技学院</a></li>
     </ul>
     <div id="copright">
      &reg;重庆科技--
      &copy;2019-2119
              </div>
          </div>
        </div>
     </body>
  </html>
```

```
//----------------------------------CSS3----------------------------------
*{margin:0px;padding:0px}
#box{
        border:1px red solid;
        background-color:#24303a;
}
#title{
        width:100%;
        height:80px;
        background:#000000;
}
#title p{
        font-size:50px;
        text-align:center;
        line-height:80px;
        color:#0000ff;
}
#box1{
        width:1408px;
        height:340px;
        margin:0px auto;
        border:1px red solid;
}
#temperature{
        width:330px;
        height:320px;
        border:1px red solid;
        background:#00ccff;
        float:left;
        margin:10px;
        position:relative;
}
#tds{
        width:330px;
        height:320px;
        border:1px red solid;
        background:#00ccff;
        float:left;
        margin:10px;
```

```
        position:relative;
}
#ph{
        width:330px;
        height:320px;
        border:1px red solid;
        background:#00ccff;
        float:left;
        margin:10px;
        position:relative;
}
#conduct{
        width:330px;
        height:320px;
        border:1px red solid;
        background:#00ccff;
        float:left;
        margin:10px;
        position:relative;
}
h3{
        /* font-size:18px; */
        color:#000000;
        border-bottom:1px #ff0066 solid;
        text-align:center;
}
#value1,#value2,#value3,#value4{
        position:absolute;
        height:30px;
        width:330px;
        border-top:1px #ff0066 solid;
        bottom:0px;
}
#Tvalue1,#Tvalue2,#Tvalue3,#Tvalue4{
        position:absolute;
        height:30px;
        width:200px;
        border-top:1px #ff0066 solid;
        bottom:0px;
```

```
        right:0px;
        background-color:#00ffcc;
        font-size:18px;
        text-align:center;
        line-height:30px;
    }
    #tu1,#tu2,#tu3,#tu4{
        width:328px;
        height:260px;
        border:1px #ffff66 solid;
        position:absolute;
        bottom:32px;
    }
    #box2{
        width:1408px;
        height:250px;
        margin:0px auto;
        border:1px red solid;
        /* background-color:#99ffff; */
    position:relative;
    }
        #WTP,#WPH,#WTD,#WDD{
        height:200px;
        width:330px;
        border:1px red solid;
        background-color:#99ffff;
        margin:10px;
        float:left;
        position:relative;
    }

    #tpv,#tdv,#phv,#ddv{
        height:30px;
        width:330px;
        border-top:1px red solid;
        position:absolute;
        bottom:0px;
        background-color: #33ff99;
    }
```

```
#tpv,#tdv,#phv,#ddv p{
        font-size:20px;
        text-align:center;
}
#mssage{
        height:35px;
        width:300px;
        border:1px red solid;
        position:absolute;
        bottom:1px;
        margin: 0px 554px;
        background:#33ffcc;
}
#image01,#image02,#image03,#image04{
        width:160px;
        height:160px;
        /* border:1px red solid; */
        margin:0px auto;
        position:relative;
}
#image01 img{
        margin:20px 20px;
        position:absolute;
}
#image02 img{
        margin:20px 20px;
        position:absolute;
}
#image03 img{
        margin:20px 20px;
        position:absolute;
}
#image04 img{
        margin:20px 20px;
        position:absolute;
}
#mssage p{
        font-size:18px;
        text-align:center;
```

```
        line-height:35px;
        font-weight:bold;
    }
    #boot{
        width:100%;
        height:75px;
        /* border:1px red solid; */
        background:#3300cc;
    }
    #boot a{
        font-size:18px;
        text-decoration:none;
        text-align:center;
        line-height:40px;
        color:#000033;
        display:block;
    }
    #boot a:hover{
        background-color:#00ff00;
    }
    #alink{
        width:1200px;
        height:40px;
        margin:0px auto;
        border:1px #00ff99 solid;
    }
    #alink li{
        list-style:none;
        float:left;
        width:199px;
        height:40px;
        border-right:1px #00ff00 solid;
    }
    #copright{
        font-size:16px;
        text-align:center;
        margin-top:5px;
    }
    //----------------------------------JavaScript 程序----------------------------
```

```
//定义全局变量
var FrunWeb_IP,FrunWeb_PORT;   //定义变量存储 IP 地址和端口号
var websocket_Connected;       //端口的网络连接标志位,0—断开,1—连接
var websocket;                 //端口连接的句柄
function SocketConnect(){      //websocket 连接函数
        var Uri;                         //websocket 链接地址
        var nPort;                       //待链接端口号
        GetIP();                         //获取服务器的 IP 地址和起始端口号
        nPort = parseInt(FrunWeb_PORT) +2;//获取 HTML5 Web 单片机模块的端口 2
        Uri = "ws://" + FrunWeb_IP + ":" + nPort.toString();  //获得链接地址
        if (! ("WebSocket" in window)){
        window.alert("提示:该浏览器不支持 HTML5 Websocket,建议选择 Google,FireFox
浏览器!");
      return;
  }
      try{
          websocket_Connected =0;
          websocket  = new WebSocket(Uri); //创建 websocket 对象赋给变量"websocket"
          websocket.onopen      = function (evt) { websocket_Open(evt)   };
          websocket.onclose     = function (evt) { websocket_Close(evt)   };
          websocket.onmessage  = function (evt) { websocket_Message(evt)};
          websocket.onerror     = function (evt) { websocket_Error(evt)   };
        }
    catch (err){
        window.alert("提示:连接错误,请重新连接!");
      }
  }
  //-------------------------------------------------------------
  function CloseWebSocket(){
      //关闭 Websocket 连接
      websocket.close;
  }
  //--------------------------------------------------------------
  function websocket_Open(evt)
  //网络连接成功
  {
     websocket_Connected =1;
     onConnect();  //调用函数执行网络连接成功后
  }
```

```
//-------------------------------------------------------------
function websocket_Close( evt)
//网络连接断开
{
    websocket_Connected =0;
    Disconnect(1);
}
//-------------------------------------------------------------
function websocket_Error( evt)
//连接错误
{
    Disconnect(2);
    alert('连接失败');
}
//-------------------------------------------------------------
function websocket_Message( evt)
//接收到来自网络的数据
{
    var str = evt. data;
    onReceive_str( str);
}
//-------------------------------------------------------------
function WebSocket_Send( data) {
//数据发送
try{
      if( websocket. readyState = =1) {
         websocket. send( data) ;//调用 websocket 的 send( )函数发送数据
      }
   }
catch (err) { window. alert("提示:数据发送错误,请重新发送!");}
}
//-------------------------------------------------------------
function GetIP( ) {
//IP 和端口号
//获取 HTML5-NET 服务器的本地 IP 和起始端口号,这部分指令当需要将界面下载到服务器时使用
      /* var str, ip;
      str = window. location. href;
      str = str. split("/",10);
```

```
    ip = str[2].split(":",2);
    FrunWeb_IP = ip[0];
    FrunWeb_PORT = ip[1]; */
    //设定固定的 IP 地址和起始端口号,这部分指令通常用于界面开发调试阶段
    FrunWeb_IP = "192.168.1.254";
    FrunWeb_PORT = "5000";
  }
//------------------------------------------------------------------
window.onload = function(){//监听界面加载完成的事件,
      SocketConnect();//调用联网函数创建 websocket 链接
}
//------------------------------------------------------------------
```